本书系国家社科基金青年项目（项目批准号：15CKS039）的最终研究成果，并得到贵州大学"国慧"人文学科发展基金出版资助

网络虚拟社会中的道德问题与治理研究

黄河 著

中国社会科学出版社

图书在版编目（CIP）数据

网络虚拟社会中的道德问题与治理研究 / 黄河著 . —北京：
中国社会科学出版社，2024.3
ISBN 978 - 7 - 5227 - 3006 - 6

Ⅰ.①网… Ⅱ.①黄… Ⅲ.①计算机网络—道德规范—研究
Ⅳ.①TP393

中国国家版本馆 CIP 数据核字（2024）第 034055 号

出 版 人	赵剑英
责任编辑	韩国茹
责任校对	张爱华
责任印制	张雪娇

出　　版	中国社会科学出版社
社　　址	北京鼓楼西大街甲 158 号
邮　　编	100720
网　　址	http://www.csspw.cn
发 行 部	010 - 84083685
门 市 部	010 - 84029450
经　　销	新华书店及其他书店

印刷装订	北京市十月印刷有限公司
版　　次	2024 年 3 月第 1 版
印　　次	2024 年 3 月第 1 次印刷

开　　本	710×1000　1/16
印　　张	24
插　　页	2
字　　数	370 千字
定　　价	148.00 元

凡购买中国社会科学出版社图书，如有质量问题请与本社营销中心联系调换
电话：010 - 84083683

目　录

引　言 ……………………………………………………………… 1

第一部分　网络虚拟社会中道德问题的发生

第一章　网络虚拟社会的衍生与道德的发展 …………………… 9
　第一节　网络虚拟社会的衍生 ………………………………… 10
　第二节　道德及其与社会的关系 ……………………………… 25
　第三节　网络虚拟社会与道德发展 …………………………… 35

第二章　网络虚拟道德的生成及其论域 ………………………… 41
　第一节　网络虚拟道德的生成及内涵 ………………………… 42
　第二节　网络虚拟道德的特征及论域 ………………………… 48

第三章　网络虚拟社会中道德问题的发轫 ……………………… 59
　第一节　网络虚拟社会中道德问题的逻辑起点 ……………… 59
　第二节　网络虚拟社会中道德问题的发生条件 ……………… 68
　第三节　网络虚拟社会中道德问题的肇始样态 ……………… 75

第二部分　网络虚拟社会中道德问题的发展

第四章　网络虚拟社会中道德问题的实证 ……………………… 93
　第一节　理论模型的依据与建构 ……………………………… 93
　第二节　实证分析的设计 ……………………………………… 101

第三节　实证分析与基本结论 ………………………………… 106

第五章　网络虚拟社会中道德问题的表现 ……………………… 125
　　第一节　网络虚拟社会中道德问题的主要表现 ……………… 125
　　第二节　网络虚拟社会中道德问题的基本特点 ……………… 140

第六章　网络虚拟社会中道德问题的表征 ……………………… 151
　　第一节　网络虚拟社会中道德问题的内隐表征 ……………… 152
　　第二节　网络虚拟社会中道德问题的外显表征 ……………… 160

第三部分　网络虚拟社会中道德问题的发因

第七章　网络虚拟社会中道德问题的内发因素 ………………… 171
　　第一节　道德主体维度的内发因素 …………………………… 172
　　第二节　道德体系维度的内发因素 …………………………… 185

第八章　网络虚拟社会中道德问题的外发因素 ………………… 198
　　第一节　社会场域维度的外发因素 …………………………… 198
　　第二节　经济发展维度的外发因素 …………………………… 205
　　第三节　文化发展维度的外发因素 …………………………… 211
　　第四节　科技发展维度的外发因素 …………………………… 217

第九章　网络虚拟社会中道德问题治理的机遇与挑战 ………… 224
　　第一节　网络虚拟社会中道德问题治理的机遇 ……………… 225
　　第二节　网络虚拟社会中道德问题治理的挑战 ……………… 233

第四部分　网络虚拟社会中道德问题的治理

第十章　网络虚拟社会中道德问题的治理动态 ………………… 247
　　第一节　网络虚拟社会中道德问题治理的国际实践 ………… 248

第二节 网络虚拟社会中道德问题治理的国内实践 …………… 272

第三节 网络虚拟社会中道德问题治理的经验及趋势 ………… 294

第十一章 网络虚拟社会中道德问题治理的目标与原则 …………… 303

第一节 网络虚拟社会中道德问题治理的目标 ……………… 304

第二节 网络虚拟社会中道德问题治理的原则 ……………… 313

第十二章 网络虚拟社会中道德问题的治理途径及其保障机制 …… 322

第一节 网络虚拟社会中道德问题治理的途径 ……………… 323

第二节 网络虚拟社会中道德问题治理的保障机制 ………… 344

主要参考文献 …………………………………………………… 368

后 记 …………………………………………………………… 378

引　言

　　道德，历来为人类所器重。《中庸》曾言："肫肫其仁！渊渊其渊！浩浩其天！"（《中庸·第三十二章》）康德（Immanuel Kant）在《实践理性批判》中亦说："有两样东西，人们越是经常持久地对之凝神思索，它们就越是使内心充满常新而日增的惊奇和敬畏：我头上的星空和我心中的道德律。"[①] 古今中外，先贤们对道德之器重比比皆是，或将其视作为潭水一样深不可测，或将其喻作为天空一样浩渺无垠，或将其比作宇宙一样恒常不变。确实，回顾人类社会发展史，道德对人类行为的规范、社会关系的调适以及社会秩序的维护，发挥着不可替代的重要作用，并随着社会的进步而不断发展，成为人类社会发展史上不以人的意志为转移的客观现实与必然趋势。诚然，侵害他人权益、破坏社会关系和社会秩序的道德问题也难以避免、时常发生，并成为人类社会发展史上客观存在的社会性问题。

　　依赖现代科技而形成和发展起来的网络虚拟社会，是这个时代馈赠给我们人类的神奇礼物。网络虚拟社会的形成与发展，改变了传统的社会关系和社会结构，创造了崭新的人类生存空间，形成了与现实社会相互并存、共同发展的新格局；网络虚拟社会改变了人类的生存和活动方式，形成了虚实相生、兼容并蓄的生活方式和内容丰富、形式多样的生产与交换关系，开创了人类发展的新纪元；网络虚拟社会改变了人们思想观念的社会基础，丰富了精神生活的内容，拓展了精神世界的客观场

[①] ［德］康德：《实践理性批判》，邓晓芒译，杨祖陶校，人民出版社 2003 年版，第186 页。

域，形成了新的虚拟思维方式和互联网精神。一言以蔽之，网络虚拟社会对人类发展的影响不仅体现在科学技术层面，而且深入思想意识之中，不仅体现在日用常行上，还拓展到精神领域和情感世界。然则，网络虚拟社会也带来了一系列违反道德规范、破坏社会关系和社会秩序的道德问题，涉及经济、政治、文化、社会和生态等诸多领域，内嵌于社交、消费、娱乐、学习和服务等虚拟性生产生活中，并呈现出普遍性、复杂性、国际性和长期性等特征，俨然成为当今世界发展的"世纪难题"。

作为在一定社会条件下经济、文化、科技以及人的活动行为等综合作用的产物，网络虚拟社会中的道德问题本质上体现为一种违反道德规范、破坏社会秩序的现象，其形成、发展必然受到主体意识、社会场域、经济条件、文化教育、科技发展等多种因素的影响和制约。但更为深层次的根源，在于网络虚拟社会的形成与发展，正如涂尔干（Émile Durkheim）在分析社会分工时所言："道德——既是理论意义上的，又是伦理习俗意义上的——正在经历着骇人听闻的危机和磨难。以上说法或许可以帮助我们找到这种疾病的根源和性质。转眼之间，我们的社会结构竟接发生了如此深刻的变化。这些变化超出了环节类型以外，其速度之快、比例之大在历史上也是绝无仅有的。与这种社会类型相适应的道德逐渐丧失了自己的影响力，而新的道德还没有迅速成长起来。"①

具有非聚集性、非独占性、非封闭性和非线性等特征的网络虚拟社会，深度重塑了现代人类的社会场域。这样的重塑，必然相应地引发道德问题治理的根本性变革。基于国内外有关网络虚拟社会及其道德问题治理的实践，以及新时代我国网络虚拟社会的发展实际，就我国网络虚拟社会中道德问题的治理而言，可以从行政、经济、法律和技术等途径展开，并在道德化育、道德自律、道德奖罚、舆论引导、利益协调和协同治理等方面建立健全相应的保障机制。诚然，无论采取何种治理途径抑或治理保障机制，网络虚拟社会中道德问题治理的基本目标是妥善解

---

① ［法］涂尔干：《社会分工论》，渠敬东译，生活·读书·新知三联书店2017年版，第366页。

决网络虚拟社会中的道德问题，长期目标是促进网络虚拟社会的健康发展，最终目标是促进人的全面发展，并形成"党委领导、政府管理、企业履责、社会监督、网民自律等多主体参与，经济、法律、技术等多种手段相结合的综合治网格局"①。

习近平在十九大报告中明确提出："加强互联网内容建设，建立网络综合治理体系，营造清朗的网络空间"是牢牢掌握意识形态工作领导权、坚定文化自信、推动社会主义文化繁荣兴盛的重要内容。② 党的十九届四中全会提出要"推进国家治理体系和治理能力现代化"。显然，网络虚拟社会治理是国家治理的重要组成部分，同时也是建立网络综合治理体系的核心内容。搞好网络虚拟社会及其道德问题的治理，亦即新时代我国推进国家治理体系和治理能力现代化的具体体现。

应该坚信，未来，随着网络虚拟社会中道德问题的治理日趋常态化，相应的治理体系在探索中也将日臻完善。

---

① 习近平：《敏锐抓住信息化发展历史机遇 自主创新推进网络强国建设》，《人民日报》2018 年 4 月 22 日第 1 版。

② 习近平：《决胜全面建成小康社会 夺取新时代中国特色社会主义伟大胜利：在中国共产党第十九次全国代表大会上的报告》，人民出版社 2017 年版，第 40—41 页。

第一部分

网络虚拟社会中道德问题的发生

纵观世界文明史，人类先后经历了农业革命、工业革命和信息革命，而每一次产业革命的发展，都会在不同程度上给人类带来巨大而又深刻的影响。当代发生的信息革命，是对人类世界影响更为广泛、更为持久的一次产业革命。尤其是以计算机、互联网、大数据、物联网和虚拟现实、人工智能等为代表的现代科技发展仍然日新月异，进一步提升了人类认识世界、改造世界的能力，创造了人类生产生活的新空间，创新了人类生存发展的新方式，改变了人类历史发展的进程和途径，引领着现代社会的新发展、新方向。但同时，这一次产业革命的迅猛发展也导致了诸多问题。世界范围内数字鸿沟进一步拉大，现有发展模式难以全面地反映大多数国家的意愿和平衡不同民族的利益；全球网络范围内侵害个人隐私、侵犯知识产权、网络犯罪等现象时有发生，现有治理规则难以有效维护网络空间安全、安定问题；新兴科技手段被随意滥用，基因编辑婴儿、脸谱数据政治化等事件频发拷问着社会各界的大脑神经……反观以上诸多问题，归根结底是调节人们活动行为、实现自我完善的道德出了问题。自人类伊始，道德始终作为规范人类行为、影响社会生活的社会性意识而存在。它不仅是个体生存发展的活动准则，而且也是群体生活演化的行为规范。而道德问题在现代科技发展过程中的凸显，成为现代社会持久健康发展面临的严峻现实。

　　在信息革命尚未发生前，人类只能局限于物理世界来认识世界、改造世界，只能依靠现实性活动来满足自身生存和发展的需要，虽然偶尔也能沉浸于神话故事、文学创作以及艺术表演等简单的、朴素的实物化虚拟世界中，但总体上其生存方式、发展模式较为单一和枯燥。随着信息革命的到来，计算机、互联网、大数据、物联网和虚拟现实、人工智能等现代新兴科技被广泛运用到人们日常生产生活中，在深刻变革人们工作方式、学习方式、生活方式和交往方式的同时，还建构了一个与传统现实社会相对应的社会场域——网络虚拟社会，从而将人的生存与发展场域由以往单一的现实社会拓展为两大场域，即现实社会和网络虚拟社会。两种社会场域并存的新格局，为人类提供了更先进的认识世界、改造世界的手段和方法，为人类提供了更便捷的满足生存和发展需要的模式和途径，为人类提供了更广阔的生存和发展的空间和场域。然而，现代科技所导致的道德问题也一同被携带进来，与人们的虚拟性生产生活相耦合，成为困扰当今人类发展科技、进行虚拟化生存的最大难题。

剖析网络虚拟社会中道德问题的发生，是维护网络安全、治理网络虚拟社会中道德问题的基本前提，既要厘清网络虚拟社会中道德问题产生的社会场域等逻辑条件，又要分析网络虚拟社会中道德问题发轫、生成等外延问题。基于此，关于网络虚拟社会中道德问题的发生论题，我们拟从网络虚拟社会的衍生与道德的发展、网络虚拟道德的生成及其论域、网络虚拟社会中道德问题的发轫三个维度展开。

第一章　网络虚拟社会的衍生与道德的发展

在唯物史观看来，任何社会形态的发生、发展，都有其历史必然性。早期农耕社会的出现，反映了早期人类社会生产力发展水平，以及人们的生产生活需要，而工业社会的发生与发展，则是近现代工业革命和人们生存发展需要的产物。同样，网络虚拟社会的发生、发展，也与晚近发生的信息革命和人们生存发展需要的变化密切相关。任何社会形态发生、发展的历史必然性，不但取决于社会生产力发展水平，还与历史上人们的生产生活需要密切相关。正是社会生产力的不断向前发展和人们生产生活需要的不断提高，才在历史实践中共同推动着人类历史车轮滚滚向前和社会形态的升级换代。从这一意义上看，社会形态的更替和生产生活场域的转换，成了人类发展史上的一道美丽风景，反映了每一历史时期人们对美好生活的向往，以及社会生产力不断向前、向上的发展轨迹。

然则，任何社会形态的发生、发展，都会在不同程度上给人类带来巨大而深刻的影响。从日用常行到社会治理，从生产生活到思想意识，无不在社会形态的演化中发生变革。相应地，依赖计算机、互联网、大数据、物联网和虚拟现实、人工智能等现代科技而形成和发展起来的网络虚拟社会，业已成为当代人类生存和发展的重要场域，不但改变了当下人们的日用常行、生产生活，而且深刻影响了人们的思想意识和国家治理。相应地，作为一种特殊社会意识形态的道德，亦在网络虚拟社会的形成与发展过程中，受到巨大而深刻的影响。

本章在剖析网络虚拟社会衍生的基础上，重点讨论道德与社会变迁的辩证关系问题，具体分析网络虚拟社会与道德发展的辩证关系。

第一节　网络虚拟社会的衍生[*]

　　既然任何社会形态的发生、发展都有其历史必然性，那么作为一种全新社会形态的网络虚拟社会，必然有其内在的生成逻辑。具体来看，人的虚拟化生存及其相应社会关系的形成、现代科技的迅猛发展、人类生存和发展方式的全方位变革，分别是网络虚拟社会衍生的实践基础、技术机制和价值体现。作为一种全新的社会形态，网络虚拟社会"是人有意识地运用现代科技，创造性地构建的非主观非现实的虚拟场域以及人在此场域中所形成的一切关系之总和"[①]，而在更广泛的意义上，泛指基于现代科技因人而产生或出现虚拟化现象的一切之总称。诚然，无论是狭义上的界定还是广义上的泛指，网络虚拟社会在本质上都是客观存在的能够展示人类大脑意识图景和虚拟构建及延伸现实社会中的真实场景的技术性社会形态。

　　与以往的社会形态相比，网络虚拟社会体现出非聚集性、非独立性、非封闭性、非线性的基本特征。纵向地看，网络虚拟社会的发展历史可以划分为连通的网络虚拟社会、共享的网络虚拟社会、感知的网络虚拟社会三个阶段。目前，网络虚拟社会正处于共享的网络虚拟社会向感知的网络虚拟社会过渡的阶段。总体上看，网络虚拟社会体现出强大的生命力，势必成为人类社会未来发展的重要趋势。

一　网络虚拟社会的生成逻辑

　　首先，人的虚拟化生存及其相应社会关系的形成是网络虚拟社会生成的实践基础。根据马克思主义哲学的基本观点，社会是指以共同的物质生产活动为基础而相互联系起来的人们的有机总体，是一个人类的生活共同体，包括了人与自然、人与人、人与群体的全部关系的总

---

　　[*] 本节的主要内容以《马克思主义哲学视阈下的网络虚拟社会论要》为题发表于《理论导刊》2017 年第 6 期。

　　[①] 黄河：《网络虚拟社会与伦理道德研究——基于大学生群体的调查》，科学出版社 2017 年版，第 40 页。

和，"社会——不管其形式如何——究竟是什么呢？是人们交互活动的产物。"① 人的活动不仅构建了人的社会关系，而且还构建了人的共同体——社会，社会是人的活动特别是交互活动的结果，"生产关系总合起来就构成为所谓社会关系，构成为所谓社会，并且是构成为一个处于一定历史发展阶段上的社会，具有独特的特征的社会"②。这就揭示了社会是人们相互交往、相互作用的产物，其基础和本质只能是人们在物质资料生产过程中形成的生产关系。由此得出：在一定空间场域中有人这种高级动物的存在，这是形成社会的必要条件，而在这个空间场域中的人这种高级动物是以群居的方式存在，不以个体性单独方式存在，也就是说人与人之间通过认识和实践等活动相互结成比较稳定的联系或关系，这是形成社会的充分条件。

诚然，网络虚拟社会要真正发展成为人的社会，也必须满足以上充分条件。在我们看来，网络虚拟社会之所以得以形成与发展，也是囿于人的虚拟化的生存与发展需要。没有人，没有人超越现实的需要，没有人创造出来的互联网络、计算机等技术工具，网络虚拟社会也不可能兴起和发展。可以说，现实的感性的人是网络虚拟社会的发起者、主导者和受益者，网络虚拟社会由人而起，因人而生，这是网络虚拟社会形成的必要条件。单从物理属性看，计算机、互联网、虚拟场景等无外乎是一种信息传播和大数据资源共享的技术性平台，而随着人类活动行为的大量介入，才逐渐发展成为一种全新的社会活动场域，"因为在其中，正是由于有了人类行为活动的介入，而使得电子网络空间被人为赋予了社会文化内涵。本来没有任何生命色彩和社会文化属性的电子网络空间，因为有了人的行为活动，构织了人们彼此之间的社会关系，才被赋予了生机和活力"③。人们在这个全新的场域空间中进行购物、学习、休闲、娱乐、交往等虚拟化生活，并形成了人与人、人与社会、人与自我之间等的虚拟性社会关系，虚拟性实践活动、虚拟性认识活动、虚拟

---

① 《马克思恩格斯选集》（第4卷），人民出版社2012年版，第408页。
② 《马克思恩格斯全集》（第6卷），人民出版社1961年版，第487页。
③ 李一：《网络行为失范》，社会科学文献出版社2007年版，第61页。

性交往活动等随处可见，日益发展成为人们在网络虚拟社会中的重要生存方式，这是网络虚拟社会形成的充分条件。总之，网络虚拟社会只有拥有了人、拥有了人的虚拟性活动，才发展成为人们相互作用的空间和形式，才具备社会场域的本质属性和功能价值。

其次，现代科技的迅猛发展是网络虚拟社会生成的技术机制。社会的形成与发展，是由生产力与生产关系的矛盾运动所推动的。而在生产力与生产关系的矛盾关系中，生产力决定生产关系，生产关系对生产力起反作用，换言之，如果生产力不断地向前变化与发展，生产关系也会随之变化与发展，从而推动社会的发展；反之，如果社会不能随着生产力的发展而发展，那只会导致社会的衰败和退步。生产力与生产关系之间的矛盾，成了人类社会千百年来不断发展的根本动力，其中某个阶段某个时期可能会出现停滞、倒退等现象，但从整体上都是在曲折中持续向前发展进步的。因此，生产力在社会形成与发展中的作用是极其显著的，而本质上生产力是人们认识和改造自然的能力，主要包括劳动者、生产工具、劳动对象，其中，劳动者是决定性的因素，生产工具是生产发展水平的重要标志。随着社会的发展与进步，劳动者素质的高低和生产工具的先进与否成为生产力是否先进的重要标志，特别是在近现代社会中，生产力的发展越来越依赖于科学技术和智能化的生产工具，日新月异的科学技术俨然成为第一生产力。

回顾人类发展史，每一次科学技术的进步都会改变人们的思想观念和生产生活，优化人类进化的途径和方式，从而推动社会历史的发展和人类文明的进步。正如马克思所指出的，在社会生产发展中，"生产者改变着，他炼出新的品质，通过生产而发展和改造着自身，造成新的力量和新的观念，造成新的交往方式，新的需要和新的语言"①。而当代科学技术的发展，特别是建立在现代科学理论基础上的计算机、互联网、虚拟现实、大数据以及物联网等技术的迅猛发展，为生产力的发展注入了新鲜活力，为人类的生存与发展构建了全新的技术性平台，从根本上改变了传统的社会生产关系，正如麦克卢汉（Marshall McLuhan）

---

① 《马克思恩格斯文集》（第8卷），人民出版社2009年版，第165页。

所说："任何技术都倾向于创造一个新的人类环境。"① 这些技术的出现与发展改变了人类的活动空间，形成了新的社会生产力和生产关系，创造了一个全新的社会环境——网络虚拟社会。

最后，人类生存和发展方式的全方位变革是网络虚拟社会生成的价值体现。历史唯物主义认为，人总是依赖于一定的社会环境而存在，或者说，它必然要以某种形式存在于一定的社会中。如果撇开社会，纯粹地、孤立地分析或讨论各个具体的感性的人以及人的各种具体形式的存在，那么分析再细致、讨论再激烈也无法从根本上理解和把握人、人的活动以及社会历史，因为无论是人也好还是人的活动也罢，都深深地根植于一系列独特的、全面的社会条件之中。社会作为人进行各种活动的"场域"和"容器"，主体人既在这孕育、成长，又在这老去、转化，既在里面欢声笑语、幸福快乐，又在里面垂头丧气、悲欢离合，社会对于人的"表演"起着重要的保障和促进作用。当然，社会作为一种客观存在的人化世界，也不能游离于人、人的活动之外而孤立运行和单独发展，社会是人活动的产物，也是人的本质属性、活动力量的确证和表现。社会因为有了人才变得如此丰富和多彩，才发展成为当今这个美丽的样子。无论是早期的原始社会，还是现在依靠科技而发展起来的新型的网络虚拟社会，人与社会之间永远呈现出一种相互依存、相互制约、相互促进的辩证关系。

互联网是这个时代馈赠给我们的神奇礼物，使当代人类发展处于一个宏大的变革潮流之中，特别是在虚拟现实、物联网和大数据等技术的帮助下，在极短的时间内发展成为与陆地、海洋、太空同等重要的人类活动新场域，并正以一种前所未有的速度和方式深深地影响和改变着人类的生存与发展。以至于许多人都还没来得及准备好，就已经深深沉浸于网络虚拟社会之中，从个人的工作学习到企业的经营管理，再到国家的政治军事；从传统的第一、二产业到支柱性的服务业，再到方兴未艾的大数据产业；从"互联网＋"、物联网释放的创新活力，到席卷全球

---

① ［加］马歇尔·麦克卢汉：《理解媒介——论人的延伸》，何道宽译，商务印书馆2000年版，第2页。

的网购热潮，再到虚拟现实、分享经济、智能制造等新兴领域，无不体现着网络虚拟社会的魅力与激情。对于现代人来说，不仅依赖于客观性的自然和现实性的社会来生存和发展，还依赖于网络虚拟社会来生存和发展。网络虚拟社会业已发展成当代社会环境中的重要组成部分，也是现代人赖以生存的新型的社会场域，并给人的生存、发展带来巨大变革：一是改变了传统的社会结构和社会关系，形成了与现实社会相互并存、共同发展的新格局，为人类的生存和发展提供了新空间；二是改变了人类的生存和活动方式，形成了虚实相生的生活方式和内容丰富、形式多样的生产关系，开创了人类发展的新纪元；三是改变了人们思想观念的社会基础，丰富了精神生活的内容，拓展了精神世界的场域，形成了新的虚拟思维方式和互联网精神。总之，网络虚拟社会已经悄然来到我们身边，并日益形成自身相对独立的内在发展规律，成为人类生存和发展的重要场域，预示着人类社会发展的未来趋势。

二　网络虚拟社会的内涵本质

通过对网络虚拟社会生成逻辑的分析应该看到，网络虚拟社会的形成与发展已是社会发展之必然，并日益成长为人类社会发展的未来趋势。对一种新生的且不断发展变化的事物进行哲学界定是极其困难的，但又是分析其基本特征和演化发展的基础。立足于马克思主义哲学的话语体系，我们将狭义的网络虚拟社会界定为：网络虚拟社会是人有意识地运用现代科技，创造性地构建的非主观非现实的虚拟场域以及人在此场域中所形成的一切关系之总和。之所以如此界定网络虚拟社会，主要基于以下几点。

一是强调网络虚拟社会的主体是人。无论是传统的现实社会还是新兴的网络虚拟社会，人都是其主体。因为只有人的存在与发展、只有人在生产实践中形成人与人之间的社会关系，才能形成社会，并推动社会的发展。网络虚拟社会的形成与发展，也是基于人超越现实、扬弃自我的类本质而出现的，现实的感性的人才是网络虚拟社会的发起者、组织者和受益者。诚然，在社会工程哲学的视野中，任何学者都不能无视人——即人类感性的个体和人类的对象化存在的事实，并把主体性或社会性置于人学的逻辑起点之上。① 马克思主义哲学视野中的网络虚拟社会研究，也必须强调人的主体性及其义务性，主体性是说明人以自身的目的和行为创造着、改变着对象性存在——网络虚拟社会，义务性是说明人务必要使用更多的目的和行为来改变和发展对象性存在——网络虚拟社会。唯有如此，才能科学揭示网络虚拟社会的本质，即人在虚拟场域中所形成的一切关系之总和。

二是强调网络虚拟社会是近现代科技发展的产物。回顾历史，早期的部分人类活动虽然带有一定的虚拟性，其中也产生和形成了一定的虚拟性交往关系，但这些朴素的、简单的虚拟性活动尚未形成完整的社会关系体系，缺乏独立性和系统性。随着科技的迅速发展和人类需求的不断扩展，那种朴素的、简单的虚拟性活动关系不能满足人们虚拟性的需求，出现了内容更丰富、形式更多样、模式更多元的虚拟性活动关系和范围更广、层次更高的虚拟性场域，特别是计算机、互联网、虚拟现实等技术的广泛应用，为人的虚拟特性的发挥提供了技术平台，为人们虚拟化生活梦想的实现找到了突破途径，形成了颇为壮观的"虚拟化"井喷现象。可以说，虚拟化现象是现代科技发展的产物，网络虚拟社会是近现代科技革命浪潮的结晶。

三是强调网络虚拟社会是人们构建的新型场域。网络虚拟社会尚未出现之前，人们只能囿于传统的现实社会而活动，随着人的超越属性的凸显，人们运用现代科技创造出了既依赖于现实又超越现实的网络虚拟社会，使人的活动场域由传统的现实社会拓展为现实社会与网络虚拟社会共同构成的二重场域。作为一种新型的活动场域，网络虚拟社会与现实社会之间呈现出辩证统一的关系，既与现实社会有联系，又有独立于现实社会的规律性和自在性，是对现实社会的拓展与延伸，并体现出非聚集性、非确定性、非独占性、非封闭性等特征。所以，我们说网络虚拟社会的出现与发展，不仅意味着人类在技术领域取得了长足进步，而

① 田鹏颖：《社会工程哲学引论——从社会技术到社会工程》，人民出版社 2006 年版，第 32—39 页。

且意味着人类在拓展自身的生存场域、活动空间方面也获得了极其有益的成果。

四是强调网络虚拟社会是非现实非主观的活动场域。网络虚拟社会既不是现实存在的物理客体，也不是人在大脑中的主观存在，而是具有客观性但不具有实在性，即网络虚拟社会不以人的意志为转移，客观存在于虚实相生的现代社会中，但不像现实物理存在那样能摸得着、看得见；具有抽象性但不具有主观性，即网络虚拟社会的一切都被符号化、抽象化、虚拟化了，事物、场景、人物、活动甚至于人们的爱情都被抽象为"1"和"0"的格式，用高度抽象的符号、图形、数字、颜色、声音所表示，人与人之间的交往活动也变成了符号之间的互动；也不像人的思想意识那样是主观的，"我们也是知道的是，这种交往性并不是孤立的——不是与真的现实对立的虚拟现实，它是不一样的现实领域"①。

五是强调网络虚拟社会是人存在和发展的虚拟场域。无论是落后的社会形态，还是新型先进的社会形态，只有包含人的活动、人与人之间的关系等人文因素，才具备社会的本质，才称得上真正意义的社会。如前文所述，网络虚拟社会的主体是人，因人而生。单从物理角度看，虚拟网络无外乎就是一种信息传播和大数据资源共享的技术性平台，然后随着人类行为的大量介入，而逐渐发展成为一种全新的社会活动场域。换言之，网络虚拟社会拥有了人的虚拟性活动、虚拟性交往、虚拟性文化等社会生态意义，拥有了人们相互作用的空间和形式，从而被赋予了社会的意义，才具备了社会生态的本质属性。"本来没有任何生命色彩和社会文化属性的电子网络空间，因为有了人的行为活动，构织了人们彼此之间的社会关系，才被赋予了生机和活力。"②

以上论述，是从狭义上界定的网络虚拟社会。如果从广义上看，网络虚拟社会的含义更广，泛指基于现代科技因人而产生或出现的虚拟化现象的一切之总称。虚拟化现象是一种如同人类历史般悠久的古老的社

① ［美］曼纽尔·卡斯特尔：《地方与全球：网络社会里的城市》，叶涯剑译，《都市文化研究》2010年第7期。

② 李一：《网络行为失范》，社会科学文献出版社2007年版，第61页。

会现象，比如远古社会的神话故事、文学艺术、宗教巫术等活动都具有虚拟化的特征，但是，这些虚拟化的活动属于简单的、朴素的，尚未展现出社会化的交往属性和精神气质。直至现代科技如计算机、互联网和虚拟现实技术等发展起来以后而产生或出现的虚拟化现象，才能算作网络虚拟社会，因为这些虚拟化现象既承载了人们超越现实而开展生产生活的梦想，又改变和丰富了人类大脑中的思维和想象。如果说信息社会是脱离工业社会以后而以信息为主导作用的社会形态，那么网络虚拟社会则是现实性和想象性被虚拟化后所演绎建构的社会形态，其中的虚拟实在本身以及其在网络空间中的重构和作用，与贯穿联结在一起相互作用的主体及虚拟化存在的场域，分别是解释广义网络虚拟社会产生、存在和发展的内在逻辑。

当然，无论是狭义上的界定还是广义上的泛指，网络虚拟社会本质上是现代科技与人的超越属性相结合所带来的产物，在很大程度上依赖于计算机、互联网以及虚拟现实等技术的发展水平以及与人脑意识或空间想象力的相互融合程度，但它不是人类的想象空间，也不是子虚乌有的抽象世界，而是客观存在的、能够展示人类大脑意识图景和虚拟构建，以及延伸现实社会中的真实场景的社会形态。用物理性或意识性解释网络虚拟社会，似乎都不合适，无法揭示其本质特征。通常情况下，我们可以将网络虚拟社会称作为"人工的现实"或"人造的世界"[1] 或人造社会。网络虚拟社会既依赖于现实社会，把现实社会作为其发展的基础和参照，又超越现实社会，创造性地构建现实社会中的可能与不可能，为人类的生存与发展提供了更大的空间和更多的机遇，它既是现实社会的逻辑摄影，又是一个具有客观存在性质的社会场域。如果将其描述为现实的复制或拷贝，或将其理解为脱离现实而独立存在的"自由王国"，是没有科学依据或者说是不了解网络虚拟社会本质的。不管是人类活动的场域，还是生存发展的空间，网络虚拟社会都与传统的现实社会存在较大区别，并解构着人类生活着的现实社会的客观存在，创造性地构建着人类欲实现的五彩缤纷的梦想未来。

---

[1]　陈志良：《虚拟：哲学必须面对的课题》，《人民日报》2000 年 1 月 18 日第 7 版。

三 网络虚拟社会的基本特征

网络虚拟社会并不是一种孤立的社会形态，而是现实社会在信息革命时代的发展与延伸，既保留有传统社会的核心要素，又体现出完全不同的另类特质。

一是非聚集性。在传统的现实社会中，人的活动或物质的存在往往是呈聚集性的，总是形成一个鲜明的主体角色，主体在社会关系中是群体或聚集物的中心，其他的均处于边缘或客体地位。在网络虚拟社会中，这种聚集性得到了改变：事物没有了中心和边缘的划分，它们既是中心，又是边缘。另外，网络虚拟社会使人的思想和行为也不再是地方性、片面性或血缘性，而是全球化的，"我们可以把工作带回电子住宅，更会鼓励这一双重焦点的观念，许多人留在住家附近，不常移动，为了娱乐而旅行，不是为了工作，然而心灵和思想却横跨整个地球，进入外太空世界"①。网络虚拟社会所具有的非聚集性特征，使虚拟世界变成了一个相对平等的场域，人类活动空间由有限向无限的方向延伸，人类活动的自主性也得到了明显的增强。网络虚拟社会的非聚集性，还彰显了人的个性特征，即主体不再依附于某一个体或集体，被动地接受他者的给予，而是根据自身的需要和个性，自由地自主地选择和分享，选自己所爱的，挑自己所需的。譬如你可以以主人身份自立门户开博客、建微博、组社区、构空间，也可以以客人身份就某一热点或议题抢"沙发"、发帖子、表观点、驻观望、深"潜水"。所以，网络虚拟社会时空和"个性化使得时间成为可选择的，而这种选择意味着在因特网时代时间成为人们选择的空间"②，让主体拥有了更多的自由和更多的快乐。

二是非确定性。现实社会总是将人的存在和活动束缚于相对稳定的某一时空中，进行有限的交往和实践，对于物质而言也只能在固定的自然环境中生成、成长、成熟、衰退和灭亡。现实社会的确定性虽然为我们认识世界和改造世界提供了可靠的真实图景，但在一定程度上也限制

① [美] 阿尔文·托夫勒：《第三次浪潮》，黄明坚译，中信出版社 2006 年版，第193 页。
② 田佑中：《论因特网时代的社会时空》，《南京政治学院学报》2001 年第 4 期。

了人的自由发展和社会的全面进步。而新型的网络虚拟社会则打破了这种确定性，摆脱了现实条件对人的发展的种种束缚和限制，颠覆了人们习惯的那种固定不变、相对狭隘的时空观念，让人类活动的开展和物质的存在与发展处于更广阔的时空中。比如人们突破了地理条件的局限、国家边界的封锁，进行跨国界、越文化的交往和学习。网络虚拟社会的时空是流动的、可变化的，人们不但可以生活在"当代"，也可以穿越回到"远古时代"，还可以进入充满奇异的"未来"，从而节省了人们长时间、远距离的生产生活成本。世界变平了，地球变成了"鸡犬相闻"的地球村，无论你生活在任何地方，都可以进行高效率即时化的交往和沟通。当然，非确定性的网络空间也为犯罪分子提供了可乘之机，如以匿名身份盗窃他人信息、攻击他人网站，发布虚拟信息等问题，严重影响了我们日常的工作与学习。

三是非独占性。在听神话故事时，我们最羡慕神仙的分身术，他们可以同时处于不同的时空与不同的人或物发生关系。在网络虚拟社会中，即使你我不是神仙也同样可以作用于不同的活动对象，分享于不同世界。在同一时间可以处理不同地点的虚拟化活动，在同一地点可以展开不同时间的虚拟性行为。在虚拟世界中的我们，两次踏进同一条河流是常有的事。这就是网络虚拟社会的非独占性。在现实社会的活动过程中，主体与客体无论是静止还是运动都处于同一时空中，意味着时空对于主客体来说是唯一的、被单独占领着的。而在网络虚拟社会的活动过程中，主客体双方都变成了数字化、符号化的形式，摆脱物理属性的限制以实现越时空、跨地域的自由自在的作用、运行。如此一来，活动的展开有了更多的方式或途径，主体可以"三心二意"地作用于不同的对象，客体以共享性的方式与不同的主体发生着关系。所以，网络虚拟社会的非独占性增强了人们的交往能力，扩展了人类活动的范围，提高了人类的工作效率和生活的自由度，为人类展现了一个"诗意栖居"的新时空。但是，网络虚拟社会的非独占性也为网络犯罪提供了可乘之机，比如说黑客可以同时入侵多台主机并远程安装攻击工具，而监管部门却无法确定和知晓他所藏匿的地方。

四是非封闭性。虚拟化生存的出现，标志着人类业已完成农业和工业技术条件下"体能型"活动形态向当今虚拟现实技术条件下"智能型"活动形态的转换，颠覆了在物质技术条件下仅能依赖单一途径选择生存发展可能性的旧模式，使不可能性变成了可能性，可能性变成了现实性。网络虚拟社会是一个开放式的空间系统，兼容并包，不断融合人类世代沉淀的经验和智慧，吸纳世界各民族的文化精髓，为人们开展活动及事物的发展提供了多样性和可能性。而且，各种条件也在多元的比较和整合中臻于完善，让主体拥有了足够的时间和多种的途径进行创新发明，因为"从整个社会来说，创造可以自由支配的时间，也就创造了产生科学、艺术等等的时间"①。网络虚拟社会中的个体不再泯然于众，其自我意识、自由意志的表达获得了前所未有的优越条件，其个性禀赋、异想天开的实施拥有了充分的实验空间。诚然，网络虚拟社会的非封闭性也暴露出了一定的脆弱性和风险性，给社会造成了恶劣的后果和带来重大的损失，如发生于 2007 年的"熊猫烧香"病毒。

五是非线性。现实社会中的万事万物是相互联系、相互作用的，其范式一般可分为线性和非线性两种基本形式。线性强调的是系统各要素或矛盾双方特性的单一的变化和简单的叠加，仅处于量上的变化，并不能促使系统或矛盾的性质产生根本性的改变。所以这是一种单一的规则性和简单的变化性。与线性相反的非线性则认为系统各要素或矛盾双方不是简单的量上变化，而是形成一种严密的复杂的相关性，要素与要素、要素与系统、系统与系统之间存在相互的规定和制约，所以随意性、非规则性、非完全可预测性、非平衡性就成了非线性的内在表现形式。而网络虚拟社会则体现出较为明显的非线性特征，因为网络虚拟社会使各事物、矛盾的相互规定相互制约的关系更为紧凑和严密，使社会关系系统及系统内部各要素之间也变得更加复杂，这就意味着虚拟世界中的时空是时间的空间化，空间的时间化，以及时空结构的多层缠绕、跌宕起伏的不规则，非均匀、非连续、非光滑的分维特征。当然，非线性的特征非但没有影响网络虚拟社会的优越性，反而让主体在网络虚拟社会中更加自由和便捷地生存与活动。

① 邹焜：《论时空的复杂性》，《中国人民大学学报》2005 年第 5 期。

四　网络虚拟社会的演化历程

一种新型社会形态的形成与发展，必然经历漫长而又艰辛的演化过程。就网络虚拟社会而言，因其科技含量的厚重感使其在短短的几十年间就完成了从技术形态到沟通平台，再到社会空间的完美蜕变。关于网络虚拟社会的演化历程，我们根据其功能的差异划分为三个阶段，即连通的网络虚拟社会、共享的网络虚拟社会、感知的网络虚拟社会。

早期互联网络的形成与发展，目的是解决信息传输、语义连通等问题，关注的对象是信息、语义传输本身以及网络覆盖范围，展现的是互联网络的工具性和空间性，基于此所展开的人类活动行为也是朴素的、简单的，事件的发展和结果的控制也是可以预知和判断的，如通过手机打电话、发信息，通过网络发邮件、浏览新闻，其本质就是把信息从一个端口传递到另外一个端口，把语义从这个地方传输到另外一个地方，从而也就完成了人与人之间的信息传递与语义交流，也就完成了自身的虚拟性行为。因此，连通的网络虚拟社会是一个以信息传输为目的，以通信网、互联网为基础，连接人与人之间的社会化网络平台，其发展和形成的关键性技术主要有通信技术、网络技术以及计算机技术等。连通的网络虚拟社会具有连接与通信的功能，大大扩宽了人们的交往活动范围，既跨越了空间又压缩了时间。但这个时期的网络虚拟社会主要是作为一种信息交流的工具或渠道而存在，人们的虚拟性行为也是一种一对一的个体间交流活动，并没有体现出社会群居的社会属性。总而言之，连通的网络虚拟社会是人们走向虚拟化生存、构建虚拟性交往关系的重要方式，是网络虚拟社会之所以发展成为社会的基本环节。

随着社会的进一步发展，具有连接与通信功能的网络虚拟社会已经不能满足人们的虚拟性生存需求。人们不仅需要信息传输、语义连通本身的内容，而且更关注信息传输和语义连通过程中的服务与能够展现这一过程的多元化形式；人们也不再仅仅追求一对一的信息沟通交流，而是抓住信息可重复利用的本性，更看重人与人之间的信息分享。就人们的虚拟性活动行为来说是形式多样、内容丰富的，对于事件的发展和结果的控制也是可以预知和判断的。尤其是互联网上的 MSN、QQ、

Skype、Gmail 等为人们提供方便的、快速的信息沟通服务，门户网站上的 Google、百度等搜索引擎总能为人们在浩瀚的信息海洋中寻找到自己所需要的信息，移动终端上的微信、Facebook、百度地图、支付宝等 APP 总能为人们随时随地、随心所欲地沟通交流，提供各类实时服务，基于互联网而开展的电子商务、网络广告、虚拟银行等新型业务，催生了全新的商业模式，创造了巨大的商业财富。因此，分享的网络虚拟社会是一个以信息分享为目的，以互联网、移动网为基础，连接物与物之间的社会化网络平台，其发展和形成的关键性技术主要有网络信息技术、虚拟现实技术以及计算机技术等。分享的网络虚拟社会具有信息共享、语义传播的功能，大大提高了信息在全球范围内的流通、传播速度，既共享了信息又创造了财富。从本质上看，共享的网络虚拟社会强调的是信息与信息的互通，关注的是信息与客观物质的对应关系，而对于人与人、人与物、物与物之间的实时感知、全面联系则有待于进一步的挖掘。

　　无论是连通的网络虚拟社会还是共享的网络虚拟社会，其终端都是有限的，即人们的信息获取、人际交流和活动行为都是局限于"网络世界"之中的虚拟化的人、物和信息，而"网络世界"之外现实客观存在的人、物、信息却无法参与其中，"网络"与"现实"之间横亘着一条难以跨越的鸿沟。物联网、大数据、人工智能等技术的出现，打通了"虚拟"与"现实"之间、"数据"与"实物"之间的通道，虚实交融、虚实相生的生存方式不再成为遥远的梦，因为感知的网络虚拟社会形态不仅要求人们关注"网络世界"中的内部情况，而且还要求人们更加重视"网络世界"中的外部世界，以感知为目标提供全方位的、立体性的认识和改造服务，即使是面对一些不确定、无规律的可能性，也可以通过信息采集、传输、处理和分析等流程来链接、关联，进而实现对目标的准确感知和对活动行为的全面把握。换言之，感知的网络虚拟社会以各种生物群体赖以生存的现实物理世界为对象，基于共享的网络虚拟社会节点和信息，将从虚拟空间、人人互联的社会化集群发展到对现实物理世界的全面感知，从而形成各具特色的服务和产品，为人类和其他生物群体提供更舒适、更美好的生存条件和环境。因此，感知的网络虚拟社会是一个以感知为目的，以物联网、大数据为基础，连接人与物之间的社会化网络体系，其发展和形成的关键性技术主要有物联网技术、虚拟现实技术以及计算机技术等。感知的网络虚拟社会具有虚实交融、数据创新的功能，从根本上解决了"网络"与"现实"之间的隔离，大大缩短了人与人、人与物、物与物之间的距离，并推动着传统产业和领域的改造升级，既提高了社会生产效率，又带来了更多的产业发展机遇。从本质上看，感知的网络虚拟社会强调的是一切皆可"量化"的数据化，所有的推断和结论不一定要求准确无误，所有的活动和行为不一定要求循规蹈矩，而是相关性上的混杂性和全面性。

总之，无论是哪一个历史阶段上的网络虚拟社会，都具备了作为社会的基本属性，既有社会化的"空间场域"，又有基于这种场域而产生相互关系的人群。当今的人们不仅生活在现实社会和物理世界中，而且还生活在五彩缤纷的虚拟世界中。

网络虚拟社会虽然属于一种崭新的社会形态，但较之于传统的其他社会形态业已体现出强大的生命力，网络虚拟社会必将发展成为人类社会未来发展的重要形式。这是因为：一是网络虚拟社会代表了社会未来的发展趋势，能够不断满足人们虚拟化生存的需要。在人类社会发展史上，以技术社会形态的角度来划分，至少出现过渔猎社会、游牧社会、农业社会、工业社会和网络虚拟社会等社会。回顾人类社会发展史，每一种社会形态的形成、兴起、发展和衰落，不同类型社会的变革、更替、换代都是社会历史发展规律的具体体现，也是社会生产力、科技发展的必然结果。而蓬勃兴起的网络虚拟社会就是继工业社会之后形成的新型社会形态，是人类社会由原子（atom）时代向比特（bit）时代（即由 A 到 B）发展的新阶段，代表了社会生产力的未来发展方式，代表了人类社会的未来发展方向，因为网络虚拟社会推动了当前社会存在形式、社会生产方式、社会生活方式、社会交往方式和社会思维方式的变革，超克了传统物理的限制和阶级斗争的矛盾，延伸了人类生存和发展的场域空间，满足了人类超越现实的虚拟化生存需要，为人类提供了一种超越了传统现实的全新生存发展途径。

二是网络虚拟社会依赖的现代科技，现代科技还在持续发展，成为推动网络虚拟社会不断进步的技术力量。我们知道,网络虚拟社会建立在高度发达的技术水平之上,是现代科技发展的产物。没有现代科技的发展,也就不可能出现虚拟化生存,更不会出现人与人之间的虚拟关系。以计算机、网络信息、虚拟现实等技术为主要标志的当代科技革命仍在如火如荼地发展中,云计算、大数据等系统或平台日益发展成为生产资料获取、社会生产力提高的重要支撑。虽然我们一直不认可技术决定论——即技术将"所向披靡",决定和规定一切,然而我们也必须承认当代科技发展在网络虚拟社会发展过程中的重要作用和显著力量,"事实上,社会能否掌握技术,特别是每个历史时期里具有策略决定性的技术,相当程度地塑造了社会的命运"①。人们的网络化发展、虚拟化生存并不会到此结束,计算机技术、信息网络技术、虚拟现实技术等也不会因此而停下脚步,网络虚拟社会的发展也是方兴未艾。

三是网络虚拟社会与全球化互动发展,成为人类创造"世界历史"的重要方式。正如马克思所预料,"世界历史"的发展将成为一种不可抗拒的趋势,特别是自资本主义的世界市场形成之后,世界各地区、各国家、各大洲之间的联系业已空前加强并由此而形成了典型的"世界联系的体系"②。而基于通信、交往需求在 20 世纪中叶兴起的计算机、网络信息等技术的出现与发展,又在很大程度上进一步加强了人与人、组织与组织、国家与国家之间的联系,使"世界历史"变成了"网络历史",使现实社会扩展到"网络虚拟社会",在人类历史上更好地实现了全球一体化、世界村落化。在传统的物理时空中,人们的活动和物质运动均受到时空的严格限制,具有典型的地方性和区域性特征,而网络虚拟社会的出现则突破了这种限制,大大地扩展了人类活动的范围,提供了物质运动的新场域,加剧了"时空—空间"的浓缩,加速了全球化的进程,完成了"世界历史"的重任。由此看来,网络虚拟社会使人可以在全球以个人的身份活动和存在,由依赖性的角色向独立性的角色转变,使人更具有独立性和自由性。网络虚拟社会与全球化的互动发

---

① [美]曼纽尔·卡斯特:《网络社会的崛起》,夏铸九等译,社会科学文献出版社 2001 年版,第 8 页。

② 《马克思恩格斯全集》(第 12 卷),人民出版社 1962 年版,第 587 页。

展，将成为人类社会发展史上的重要里程碑，成为人们创造"世界历史"的重要方式。

第二节　道德及其与社会的关系

作为一种特殊的社会意识形态，道德是人们共同生活及其行为的准则和规范，是人们为了调节各类社会关系、规范各种社会活动、维护各项社会秩序而自觉形成和发展起来的规范体系。历史地看，道德是人类社会的生产力、生产关系以及人的意识水平和能力发展到一定阶段的产物，因为"一切以往的道德论归根到底都是当时社会经济状况的产物"①。这就表明，社会的进步与发展必然引起道德的变化和发展。我们也应看到，当新的道德形成并能够产生一定影响作用之后，道德又会反过来引导社会的经济发展和人们的生产生活，促进人类社会形态的演化和维护社会秩序的和谐，体现出明显的反作用。由此看出，道德发展与社会发展之间，存在相互制约、相互促进的辩证关系。

基于如上认识，本节在梳理完道德的语义之后，重点讨论道德的本质特征，然后在此基础上对道德与社会的关系作出简要辨析，从而为"网络虚拟社会与道德发展"问题的分析奠定理论基础。

一　道德的语义源考

在不同的文化视阈下，人们关于道德的理解有所不同。在我国，"道德"一词最早是分开使用的。道，在《说文解字》里将其界定为"所行，道也"。而最早见于《广成子·自然经》中"至道之情，杳杳冥冥"的"道"，含有自然之义，《诗经·小雅》中"周道如砥，其直如矢"的"道"指道路、途径，《论语·里仁》中"朝闻道，夕死可矣"的"道"被引申为完善的人格或理想的社会图景，《道德经·第五十一章》中"道生之，德畜之"的"道"又被引申为事物本体或运动

---

① 《马克思恩格斯文集》（第9卷），人民出版社2009年版，第99页。

变化所体现出来的规律，所以老子眼中的"道"是宇宙的本体、万物的始基。"德"为象形字，在甲骨文中是指直视"所行之路"的方向，在金文中增加"心"字底，特指遵循本心、顺乎自然。《说文解字》将其解释为"德，升也"。《论语·述而》中"志于道，据于德，依于仁，游于艺"的"德"是指安身立命的准则、根据。而老子认为通过对"道"的认识修养可内化为己之一部分，即为"德"；庄子认为"德"和"得"意义相近，即"物得以生谓之德"；《韩非子·解老》中"德者，道之功也"的"德"则被理解为道的功用。最早将"道"与"德"结合起来使用的应该是荀子，他在《荀子·劝学》篇中说："礼者，法之大分，类之纲纪也。故学至乎礼而止矣。夫是之谓道德之极。"当然，庄子有"夫恬淡寂寞，虚无无为，此天地之平而道德之质也"（《庄子·刻意》）、《韩非子》中也有"上古竞于道德，中世出于智谋，当今争于气力"的说法。由此看出，道德在先秦思想中处于崇高地位，此时的"道德"主要是指要求人的活动行为合于理、利于人的规范、准则，与道、德、仁、义、德行、德性等词的意义比较接近。总而言之，中国传统文化里的"道德"既有社会规范之含义，又有个人品性修养之要求。

从西方学术史看，"道德"与"伦理"的意义十分相近，二者在很长的历史里都是相互通用、相互代替的。从词源学上讲，伦理一词渊源于古希腊文"ethos"，其本义包括"人格""本质"和"风尚""习俗"两层含义，而在拉丁文里，伦理是用"mores"表示，"风尚""习俗"是其基本含义。后来，罗马人根据"mores"创造了"moralis"来表示"伦理"。由此可以看出，希腊文里的"伦理"与拉丁文里的"伦理"意义相近、用法相符。而在学术领域里最早使用"伦理学"即"ethics"的为亚里士多德，他主要是用来表述某种现象、事物的本性。在康德看来，"道德"比"伦理"具有更大的包容性，并将法哲学与伦理学统摄于自身。后来，黑格尔（G. W. F. Hegel）对"道德"与"伦理"进行了区别，认为："道德和伦理在习惯上几乎是当作同义词来用，在本书中则具有本质上不同的意义，普通看法有时似乎也把它们区别开来的。康德多喜欢使用道德一词。其实在他的哲学中，各项实践原则完全限于道德这一概念，致使伦理的观点完全不能成立，并且甚至把它公然取消，加以凌辱，但是，尽管从词源学上看来道德和伦理是同义词，仍然不妨把既经成为不同的用语对不同的概念来加以使用。"① 并认为"道德"是抽象、主观的东西，而"伦理"则是"在它概念中的抽象客观意志和同样抽象的个人主观意志的统一"②。包尔生认为伦理学的职能和任务，是决定人生的目的以及达到目的的手段，而人生的目的就是至善，达到目的的手段就是义务，至善比义务更重要。哈贝马斯将现代哲学分为实用的、伦理的与道德的三种应用或观点，与之相对应的是有目的的、善的和正义的三个任务，其源泉分别来自功利主义、亚里士多德伦理学和康德道德理论。哈贝马斯之所以做出这样的划分，其目的是想建构起一个比黑格尔更大范围、更为恰当的综合体系。美国哲学家梯利从宏观的角度，将伦理定义为有关善恶、义务、道德原则、道德评价和道德行为的科学。在现代西方语境下，伦理强调的是社会公共理性问题，即人们在社会集体活动中处理人际关系的正当原则，而道德追求的是公共理性与个人德性的有机结合，即公共价值规范与个人精神自由之间的契合。

通过以上的道德语义源考发现，尽管我国传统文化和西方学术史在道德的语义、用法和区分等方面可能存在不同，但总体上都极其重视道德，尤其重视其在人类社会发展中的重要作用。而且，随着社会的进一步发展，道德在人们生产生活中的作用越来越突出，道德问题已成为人们日益关注的社会问题。

二 道德的本质特征

梳理和归纳东西方学术史上关于道德的认识和观点，不是我们研究的目的，而是为展开网络虚拟社会中道德问题治理的研究奠定理论基础。立足于马克思主义哲学的话语体系，结合研究的需要，可以从以下几个方面对道德加以界定。

---

① ［德］黑格尔：《法哲学原理》，范杨译，商务印书馆1961年版，第42页。
② 何怀宏：《伦理学是什么》，北京大学出版社2015年版，第14页。

第一，道德的主体是具体的感性的人。人是人自己的主体，也是社会、历史的主体，更是道德意识、道德活动、道德评价的道德主体。作为平衡各种人际关系、协调各类社会矛盾的道德来说，其本质是产生并服务于人生存和发展需要的工具，从而也就决定了道德是为人而存在，不是人为道德而存在。道德的主体是具体的感性的人。离开了人、离开了社会来谈的道德是空洞的、抽象的道德，没有具体的价值意义。只有回归到具体的、感性的人，回归到人的实践活动、认识活动和科学实验活动中，道德才具有生存的空间、发展的场域和作为评价尺度的资格。

第二，道德的目的是调节各类关系、规范各种活动、维护社会安定。道德起源于、发展于人的生产生活中，服务于、归宿于人的全面发展旨趣中。人类生存与发展的一个重要特点，就在于人们必然开展各种各样的社会活动、形成各种各样的社会关系，如果离开社会关系、离开人的活动，人、社会、历史都是不可能存在的。这是由人的社会属性所决定。诚然，如上关系、活动在具体的生产生活中总会出现这样那样的问题、矛盾。此时，就需要一种准则、规范来进行调节、规范，以维护人与人之间的良好关系和社会稳定的秩序，而这样的准则、规范就是道德。

第三，道德是一种主观意识形态。道德不仅从具体方面反映着、体现着人与人之间的社会关系和活动行为，而且以人的有意识、有目的、有选择、有追求的自觉活动形式，引导着人的各种活动行为，调节着人的各类社会关系。所以，道德本身的存在方式就表现为一套相对独立的、随着社会经济关系不断发生变化的发展体系和运行规律，并以内心信念（或良心、良知）、公众舆论、风俗习惯等方式反映出它的本质属性、内容范围和功能作用。

第四，道德是不断发展变化的。作为一种主观意识形态的道德，必然会随着社会制度的更替、经济关系的变革、人的认识能力的增强而发生改变。亦即道德的内容并非亘古不变，而是在不同的历史条件下反映出人们不同的生产生活图景和理想愿望追求，体现出明显的历史性。诚然，道德的这种变化发展并不是一蹴而就、前后割裂，而是在以往传统发展基础上的批判与继承。所以，从这个维度来说，道德又是由历史所支撑的一个审判体系。

第五，道德是一种综合体系。道德是真实地存在于人们的生产生活中，只要稍加用心观察和体会，就会发现道德就围绕在我们身边，潜移默化地调节着人与人、人与社会、人与自然、人与自身的关系，规范着人的实践活动、认识活动以及科学实验活动。道德的内涵极其宽泛，至少包括道德意识、道德品质、道德情感、道德意志、道德选择、道德活动、道德规范、道德准则、道德习惯、道德评价等，涉及人们生产生活的方方面面，包括社会存在的万千景象。所以，有人存在的地方就有道德的存在，人的生存范围有多广阔道德的内容就有多广阔。

总而言之，道德是人们为了调节各类关系、规范各种活动、维护各项社会秩序而自觉形成的发展体系。在具体的人的生存、发展过程中，道德主要是通过内心信念（或良心、良知）、公众舆论、风俗习惯等方式起作用，但从本质上来说，道德属于一种特殊的社会意识形态，是人类所特有的一种精神生活，其目的不仅仅是调节各类关系、规范各种活动、维护各项社会秩序，更重要的是解放人、保护人，以实现人的自由而又全面发展。

作为一种特殊的人类意识形态发展体系，道德在人们的生产生活中起着认识自我、调节各类矛盾关系、规范各种生存活动的功能，是解决和平衡社会矛盾、塑造优秀自我的利器。较之于其他的意识形态，道德具有客观性、普遍性、传承性、复杂性和言说性等五大特征。

第一，道德具有客观性。从表面上看，道德虽然在更多时候体现为一种自觉的主观性，但它的生成、发展、更替与完善以及作用的发挥，都是不以人的意志为转移的，而是由社会生产关系、经济基础来决定的。什么样的生产关系、什么样的经济基础就能产生与之相适应的道德体系，否则，这种道德体系就会被推翻、被替代，正如马克思在《哲学的贫困》中所指出的："随着新生产力的获得，人们改变自己的生产方式，随着生产方式即谋生的方式的改变，人们也就会改变自己的一切社会关系。手推磨产生的是封建主的社会，蒸汽磨产生的是工业资本家的社会。人们按照自己的物质生产率建立相应的社会关系，正是这些人又按照自己的社会关系创造了相应的原理、观念和范畴。所以，这些观念、范畴也同它们所表现的关系一样，不是永恒的。它们是历史的、暂时的产物。"① 从体系内部看，道德所包含的准则、规范、情感等内容，为大部分的人所接受、所认可的契约和要求，反映了人们在一定历史条件下生存和发展的需要，而这种需要虽然在道德目的形成的初始阶段体现出较大的主观性，但对于整个社会体系来说则是不以他人意志为转移而客观存在的。所以，道德就是道德，客观地存在于那里，为人们所认识、所利用、所遵守。

第二，道德具有普遍性。从道德形成的目的看，无论是任何时代或社会条件下的具体道德如何不同，但归根结底都是为人和社会的发展而服务；从道德运行的过程看，道德之所以被社会上大部分的人所认识、接受和内化于心、外化于行，其根本原因在于道德具有普遍性，即道德必须是一般的形式，普遍地适用于一切场合，能够为大部分的人所认可；从道德所产生的效果看，道德都是依据一定社会或阶级的标准对他人和自己的行为进行善恶、荣辱、正当或不正当等的评论和断定，从而激励人们扬善弃恶，促进人和社会的发展。所以，自人成为人的那天起，道德就与人类社会生产生活密切联系，广泛存在于人们生活的各种关系、渗透于社会生产的各个领域以及人们的一切思想行为中，因为"每一个企图取代旧统治阶级的新阶级，为了达到自己的目的不得不把自己的利益说成是社会全体成员的共同利益，就是说，这在观念上的表达就是：赋予自己的思想以普遍性的形式，把它们描绘成唯一合乎理性的、具有普遍意义的思想"②。可以说，道德跟随于我们每一个人的一生，也作用于人类社会的每一个角落，体现在历史社会的每一个阶段。

第三，道德具有传承性。同其他社会意识形态一样，道德会随着社会经济关系的发展而发生改变，因为"一切以往的道德论归根到底都是当时的社会经济状况的产物"③。但是，道德的这种发展变化往往发生得比较慢，随着社会历史的发展，旧的道德体系如果不能够更好地适应新的社会生产力与社会生产关系，那么迟早都要退出历史舞台，我们只

---

① 《马克思恩格斯文集》（第 1 卷），人民出版社 2009 年版，第 602 页。
② 《马克思恩格斯选集》（第 1 卷），人民出版社 2012 年版，第 180 页。
③ 《马克思恩格斯文集》（第 9 卷），人民出版社 2009 年版，第 99 页。

有对传统的以往的道德体系进行批评与继承，赋新后再转化，以新的形式出现并为社会所用才能保持其生命活力。而对于发生变化后的道德来说，又孕育了新的道德环境，为下一步道德的发展提供了可能性。这就是道德所体现出来的传承性。比如一个国家或地区，其道德有着明显的民族性，即通过内心信念（或良心、良知）、公众舆论、风俗习惯等方式表达出来的道德意识、道德活动和道德评价与其他国家或地区的比较，有着明显的差异性，这是因为长期以来道德传统所造成的，即道德传承性的具体表现形式。但随着科技的进步和社会的发展，这个国家或地区的道德又会以反映人们的新需要而不断向前发展。

第四，道德具有复杂性。从内涵方面看，道德是人们为了调节各类关系、规范各种活动、维护社会安定而自觉形成的庞杂的综合体系，其内涵极其宽泛，涉及人们生产生活的方方面面。就以个人道德层次来说，至少包括自私自利、先私后公、先公后私、大公无私等四个层次，且每一个层次的内容、准则、规范又更为纷繁复杂。儒家更是因个人道德层次的差异性，将人划分为小人、俗人、庸人和君子等类型。从外延方面看，历史上存在着不同内容、不同形式、不同要求的道德，即使是在同一时代、同一阶段的社会中，也有着不同的道德表现和形式。所以，道德是一个庞大的复杂的意识形态体系，普遍存在于人们生活的方方面面。

第五，道德具有言说性。道德的言说性，主要是指道德可以通过语言、绘画、动作等方式表达出来，即说出来的应然性。道德表面看起来是约束一部分人、压迫一部分人，实质上是保护大部分的人、解放大部分的人，实现人的全面而又自由的发展。无论是约束、压迫还是保护与解放，都会通过专业的教育、社会舆论、口头诉说等言说方式，引导每一个成员、每一位公民培养起良好的道德意识、道德品质。如果道德不具备言说性，也就不会被多数人掌握、认可和执行，也无法代表大部分群体的理解、认识和利益诉求，更不会得到有效的继承与发展。所以，道德的言说性是道德得以传承、发展的重要属性，也是道德能够内化于心、发生教育作用的基本要求。

总而言之，道德现象不仅是一种观念或意识形态，而且更是一种现实存在的关系，这种关系突出表现在人与人、人与组织的沟通与交往、认识与被认识上，体现在道德如何解决彼此之间发生的现实矛盾，如何评判善与恶、好与坏的实践活动中。由此看出，道德的形成、发展和演变是在人类社会历史发展过程中随着社会生产力的变革、社会形态的更替而不断演化的人与人之间的道德关系，也就是调节人们在新的时代境遇中形成相互关系的概念、准则以及各种规范。

三　道德发展与社会进步的关系

道德发展与社会进步之间的关系，一直是学界关注的重要议题，并形成了不同的理解和看法，其中，二律背反论、相互替代论、并行兼进论等最具代表性。二律背反论者认为，人类道德发展水平与社会经济发展客观上是相互矛盾，甚至是背道而驰的。持二律背反论观点的人自古以来比较多，比如先秦的孔子对当时的社会常常表现出"礼崩乐坏""人心不古"的忧患意识，故而游说列国"克己复礼"；老子也认为当时的社会存在"民风不纯"的现象，主张回到"小国寡民"时代；法国的卢梭（Jean-Jacques Rousseau）认为社会进步的结果是道德的倒退，所以"随着科学与艺术的光芒在我们天边升起，德行也就消失了；而且这一现象是在各个时代和各个地方都可以观察到的"[①]；后来的马尔库塞、海德格尔等人，亦认为人类社会在现代科技的推动下获得了进步，道德却越来越退步了。相互替代论者认为，人类道德发展水平与社会经济发展水平在具体的历史实践中，既表现出相互促进的一面，又体现出相互取代的一面。比如法国的霍尔马赫和爱尔维修等人认为，社会进步是道德发展的唯一基础，没有社会的进步就不可能有道德的发展，尤其是近现代以来，社会在现代科技的推动下解决了诸多社会矛盾问题，从而可以成为替代道德调剂社会关系的重要力量。并行兼进论者认为，人类道德发展水平与社会经济发展水平在具体的历史实践中，整体上是相互促进、共同进步的，但在局部有可能存在相对落后的现象。德国的鲍尔生就持这样的观点。他认为社会的进步，会导致一部分人道德的堕

---

① ［法］卢梭：《论科学与艺术》，何兆武译，上海人民出版社 2007 年版，第 26 页。

落，但同时又会形成新的道德，亦即社会的进步既能够孕育新的道德，促进道德的发展，但也会导致部分人的道德堕落。我国清末的章太炎也认为，随着社会的进步，一部分人的道德会日趋败坏，而另外一部分人会保持良好的道德水准，甚至会不断提高。

由此看出，无论是二律背反论、相互替代论还是并行兼进论，都注意到了道德发展与社会进步之间的某种联系和影响，但均没有正确地揭示二者之间的内在关系。从事实上看，以上观点均属于一种消极的思想认识，不利于道德的发展和社会的进步。根据马克思主义的基本观点，社会意识与社会存在之间是辩证统一的关系，亦即社会存在决定社会意识，社会意识在一定条件下反作用于社会存在。就道德发展与社会进步的关系而言，本质上属于社会意识与社会存在之间的关系。而这种关系既不是二律背反，也不是相互替代，更不是并行兼进，而是在历史实践中辩证统一的关系，亦即道德发展受社会进步的决定和制约，但在一定条件下又会反作用于社会进步，影响着社会的进步与发展。

首先，社会的进步提升了道德主体的道德水平。社会是人的社会，而人又是社会的人。社会的进步与发展，离不开人的努力。同时，社会的每一次进步与发展，为人的生存与发展创造了更优渥的社会环境，包括生活条件、学习机会以及工作场域等，从而有利于人们道德水平的提高。尤其是在现代社会条件下，现代科技的广泛运用要求道德主体不得不提高自身的综合素质，以远离落后与愚昧。正如马克思所说的："生产者改变着，他炼出新的品质，通过生产而发展和改造着自身，造成新的力量和新的观念，造成新的交往方式，新的需要和新的语言。"① 从这一意义上讲，社会的进步对道德主体道德水平的提高，不仅体现在个体维度，而且体现在整个社会维度。每一次社会形态的升级、社会场域的转换，都会推动着社会道德水平的整体性提高，而这样的提高又源于每一个活泼泼的道德主体，以及新社会条件下的每一次具体的感性的道德实践。

其次，社会的进步决定了道德发展的基本方向。在马克思主义看

---

① 《马克思恩格斯文集》（第 8 卷），人民出版社 2009 年版，第 165 页。

来，任何社会意识的起源、发展与消亡都受社会生产力与社会关系的影响，亦即社会的进步发展决定着人类道德发展的基本方向。根据唯物史观，社会进步的根本原因在于社会生产力与生产关系之间的矛盾。在不同的历史条件下，社会生产力与生产关系之间必然存在这样或那样的矛盾关系，而这种矛盾关系的运动变化，推动着人类社会的兴盛与更替。所以，社会生产力与生产关系的矛盾，是人类不断获得进步的根本力量。从早期的渔猎社会、农耕社会，再到后来的工业社会和信息社会，都是在社会生产力与生产关系的矛盾运动下发生的依次更替。当然，每一次社会形态依次更替的发生，不仅仅是社会结构、生产方式的变化发展，还应该包括社会意识形态领域的变化发展。而社会意识形态领域的变化发展，必然包括道德的变化发展。因为社会进步的内容不仅包括对客观世界改造的物质成果，也包含思想文化的发展与完善；社会进步的标志不仅表现在物质文明方面，还体现在精神文明方面。从这一意义上讲，作为社会上层建筑重要组成部分的道德，必然随着社会形态的发展而发展，并在总体趋势上呈现一致的态势。所以，社会进步不仅包含着道德发展，而且还在更深沉的层面上决定着道德发展的基本方向。

最后，道德凭借自身特有的方式反作用于社会的进步。正如唯物史观所强调的，任何社会意识形态的形成与发展，必然在一定条件下反作用于社会存在、影响社会事物的变化与发展。作为一种特殊的社会意识形态，道德的每一次发展必然凭借自身特有的方式，反作用于社会。诚然，这种反作用有可能是正向的，也有可能是反向的。通常情况下，进步的、科学的道德能够全面地、深刻地促进社会的进步与发展，而腐朽的、落后的道德却通过各种方式和手段阻止社会的进步与发展。因此，对于任何个体或社会，我们都有必要开展道德教育，帮助社会主体尽快形成进步的、科学的道德意识、道德观念和道德认识，以促进社会的进步与发展。其实，我们讨论的网络虚拟社会中的道德问题，其生发的原因在主体维度上就缘于其道德观念的传统与陈旧。在网络虚拟社会中展开道德问题的治理，想方设法提高网民的道德素质是其重要的途径之一。

总而言之，道德发展与社会进步之间，在任何历史条件下都呈现出辩证统一的关系。道德发展受社会进步的决定和制约，但在一定条件下又会反作用于社会进步，影响着社会的进步与发展。当然，有人可能会问"为什么道德会出现滑坡，会滞后于社会的进步？"其实，作为社会意识形态范畴的道德，往往独立于社会运行而存在。当一种社会形态或社会场域被新的社会形态或社会场域所消灭或替代后，道德不会马上随之发生改变，而是在新旧转换间逐渐调整，因而有道德滑坡、道德滞后现象的发生。再者，在全新的社会形态和社会场域形成和发展过程中，与之相应的道德的发展也并非一帆风顺，而是曲折地前行，更多时候表现为螺旋式的上升，因为旧的道德在漫长的历史实践中业已成为道德主体的心理与习惯，再加上旧势力的维护以及新力量的弱小，造成了道德发展往往滞后于社会的进步。所以，凡在社会形态、社会场域升级换代的转换时期，都会相应地出现这样或那样的道德问题，影响着人们的生产生活，以及社会的正常秩序。

第三节　网络虚拟社会与道德发展

自远古蛮荒伊始，至如今方兴未艾的网络虚拟社会，无论任何时空、任何经济条件，以及社会场域下的人类，都无法离开道德这样的行为规范。没有规范的社会不能称之为社会，更不能获得前进与发展。而在这所有的规范之中，道德的地位和作用不言而喻，即使是在全新的网络虚拟社会中，道德依然如此重要。根据唯物史观"社会存在决定社会意识"的基本原理，作为调节各类关系、规范各种活动、维护各项社会秩序而自觉形成的道德，是一定社会经济基础和人们生产生活的集中反映，总是随着人的活动的发展和社会生产力的变革而发生变化，正如马克思所言："每一时代的理论思维，从而我们时代的理论思维，都是一种历史的产物，在不同的时代具有非常不同的形式，并因而具有非常不同的内容。"[1] 但是，社会意识对于社会存在也会产生反作用，当新道德形成并能够产生一定影响作用之后，道德又会反过来引导社会的进一

---

[1] 《马克思恩格斯选集》（第3卷），人民出版社2012年版，第873页。

步发展。因此，道德发展与社会发展之间，存在相互制约、相互促进的辩证关系。

随着现代科技的发展而形成的网络虚拟社会，体现为一种新型的社会存在，也与道德发展存在着相互制约、相互促进的辩证统一关系。从网络虚拟社会对道德发展的影响来看，网络虚拟社会促进了道德的发展，但同时也造成了道德失范的现象；从道德发展对网络虚拟社会的影响来看，道德发展促进网络虚拟社会的健康、持续发展的同时，也通过传统的陈旧的道德观念、道德规范干预着、制约着网络虚拟社会的进一步发展。

一　网络虚拟社会对道德发展的影响

如前文所说，网络虚拟社会是人们在以虚拟现实技术、计算机技术和网络信息技术等为基础所构建的空间场域中，有目的有意识地开展各种活动所相互形成的社会关系体系，是人们超越现实、实现虚拟化生存的重要场域，具有非聚集性、非确定性、非独占性、非封闭性等特征。这也就表明，一方面，网络虚拟社会与传统的现实社会有着同样的目的，即都是要满足人们不断发展的需要；另一方面，为了调节人与人、人与社会、人与自我关系而出现的道德所依赖的社会场域业已发生改变，对道德提出了新的发展要求。因此，网络虚拟社会的形成与发展对道德发展产生了重要的影响。

从正效应方面看，网络虚拟社会促进了道德发展。主要表现为：第一，依赖现代科技而形成和发展的网络虚拟社会为道德的发展提供了全新的生态环境，尤其是多媒体、智能终端、人工智能等设备的出现和Facebook、微信等社交媒体的大量运用为道德的进一步发展提供了高效的传播载体和丰富的教育手段；第二，具有非聚集性、非独占性、非封闭性等特征的网络虚拟社会兼容并蓄，大开大合，倡导开放、包容、正义、民主等观念，弘扬了道德的积极意义，壮大了道德的正面力量，为"唱响网上主旋律"奠定了良好的基础；第三，新的社交方式和社会关系冲击了原有的道德观念和陈旧的礼仪礼节，促进了新道德观的产生，形成了新的评价标准和体系或手段，增加了道德评价的科学性和可靠性。

从负效应方面看，网络虚拟社会造成了道德问题的发生。一方面，网络虚拟社会中新的道德体系尚未完全建立，而传统的道德体系在现代科技的冲击下严重失序，各部分、各环节的内容尚未适应新语境、新场景、新行为，乱象易生，表现为道德取向芜乱、道德观念模糊、道德情感淡漠、道德实践随性和道德评价滞后。另一方面，网络虚拟社会中各个领域的道德问题泛滥。在经济领域，金融诈骗、电商欺诈、伪劣商品、投机行为等比比皆是；在政治领域，利益集团或发达国家通过对技术的垄断形成信息封锁，实行霸权主义政策，不时侵犯网民的合法权益，无政府主义、历史虚无主义盛行；在文化领域，知识剽窃、文字暴力、媚外网络等事件屡禁不止，造谣、传谣行为非常严重，舆论生态失衡；在生态领域，信息污染、资源掠夺、铺张浪费等行为造成网络虚拟社会的生态系统失衡，数字鸿沟、信息贫困有可能成为新历史条件下的"马太效应"；在生活领域，虚拟世界成了人们炫富、奢靡生活的重要场域，而现实中的他们却总是自我封闭，逃避现实，情感冷漠，人格分裂。

所以，党在十八大报告中明确提出要"加强和改进网络内容建设，唱响网上主旋律"[1]，习近平同志在"第二届世界互联网大会"上也提出"发挥道德教化引导作用，用人类文明优秀成果滋养网络空间、修复网络生态"[2]，如何在网络虚拟社会中传播优秀的道德观念，规范虚拟主体的道德行为，如何治理网络虚拟社会中的道德问题，构建和谐的"网络虚拟社会"，如何让网络空间清朗起来，促进人的全面发展和社会的文明进步，成了我们不得不思考和亟待解决的问题。

二　道德发展对网络虚拟社会的影响

作为一种特殊的人类意识形态，道德一旦形成必然对社会客观存在产生一定的作用，规范着、引导着或干预着、制约着社会的发展，因为"道德的基本问题之一就是个人与他人、个人与集体的利益关系问题，

---

[1] 胡锦涛：《坚定不移沿着中国特色社会主义道路前进为全面建成小康社会而奋斗——在中国共产党第十八次全国代表大会上的报告》，人民出版社 2012 年版，第 33 页。

[2] 习近平：《习近平谈治国理政》（第二卷），外文出版社 2017 年版，第 534 页。

道德的使命就是调整人们的利益关系"①。具体到道德发展对网络虚拟社会的影响，也体现出了如上二重性，即道德发展一方面促进了网络虚拟社会的健康、持续发展，另一方面也干预着、制约着网络虚拟社会的进一步发展。

从正效应方面看，道德发展促进了网络虚拟社会的健康、持续发展。第一，道德发展为网络虚拟社会发展提供了重要的精神力量。道德是人们为了调节各类关系、规范各种活动、维护各项社会秩序而自觉形成的发展体系，也是社会化精神生产的重要组成部分。那些优秀的道德总是作为一种重要的精神力量，在虚拟场域中引导着人们的虚拟化生产生活，指导人们在网络虚拟社会中开展新的虚拟性经济活动、开展新的虚拟化生存。比如倡导开放、共享的互联网思维，在很大程度上就影响了许多软件的设计与运用，从而使网络虚拟社会发展成为一个非聚集性的、非封闭性的、非独占性的社会场域。并且，这些优秀的道德观念也引导着网络虚拟社会中的其他意识形态的形成与发展，丰富了人们在虚拟化生存中的思想认识。第二，道德发展为网络虚拟社会发展提供了一定的准则、规范。与传统的现实社会关系相比，网络虚拟社会中的社会关系更为复杂。先进的计算机、互联网、虚拟现实、物联网等技术的广泛应用不仅把同一个国家不同地区的不同民族紧密地联系在一起，而且也把世界各地的不同国家也紧紧地连接在一起。几乎所有人超越了时间和空间的限制被紧密联系在一起，整个世界变成一个小小的"地球村落"。而这种开放的、自由的、超越时间的人际交往导致不同民族、不同区域与不同国家所特有的宗教、风俗、习惯等交织在一起，人与人、人与社会、人与自我的关系变得更加复杂，同时也就不可避免地带来人际关系的庞杂纠缠和利益冲突。而道德发展在一定程度上也就成了调节网络虚拟社会中利益冲突、矛盾激化的利器。如果没有道德来调节人与人之间的虚拟性关系、引导虚拟性活动，网络虚拟社会就会迷失未来的发展方向，道德失范现象将更为严重。第三，道德发展为网络虚拟社会的生存主体提供了全面发展的内在动力。从表面上看，网络虚拟社会中

---

① 吴弈新：《当代中国道德建设研究》，中国社会科学出版社 2003 年版，第 14 页。

的主体已经不是现实的感性存在的人，而是一些符号、图形或代码表示的"虚拟主体"。但我们想强调的是：不管是传统的现实性社会，还是新兴的网络虚拟社会，人都是社会的主体。因为唯有人的存在与发展，才有人的社会联系、社会关系，才有人的活动，才能形成社会这一人类共同体，才能通过人的自觉能动活动推动社会的发展和社会形态的更替。没有人的存在与发展，任何社会都算不上真正意义上的社会，网络虚拟社会也不例外。网络虚拟社会也是基于人超越现实、扬弃自我的本质力量而兴起和发展的，现实存在的人始终是网络虚拟社会的创造者、主导者、组织者和受益者。虽然网络虚拟社会中的主体已经演变成了一些抽象的符号、图形或代码，但本质上都是由具体的、感性的人来主导进行。对于生存于网络虚拟社会的主体来说，能够通过更多的方式学习到、了解到更多的理论知识和道德理念，有利于自身道德素质的提高。而且，虚拟性的生存还要求主体学习、掌握更多的理论知识、科学道德、技能伦理和网络操作技能，许多尚未成熟的理论知识，尤其是涉及科技方面的知识、伦理等内容，都在技术主导的实践过程中得到了丰富和完善，人们也因此更加重视科学道德和技术伦理，这也有利于主体自身综合素质的提升。所以，不断发展、丰富的道德体系也在一定程度上提高了当代活动主体人的精神境界，促进了人的自我完善，成为推动人的全面发展的内在动力。

诚然，道德发展在促进网络虚拟社会发展的同时，也会通过传统的陈旧的道德观念、道德规范干预着、制约着网络虚拟社会的进一步发展。作为一种新型的社会形态，网络虚拟社会在发展初期也受到了人们的质疑，甚至是排斥，将网络虚拟社会中出现的个别现象作为普遍性的借口，干预、阻止网络虚拟社会的发展。众所周知，网络虚拟社会是与传统现实性社会存在重大区别的社会体系，发生在其中的人的活动行为、沟通交往以及经济生产方式也都有了巨大的转变，也就是说，虚拟性活动主体的道德意识、虚拟性活动行为的道德规范和道德评价等都应该有所变化，以适应新的社会存在。但是，在网络虚拟社会道德体系尚未完全建立时，一部分人总是借用陈旧的道德观念来指导人们的虚拟化生存，借用传统的道德规范和道德评价来规范和评价人们的虚拟性活动，从而在一定程度上制约了网络虚拟社会的良性发展。比如，因为网络虚拟社会的非封闭性和非独占性，从而让更多的人有机会、有渠道通过网络平台发表自己的言论，有利于政治民主的发展。但是，部分机构或组织担心这样的"自主"言论会导致无序的现象，或是带来大范围的传播性和煽动性，所以就"一刀切"地关闭了许多自由言论的网络平台通道，制约了网络虚拟社会的进步与发展。

讨论至此，我们有必要作简要的总结。作为一种新型的社会形态的网络虚拟社会，从形成的那一天起就努力发挥自身功能与优势为人、为社会服务。但是，网络虚拟社会正如人类历史上出现的其他重要的新生事物一样，也将会经历"不被认可—被认识—被接受—完全融入"的曲折过程，我们不能因为"植入"的艰辛而放弃对新生社会形态的希冀，更不能因为其所带来的种种负面影响和暂时的技术缺陷而否定其优势，以及干预、阻碍其发展。我们更应该以一种包容的、积极的心态，通过提高主体道德素质、建立健全道德规范和合理使用科技手段帮助网络虚拟社会健康发展，努力构建起和谐的网络虚拟社会。

第二章　网络虚拟道德的生成及其论域*

习近平总书记在十九大报告中明确提出："加强互联网内容建设，建立网络综合治理体系，营造清朗的网络空间"是牢牢掌握意识形态工作领导权、坚定文化自信、推动社会主义文化繁荣兴盛的重要内容①，因为生活在网络时代的我们，无论是生存还是发展，生活还是学习，政治还是经济都业已离不开互联网、离不开网络空间。然而，在网络虚拟社会中却存在着发展不平衡、规则不健全、秩序不合理等问题；数字鸿沟不断拉大，现有网络空间治理规则难以反映国家的意愿和大多数人民的利益；全球网络范围内侵害个人隐私、侵犯知识产权、网络犯罪等现象时有发生，网络监听、网络攻击、网络恐怖等活动成为全球公害。

面对如上的问题和挑战，以善恶评价方式来调节人们活动行为、实现自我完善的道德，理应在新的社会场域中发生作用，并成为互联网内容建设、网络安全维护、网络虚拟社会治理的重要手段。这就要求，必须加强对网络虚拟社会条件下道德现象的关注，深化对虚拟化生存中道德问题的反思，并系统分析网络虚拟道德的内在理路及其论域，既从理论层面深化对网络虚拟社会道德问题的形成、发展及治理的理论认识，加强互联网内容建设，丰富网络虚拟社会的治理思想和推进伦理学的当代发展，又从实践层面正确引导人们在网络虚拟社会中的道德活动和形成良好的道德风尚，营造清朗的网络空间，促进人的全面发展和社会的文明进步。

---

　　* 本章的部分内容以《网络虚拟道德的内在理路及其论域》为题发表于《理论导刊》2018 年第 6 期。

　　① 习近平：《决胜全面建成小康社会 夺取新时代中国特色社会主义伟大胜利：在中国共产党第十九次全国代表大会上的报告》，人民出版社 2017 年版，第 40—41 页。

第一节　网络虚拟道德的生成及内涵

根据马克思主义基本观点，任何社会存在的形成与发展，必然造就与之相应的新的社会意识。以互联网为代表的现代科技改变了人类生存和发展的方式，并发展成为继陆地、海洋、太空之后人类生产生活不可或缺的社会空间场域——网络虚拟社会。以善恶评价方式来调节人们活动行为、实现自我完善的道德跟着人的虚拟化生存"入驻"网络虚拟社会，并形成与之相适应的道德体系——网络虚拟道德。从这一意义上看，网络虚拟道德的形成与发展，是网络虚拟社会发展的必然产物。基于此，我们将网络虚拟道德界定为：人们在网络虚拟社会中为了调节各类关系、共同维护社会和谐稳定而自觉形成的行为准则和社会规范。

作为一种全新的社会意识形态，网络虚拟道德的生成有其特定的历史条件。其中，以互联网为代表的现代科技的迅猛发展和广泛应用，为网络虚拟道德的生成奠定了技术基础；依赖互联网、计算机、虚拟现实等现代技术形成与发展起来的网络虚拟社会，为网络虚拟道德的生成提供了崭新的场域空间；基于网络虚拟社会所兴起的虚拟性活动行为和虚拟化生存方式，为网络虚拟道德的生成创造了实践载体。从内涵方面看，网络虚拟道德属于一种特殊的社会意识形态，是人类在网络虚拟社会中所特有的一种精神生活，与传统道德的发展呈现出辩证统一的关系。

一　网络虚拟道德的生成

任何形式的道德始终兴起于、存在于一定的历史背景下，脱离社会、脱离生活、脱离历史的道德必将导致其纯粹抽象化、形式化的结果，失去其存在的价值和意义。就网络虚拟道德的生成而言，也有其特定的技术条件、社会背景和实践载体。

首先，以互联网为代表的现代科技的迅猛发展和广泛应用，为网络虚拟道德的生成奠定了技术基础。众所周知，早期的互联网是为了解决军事通信问题而出现，但到了 20 世纪 90 年代，美国将互联网应用拓展到民用领域，将人类带入互联网时代，掀起了全球互联网发展的新高潮，"互联网让世界变成了'鸡犬之声相闻'的地球村，相隔万里的人们不再'老死不相往来'"①。发展至今，没有边界的互联网如同空气、电力和水资源环绕在我们周围，成为继陆地、海洋、太空之后人类生产生活不可或缺的空间场域，"以互联网为代表的信息技术日新月异，引领了社会生产新变革，创造了人类生活新空间，拓展了国家治理新领域，极大提高了人类认识世界、改造世界的能力"②。从人类生存维度看，交往、生活、旅行等无不依托于互联网而得以优化；从社会结构维度看，经济、政治、军事、文化、教育等无不依赖于互联网而得以变革；从思想意识维度看，学习、知识、思维等无不依存于互联网而得以发展。可以说，人的存在、社会的发展随着互联网的出现和普及而不断被优化、变革和发展，生产方式、生活方式、工作方式、交往方式乃至于思维方式，也随之发生了天翻地覆的变化。用"改变世界的力量"来形容现代互联网的发展再适合不过。

其次，依赖互联网、计算机、虚拟现实等现代技术形成与发展起来的网络虚拟社会，为网络虚拟道德的生成提供了崭新的场域空间。网络虚拟社会简称为网络社会，它是以互联网为平台综合运用互联网、计算机以及虚拟现实等技术构建的新型社会场域，以及在此场域中所形成的一切关系之总和。从发生学角度看，网络虚拟社会是依赖现代科技发展而衍生出的产物，但真正使其具有社会本质属性的还是人的虚拟性活动行为以及在此基础上形成的各种社会关系，因为任何社会形式只有包含人的活动、人与人之间的关系等人文因素，才具备社会的本质属性。单从物理属性的角度看，互联网、计算机、网络空间、虚拟场景无外乎是一种信息传播、资源分享的技术性平台，而随着大量人类活动行为的介入，才逐渐完成了从技术形态到沟通平台、从沟通平台到社会空间的重大演变，因为"任何技术都倾向于创造一个新的人类环境"③。网络虚

---

① 习近平：《在第二届世界互联网大会开幕式上的讲话》，《人民日报》2015 年 12 月 17 日第 2 版。

② 习近平：《在第二届世界互联网大会开幕式上的讲话》，《人民日报》2015 年 12 月 17 日第 2 版。

③ ［加］马歇尔·麦克卢汉：《理解媒介——论人的延伸》，何道宽译，商务印书馆 2000 年版，第 2 页。

拟社会是这个时代馈赠给我们的最好礼物，使当代人类发展处于一个宏大的变革潮流之中。网络虚拟社会的形成与发展，改变了传统的社会关系和社会结构，创造了崭新的人类生存空间，形成了与现实社会相互并存、共同发展的新格局；网络虚拟社会改变了人类的生存和活动方式，形成了虚实相生、兼容并蓄的生活方式和内容丰富、形式多样的生产关系，开创了人类发展的新纪元；网络虚拟社会改变了人们思想观念的社会基础，丰富了精神生活的内容，拓展了精神世界的客观场域，形成了新的虚拟思维方式和互联网精神。可以说，网络虚拟社会对人类发展的影响不仅体现在技术层面，而且深入思想意识之中，不仅体现在活动行为上，还拓展到意识领域和情感世界。

最后，基于网络虚拟社会所兴起的虚拟性活动行为和虚拟化生存方式，为网络虚拟道德的生成创造了实践载体。作为一种有意识的类存在物，人总是在不断地追求和创造更为舒适的社会环境和更为高效的活动方式来促进自身的生存和发展。在当代，网络虚拟社会、虚拟性活动行为以及虚拟化生存方式等的出现与发展，表面上是人类社会、人的生存方式在科技发展影响下信息化、数据化和虚拟化发展的结果，本质上却是人追求和创造更为舒适的社会环境和更为高效的活动方式的具体体现。诚然，网络虚拟社会与人的虚拟性活动行为、虚拟化生存方式在生成方面互促互进、辩证统一，因为"网络虚拟社会只有拥有了人的虚拟性活动、虚拟性交往、虚拟性文化体系、虚拟性道德伦理等社会生态意义，拥有了人们相互作用的空间和形式，从而被赋予了社会的意义，才会具备社会生态的本质属性"①，"正是由于有了人类行为活动的介入，而使得电子网络空间被人为赋予了社会文化内涵。本来没有任何生命色彩和社会文化属性的电子网络空间，因为有了人的行为活动，构织了人们彼此之间的社会关系，才被赋予了生机和活力"②。而赋予网络虚拟社会本质属性的虚拟性活动行为和虚拟化生存方式，却又反过来推动着人类思想意识领域的变革，成为新思想、新意识孕育、发生、发展的重

---

① 黄河：《马克思主义哲学视阈下的网络虚拟社会论要》，《理论导刊》2017 年第 6 期。
② 李一：《网络行为失范》，社会科学文献出版社 2007 年版，第 61 页。

要载体。其中，网络虚拟道德的生成即是这种新思想、新意识的典型。

任何历史条件下的道德不仅仅是一种观念或意识形态，更是一种人类现存关系的真实反映，其历史演变总是依赖于人类社会生产力的变革、社会形式的更替和人类活动形式的发展。这也就意味着道德的存在与发展不仅依赖于社会客观条件，而且依赖于主体以及主体存在方式的活动行为。依赖互联网、计算机、虚拟现实等现代技术形成与发展起来的网络虚拟社会，客观上为网络虚拟道德的生成提供了全新的场域空间，而基于网络虚拟社会所兴起的虚拟性活动行为和虚拟化生存方式，主观上却为网络虚拟道德的生成创造了实践载体，因为新的活动行为和存在方式必然要求生成与之相适应的新的道德理论——主体在网络虚拟社会中进行活动和交往时所应遵循的原则与规范，以及在此基础上形成的新型伦理关系——网络虚拟道德。所以，基于网络虚拟社会所兴起的虚拟性活动行为和虚拟化生存方式，为网络虚拟道德的生成创造了实践载体，并赋予其新的时代内容和精神气质，推动着伦理学在当代境遇下的发展。

二　网络虚拟道德的内涵

在我们看来，网络虚拟道德是指人们在网络虚拟社会中为了调节各类关系、共同维护社会和谐稳定而自觉形成的行为准则和社会规范。从本质上看，网络虚拟道德属于一种特殊的社会意识形态，是人类在网络虚拟社会中所特有的一种精神生活。具体来说，就是人们在日常的网络虚拟生存中通过内心信念（或良心、良知）、公众舆论、风俗习惯等方式来调节、平衡人们在网络虚拟社会条件下形成的各类关系，来规范人们在网络虚拟社会中开展的各种虚拟性活动，从而形成良好的网络虚拟社会规范秩序和促进人的全面而又自由的发展。

同其他道德形态一样，网络虚拟道德的形成与发展也不是源自"上帝的安排"或主体个人的"凭空臆造"，更不是构建网络虚拟社会的现代科技所携带的本质属性，而是在网络虚拟社会条件下人们为了满足自身虚拟化的生存和发展，通过具体的感性的生产生活、实践活动创造出来的行为准则和社会规范，并随着人的虚拟性活动行为的不断深入而获得更全面的发展动力和更深刻的实践基础土壤，以保证其健康地、持续地良性发展。因此，网络虚拟道德的主体仍然是具体的感性的人，网络虚拟道德通过对具体的感性的道德主体人的教育和内化，来调节、平衡、引导和规范网络虚拟社会中的各类关系和活动行为。也就是说，网络虚拟道德的本质内容应该是既反映具体的感性的虚拟活动主体的特征与需要，又总体反映整个网络虚拟社会的发展与要求，虚拟性活动主体的自觉追求与网络虚拟社会的客观存在是网络虚拟道德二重性的基本表现，即从主观上讲，网络虚拟道德是网络虚拟群体的精神外化，从客观上讲，网络虚拟道德又是网络虚拟社会存在的黏合剂。

作为一种新型社会方式的特殊意识形态，网络虚拟道德在网络虚拟社会中承担着重要的教化、引导等功能，而这些功能的发生通常又是通过道德系统内部的构成要素或环节来实现。因此，对于任何一种道德体系的讨论，我们都应该运用"解剖"手段，考察其内部的构成要素或组成环节。从直观的表象上看，网络虚拟道德呈现在我们面前的是一些道德现象、道德关系和道德行为，而透过这些表象，由外到里，由个性到共性，我们总结归纳出网络虚拟道德包括网络虚拟道德意识、网络虚拟道德活动、网络虚拟道德规范、网络虚拟道德评价等基本要素或环节。

所谓网络虚拟道德意识是指在网络虚拟道德活动中形成并支配主体进行网络虚拟道德活动的具有善恶价值的各种观念、信念、意志、情感及道德理论的总和。从本质上讲，网络虚拟道德意识是网络虚拟社会关系的反映，由网络虚拟社会中的经济关系所决定。所谓网络虚拟道德活动，是指人们为了自身发展的需要而在网络虚拟社会中遵照一定的善恶原则开展的行为，有时我们也将其称为网络虚拟道德实践。网络虚拟道德活动是道德意识或道德动机得以实现的重要方式，也是形成道德观念、检验道德规范的唯一途径。所谓网络虚拟道德规范，是指在网络虚拟道德行为转化过程中为大部分网络虚拟社会群体所认可并提炼出来的，评判人们虚拟性活动价值取向的善恶准则、好坏规定。从表面上看，网络虚拟道德规范属于道德意识范畴，但实际上是人们在长期的虚拟化生活中逐渐积累并形成的要求、秩序或理想，是网络虚拟社会发展的客观要求在虚拟活动主体主观领域的反映。所谓网络虚拟道德评价，是指人们对他人和自己在网络虚拟社会中的行为进行善恶、荣辱、正当或不正当等道德价值的评论和断定。从本质上来讲，网络虚拟道德评价是揭示活动主体在网络虚拟社会中的行为的善恶价值，即是否符合网络虚拟道德原则和网络虚拟道德规范，从而通过网络虚拟社会舆论和活动主体的内心信念，形成一种巨大的精神力量，弃恶扬善，以调整人与人、人与社会以及人与自我的关系，从而促进网络虚拟社会的和谐、有序发展。

与传统的现实道德相比，网络虚拟道德在构成基质、存在格局和发展进路三方面体现出自身的独特性。其一，生成于网络信息条件下的网络虚拟道德减少了对客观物质以及物理时空等原子世界的依赖，转而形成了依赖由计算机、网络等现代科技所形成的"没有颜色、尺寸或重量，能以光速传播"① 的"比特"基质，呈现出从依赖物质到依赖信息的发展特征，在构成基质上区别于其他道德。其二，生成于具有非聚集性、非独占性等特征的网络虚拟场域中的网络虚拟道德，不但在纵向上更加自由地、便捷地传承、创新道德观念，而且还在横向上允许不同道德意识、伦理观念、道德规范的相互碰撞、彼此整合和共同发展，呈现出从一元独尊到多元共存的发展特征，在存在格局上区别于其他道德。其三，生成于人们虚拟化生存过程中的网络虚拟道德，在一定程度上剔除了风俗习惯的影响、弱化了意识形态的制约，以开放姿态集百家之言、纳各派之长，兼容并蓄，大开大合，并倡导一种超越现实、追求理想的精神主旨，呈现出从故步自封到开放包容的发展特征，在发展进路上区别于其他道德。

诚然，网络虚拟道德虽然是当代科技发展的产物，与传统的现实道德在构成基质、存在格局和发展进路等方面存在着较大区别，但仍然是以人、以现实客观世界为基础而发展起来的，网络虚拟道德是对传统现实道德的有益补充和丰富完善，是对传统现实道德的延伸与升华。在网

① ［美］尼古拉·尼葛洛庞帝：《数字化生存》，胡泳、范海燕译，海南出版社 1997 年版，第 24 页。

络虚拟社会尚未出现前，人们只能囿于现实世界来认识和改造世界，只能依靠传统的现实道德来规范自身的活动行为和调整各类社会关系，只能通过现实社会来实现文化的继承与发展。而网络虚拟社会的出现，则将人类生存和发展的社会场域由以往单一的现实社会发展为两大部分，即现实社会和网络虚拟社会，从而拓展了人类生存和发展的空间、场域，为人类提供了更多满足生存和发展需要的途径。人们可以通过网络虚拟社会条件下形成的网络虚拟道德以及传统的现实道德来规范自身的活动行为和调整各类社会关系，进而实现虚实相生、美轮美奂、美美与共的生活图景。

第二节　网络虚拟道德的特征及论域

道德之所以被不同社会、不同时代的人所关注和重视，就在于道德能够通过自身的基本功能对人、对社会的发展发挥积极的、向上的推动作用，使人的活动、社会的进步在具体的推进过程中得到正确的价值导向。同样，全新的网络虚拟社会仍然需要道德，需要道德发挥正确的价值导向作用。在这样的历史背景下，网络虚拟道德应运而生。

网络虚拟道德虽然是依赖于现代科技而发展起来的特殊意识形态，但仍然与传统的现实道德存在既对立又统一的辩证关系，二者都是以人、以现实客观世界为基础而发展起来的，网络虚拟道德是对传统现实道德的有益补充和丰富完善，是对传统现实道德的延伸与升华，并体现出从依赖到自主、从一元到多元、从他律到自律、从封闭到开放的发展特征。关于网络虚拟道德的论域，其研究的主旨是重点关注个体道德的发展，涉及的领域属于社会公德的范畴，学科的归属为技术伦理学的分支。

一　网络虚拟道德的发展特征

就目前看，人的全面虚拟化生存的愿望尚未完全实现，网络虚拟社会的发展也不会停息，网络虚拟道德的发展仍将继续。较之于传统的现实社会道德体系，网络虚拟道德体现出从依赖到自主、从一元到多元、从他律到自律、从封闭到开放的发展特征。

与传统的现实道德相比，网络虚拟道德减少了对物、对现实的人人、对时空的依附性，呈现出从依附到自主的发展特征。

首先，从道德场域维度看，传统的现实社会长期处于界限较为封闭、发展较为缓慢的物理境况中，无论是人与人之间的沟通交往还是彼此之间的经济贸易，无论是实践活动还是认识活动，都因生产力或物理时空原因限制在较为狭小的、固定的领域内，与之相对应的道德体系也强调了与狭小的固定的场域的依赖。而生活在网络虚拟社会中的人们，则通过网络化、虚拟化、感性化的沟通方式突破了物理时空的限制，让生活在不同国家或地域的人都可以在网络虚拟世界中实现沟通交流、贸易往来，即使是一些个体性、组织性的行为也有可能演变为国际性、全球化的行为，与之相对应的道德体系也不再局限于某一区域或狭小的物理场域中，减少了对客观存在的物、现实的人人以及时空的依附，拥有了更多的自由性和独立性。

其次，从道德主体维度看，传统现实社会中的主体因为技术条件、经济状况以及自身能力的限制，在道德活动中总是被动无力的，甚至有时是消极颓废的，树立什么样的道德观念、遵循什么样的道德原则、开展什么样的道德活动、采用什么样的道德评价等都受到很大的制约。比如我们通过传统的面对面的教学模式来开展道德教育，必须要在特殊的空间跟着指定的教师围绕确定的教学内容来展开。但是，这种现象在网络虚拟社会条件下得到了极大的改善，道德主体由被动变成主动，有了更多的选择空间和途径。在网络虚拟教育平台中不但可以选择当下教师讲授的教学内容，而且还可以通过回放观看复习以前老师讲过的知识，或通过搜索引擎链接自己感兴趣的有用的知识资源，甚至在一定条件下还可以穿戴上智能设备与虚拟现实中的人进行即时交互、沉浸体验。由此一来，道德主体减少了对环境、对客体的依赖，拥有了更多的选择权，由被动变主动，由依赖变自主。

最后，从社会体制维度看，传统的现实社会经过长期的发展确立起了自身的阶级集团、文化差异、种族隔阂等制度，与之相对应的道德体系也体现出了明显的阶级性、民族性和地域性的特征。而具有非聚集性、非封闭性、非独占性等特征的网络虚拟社会，则在一定程度上打破了这种传统的社会秩序，只要你愿意就可以跨越阶级划分、文化差异和种族隔阂在网络虚拟空间中相互沟通、相互交流，甚至成为生活的伙伴、生意的朋友和学习的益友。传统的族系社会、民族国家都被网络影响着，什么氏族道德、民族观念也被网络虚拟道德肢解和不断改造。从这个意义上说，网络虚拟道德不再是某一民族、某一阶级、某一区域的道德，而是更多网民的普遍性道德。

总而言之，网络虚拟社会的发展方兴未艾，网络虚拟道德也是含苞待放，从依赖到自主的发展趋势成了网络虚拟道德最为显著的发展特征。

接下来，我们讨论网络虚拟道德从一元到多元的发展特征。

首先，从道德场域维度看，传统的现实社会道德主要发源于、成长于地理较为封闭的、发展较为落后的、经济较为单一的区域性社会中，较少受到外界其他道德观念的影响和干预，而生活在其中的人们所接受到的道德教育、树立起来的道德意识也是较为单一，甚至是固定统一的。一定的道德场域在一定程度上限制了道德主体个性化的发展。而网络虚拟社会的出现，大大拓展了道德主体的活动范围和改变了道德主体的教育方式。通过网络虚拟平台，人们不仅可以跨地区、跨国家实现不同文化背景下的人际交往，而且还可以远程学习，了解其他国家、民族的文化知识、风俗习惯，甚至可以进入虚拟现实环境中体验历史上不同时期的生活。在新版的 Google Earth 中，人们可以穿越历史时空，在虚拟世界中畅游公元 320 年的古罗马①，感受那个时代的人、事、物，这种功能对于我们了解罗马历史、学习罗马哲学和体验罗马文化具有无法估量的价值。Google Earth 还根据中国历史上的三国故事推出一款"赤壁地图"，人们可以在地图上体验三顾茅庐、出使江东、参与赤壁之战等历史活动。因此，宽范围的、非线性的场域空间，为网络虚拟社会道

---

① Google Earth 的 3D 古罗马部分是由弗吉尼亚大学的人文科学高级技术研究院研发的，以康斯坦丁大帝时期的 6700 个 3D 建筑为蓝本，标注 250 个 Google Earth 地标，供用户浏览学习古罗马文明。它能让你"进入"古罗马圆形大剧场，能让你"参与"古罗马集会，甚至还可以学习古罗马建筑几何学。

德多元化的发展奠定了基础。

其次，从道德主体维度看，方兴未艾的网络虚拟化现象，必然引起道德主体社会生活方方面面的变革。这种变革不再是一种单一的生产、生活方式更替为另外一种单一的生产、生活方式，而是变得更加多元化、个性化。也就是说网络虚拟社会中的主体既可以这样生存，也可以那样生存，活动模式、活动工具、活动场域有了多种可能和选择。而且，全球化的网络虚拟社会也不会让一个富有激情的道德主体感受到生活的寂寞和无聊，他完全可以通过各类社交软件和交流平台找到来自大洋彼岸的好朋友，一起聊天、一起工作。不同肤色、不同语言、不同文化、不同宗教、不同习俗的人都可以聚集在一起，不同的价值观念、不同的伦理道德、不同的风俗习惯在这里相互碰撞、冲突、整合、生长。所以，网络虚拟道德更愿意抛弃那些过时的、落后的、陈腐的、非人性的价值观念和伦理道德，而独特的、个性化的、民族性的价值观念和伦理道德更受人们的欢迎和尊重。

最后，从社会体制维度看，大部分的现实性社会体制都是一种自上而下的金字塔形结构，导致人们的思想、观念和活动行为在一定的区域范围内趋向于高度统一、整齐划一、相对固定的模式，道德意识、道德活动、道德评价亦是如此。而网络虚拟社会的出现则打破了这种传统的高度集中的社会管理体系，管理机构由烦琐的层层结构转变成了扁平化的方式，下级与上级之间、同级与同级之间更易于沟通、更便于交流，没有了中心和边缘的划分，也减少了高贵与低贱的差别；信息流也不一定是从下而上或从上往下，而是错综交叉、彼此渗透、相互影响、共同促进的，一种思想观念的形成、发展也不是集中、统一的，而是有了更多的模式、途径和可能。这些人、活动、物质、信息、思想既是中心，又是边缘，从而极大地促进了文化知识、信息、思想意识等的传播，有利于普遍提高广大网民的文化知识和伦理道德水平。

回顾人类发展史，人类思想经历了从分散到集中、从多元到一元，又从集中到分散、从一元到多元的历程，与人类社会的更替即从农业社会到工业社会、从工业社会到网络虚拟社会的发展相一致。网络虚拟社会为人们提供了多元化、多样化、个性化的生活方式，从而也导致社会伦理道德的多元化、个性化的发展。我们有理由相信，未来的网络虚拟社会将是由来自不同民族、不同国家、不同地区、不同阶层的道德主体怀着不同信仰、不同习俗、不同个性的道德观念共同建构的多元化道德社会。

除了从依赖到自主、从一元到多元的发展特征外，网络虚拟道德还体现出从他律到自律的发展特征。

首先，从道德场域维度看，传统的现实性社会通常表现为一个相对静态的社会场域，人与人之间、人与社会之间的关系变化较为缓慢、较为封闭、较为固定，人们之间的生活、求学、就业也是囿于较小的地域范围内。比如人与人之间的关系主要体现为血缘、地缘、职缘关系，即家庭、氏族、邻里、亲友、同事以及更为庞大的民族国家。在这种熟人环境中，道德所产生的功能、所发生的作用都是通过他人来予以约束、监督和控制的，在风俗习惯、社会舆论等方面尤为如此。而在网络虚拟社会中，血缘、地缘、职缘而形成的道德体系并不占主导地位，根据人与人之间的兴趣、爱好跨越时间、超越地点而聚集在一起工作、学习。并且可以隐去真实身份而扮演成自己喜欢的形象、性格与他人沟通和交流，减少了来自自然环境、现实社会的压力，可以按照自己的理想来塑造全新的形象。也就是说，现实社会道德的种种"外力"即道德他律在网络虚拟社会中被弱化了，道德主体得到了更大的"自由空间"，可以按照道德规范进行自我对照、自我践履、自我反省、自我提高。

其次，从道德主体维度看，传统现实社会中的主体是真实客观的感性的人，总是受到来自家庭、单位和社会等方面的限制，并接受新闻媒体、执法机关等职能部门的管制，其道德意识、道德活动、道德规范以及道德评价等都是依靠外力来推动和实施。这种外力或是来自某些利益的考虑，或是来自对规则、法律及权威的畏惧，或是渴望得到社会、他人的承认。这种被动地、消极地接受外在力量或其他主体的道德约束和控制，本质上就是道德他律，从而在一定程度上影响了道德在主体活动中的自律、效率。而网络虚拟社会的出现，将道德主体从复杂的现实社会环境中解救出来，提升了道德主体性地位，唤醒了人们对道德需要、道德利益的意识，为建立起自主的、自律的道德体系提供了基础。挣脱了他律的限制后，人们在网络虚拟社会中凭着自己意识到的利益、需要以及觉醒了的道德权利、责任和义务去开展虚拟性活动，并在活动过程中按照自己的良心、良知去检验、修正和评价活动。所以，不断提高自我综合素质、加强"自律"作用来规范人们在网络虚拟社会中的道德行为，是目前解决网络虚拟社会道德问题的重要方式。

最后，从社会体制维度看，在传统的现实性社会中业已形成了一个严密的社会道德管理网络，比如家庭、学校、单位等属于纵向性的道德教育体系，而家庭、街道、新闻系统、执法机关等则是横向性的道德管理体系，社会舆论、利益体制、法律制裁等则是强大的道德他律武器，将社会道德主体维持在一个比较稳定的平衡框架之内。而在网络虚拟社会中，没有专门的社会道德教育部门，也尚未建立起专业的社会道德管理部门，目前主要是依靠传统的现实社会力量来干预和调节各种关系和利益，于是在一定程度上造成了网络虚拟社会道德管理的短暂性"真空"，一方面给活动主体提供了自由自在的道德空间，创新、发展、分享等活力因子弥漫其间，可以自由地实现自我管理、自我约束；另一方面也给部分自控能力差的活动主体提供了道德失范的空间，混淆是非、尔虞我诈、为所欲为、抄袭剽窃、霸权主义等不道德行为泛滥成灾，严重扰乱了网络虚拟社会的秩序。因此，儒家的"内省法""和善法""慎独法"同样适用于网络虚拟道德，加强网络虚拟道德教育，努力培养道德主体做有德之人、行有德之事，养成习惯，形成自觉，从而真正实现网络虚拟道德向自律阶段的转变。

由此可以看出，道德自律是非常重要的，因为这不但表明了道德主体对自身道德意识、道德活动、道德规范的认识，而且还体现了道德主体处理好他人利益、公共利益与自身利益关系的能力。所以，网络虚拟道德体现出从道德他律向道德自律的发展特征，是当代理性强调个人利益与公共利益相统一、身体力行与追求境界相统一的具体表现，完全符合人与社会的未来发展趋势。

从封闭到开放也是网络虚拟道德重要的发展特征。对此，我们同样从道德场域、道德主体和社会体制三个维度来进行分析。

首先，从道德场域维度看，传统的现实社会由于地理距离的阻隔和统治阶级的需要而人为地划定了国家界线、区域界线、行业界线，在客观上限制了人与人之间的交往和沟通，导致道德在不同的场域空间中形成了较大的差异，"入乡随俗"实践起来越来越难。网络虚拟社会不再将人的道德场域局限于某一特定地理空间，也不再囿于各类人为划定的界线，而在视域上作了根本性的变革，形成了相对于传统道德场域的一种新型的"流动道德场域"。流动道德场域的主旨是不把空间作为一种消极静止的存在，而是将其看作一种生动的、不断变化的场域，以弱化地理距离和人为划定的界线。在人流、物流、信息流、资金流等各种"流"的作用之下，功能化、全球化、智能化的网络节点总能为生产、分配和消费找到最为合适和恰当的位置，并通过全球化的信息网络将其有机联系起来，实现道德主体、道德工具、道德内容及道德客体的最佳搭配。可以说，"流动道德场域"的形成与发展，使以物理空间为基础的固定道德场域逐渐式微，并促使一种以全人类利益为中心的全新的开放性道德场域得以形成。

其次，从道德主体维度看，发生于现实社会中的道德行为活动，其主体常常只能依赖于物理世界并通过较为单一的、相对封闭的途径或方式来作用于道德客体、展开相应活动和获取较为狭窄的道德意识，而网络虚拟社会的出现则使道德主体的生存、发展方式发生了双重变革，为道德活动行为的展开、进行提供了更多的手段、模式和可能性，体现出典型的自由性、开放性的特征。网络虚拟社会中的道德主体极大地摆脱了现实性社会中道德对象的时空限制性和本质神秘性，不再局限于个体的肢体能力和知识经验，不再迷茫于物理世界的混沌和纷繁复杂的景象，而是突破现实时空将人类积淀的智慧融合到改造对象的道德目的中去，以更宽广的视野和更强大的能力制造和运用先进的智能化工具去作用于包含信息、数据等在内的客观存在，并可以反复解构、叠加、重组、复制、试探和验证，模拟接近于现实社会的道德活动图景，再现类似于现实性活动的流程环节，从而更加全面地认识和把握事物存在和发展的规律，以及寻找、挖掘和探究活动展开的多种模式、途径以及发展的可能性。道德主体主导的虚拟性道德活动可以"重来"，并且不留痕迹、不浪费大量的时间和精力，从而使道德发展显得更加自由、更加开放。

最后，从社会体制维度看，传统的现实社会生产力相对不够发达，信息流通、资金流动等渠道也不够顺畅，全球性的消费市场也因为语言、货币、交通等原因在事实上尚未完全建立，各地区、各国家的经济活动常常表现出某种相对的割裂性、独立性，自给自足，划区而治。信息沟通受阻，人们的价值观念、宗教信仰、政治态度、风俗习惯等方面也存在较大差异，导致国与国之间、地区与地区之间、人与人之间存在不便沟通、难于互相了解的现象。而作为反映和体现社会存在的社会道德意识，也受到这种独立性、封闭性的影响，其内容、特征、功能等也表现出相对的独立性和封闭性，形成了形形色色甚至相互冲突的道德内容体系。网络虚拟道德业已极大地摆脱了物理条件的限制以及现实社会环境中可能存在的政治经济限制，在一定程度了剔除了世俗干扰因素和意识形态的影响，并集百家之言、纳各派之长，倡导一种超越现实、追求理想的精神主旨，推动着道德体系向更自由、更全面的方向发展。而在传统现实性社会中存在的国家之界、阶级之隔、行业之分也会被网络虚拟社会、网络虚拟道德活动所解构和重塑，人与人之间的交往往往因为社交媒体、智能终端的运用而变得轻松自如，产业与产业之间的融合也会因为"互联网＋""大数据"的掺和、渗透而实现升级转型。

可以说，较之于现实性社会道德，网络虚拟道德是自由的、开放的，并在具体实践过程中实现了由封闭向开放的过渡。但需要强调的是，这里所说的自由是具有相对性的自由，开放也是属于有条件的开放。

二 网络虚拟道德的论域

从伦理学视阈反思网络虚拟社会条件下的道德问题，是互联网、道德、网络虚拟社会等各自本质、特征以及人们的虚拟化生存所形成的交互关系所决定。网络虚拟社会本质上是一种新型的人类社会形式，是对传统社会的发展与超越，而作为协调和处理人与人之间关系的道德，也需要在这种新型社会场域中发生作用，并逐步形成凝结为新型的道德形态——网络虚拟道德。而网络虚拟道德又与以往道德的形态有所区别，其研究主旨是重点关注个体道德的发展，涉及的领域属于社会公德的范畴，学科归属属于技术伦理学的分支。

首先，从研究的主旨看，网络虚拟道德重点关注个体道德的发展。作为一种特殊的社会现象，道德在表现形式上可划分为社会道德和个体道德。个体道德是相对于社会道德而言的，一般是指道德主体经过特定的后天教育、品德修养和实践活动所形成的个体内在心理倾向和个体实践行为准则。其本质是社会道德在个体道德主体身上的内在化、具体化，体现了道德的社会性与个体性的辩证统一。道德的网络化、网络虚拟社会的道德化，以及网络虚拟社会与道德的相互依存关系，仅为确立网络虚拟道德奠定合法的现实性社会存在基础，并不表明网络虚拟道德获得了具体实施的力量和推动发展的源泉。一个社会共同体的道德水平，一种社会场域里的道德状况，不在于拥有道德规定的规模和道德原则的数量，而在于这个共同体或社会中的道德主体在具体行为活动中遵循和实践这些道德规定和原则的广度和深度。这种遵循与实践既是对社会道德的继承、再现，又是对社会道德的创造、发展，因为"个体的道德活动是人类道德生活中最活跃、最生动、最有生命力的内容，它内在地包含着向社会道德发展的趋势。正是这种趋势，使个体不仅能够接受、内化社会道德，而且'再生产'社会道德"①。这就要求，网络虚拟道德观照的根本和关键在于如何把已有的道德原则、道德规范以及道德要求内化于人们的道德意识和虚拟性活动行为规范，自觉协调好道德主体与自我、与他人、与社会的关系，并进一步厘清网络虚拟社会条件下道德现象发生的动因、表现、特点以及途径等内容，逐步认识、掌握道德形成、发展以及产生作用的规律，然后将这些规律和认识再次内化为人们的道德自觉来指导其虚拟化生存，通过道德需要、道德兴趣、道德选择、道德行为以及道德评价等逻辑程序来检视、"再生产"道德，在提高道德主体道德品性的同时又推动网络虚拟道德创造性的转化和创新性的发展，从而完成十九大报告提出的"加强互联网内容建设，建立网络综合治理体系，营造清朗的网络空间"的任务。

---

① 唐凯麟：《论个体道德》，《哲学研究》1992 年第 4 期。

其次，从涉及的领域看，网络虚拟道德属于社会公德的范畴。作为一种新型的社会形式，网络虚拟社会是人们实现虚拟化生存、发展的社会场域，也是实现网络共同体发展的基本方式，正如马克思所说："在个人的独创的和自由的发展不再是一句空话的唯一的社会中，这种发展正是取决于个人间的联系，而这种个人间的联系则表现在下列三个方面，即经济前提，一切人的自由发展的必要的团结一致以及在现有生产力基础上的个人的共同活动方式。"① 从本质内容看，网络虚拟道德既要反映具体的感性的虚拟性活动行为主体的特征与需要，又要总体反映整个网络虚拟社会的发展与要求。我们通过对网络虚拟道德的研究，终极目标是为所有生活在网络虚拟社会中的网络共同体成员提供普遍有效的伦理支持，在求同存异的基础上做到发展共同推进、安全共同维护、秩序共同遵守、治理共同参与、成果共同分享，并让所有共同体成员实现基本认同，获得相宜的生存方式和行为路径，以此促进网络虚拟社会的清朗发展。换言之，研究和关注网络虚拟道德，就是为了寻求网络共同体都必须遵循、维护网络虚拟社会正常秩序的最起码的公共行为准则和规范。其实，在一切社会形式里，维护社会正常秩序的公共行为准则和规范都是社会公德关注的核心要义，这一点恰好进一步验证了公共性是社会公德的首要目标，居于重要地位。由此可以看出，网络虚拟道德所指向的活动领域，既包括网络虚拟社会条件下人与人之间的关系协调、网络秩序的建构、社会风气的营造等，又包括生活在网络虚拟社会条件下道德主体自身道德意识的形成、网络素养的提升、道德行为的规范等。这是由网络虚拟道德的本质所决定的。

最后，从学科的归属看，网络虚拟道德属于技术伦理学的分支。众所周知，技术伦理学的研究对象所涉及的不是技术本身，而是人在创造、运用技术的过程中，以及在技术自身演化历史中产生的、形成的那些规范、原则。从形而上的层面说，它所牵涉的不是技术的伦理学，而是人与技术之间，以及人掌握技术之后的一种道德观察、伦理反思。这种深层次的观察和内在式的反思一方面反映在人的具体活动行为之中，

① 《马克思恩格斯全集》（第 3 卷），人民出版社 1960 年版，第 540 页。

另一方面亦体现在当前和未来人类发展演变过程之中，以及人与自然、人与技术的关系流变之中。所以，"技术本身不是技术伦理学的对象，而是一种媒介和从伦理学角度对某些人类行为范畴进行反思的动因"①。而对于网络虚拟道德来说，其生成与发展是源于先天具有技术基因的网络虚拟社会，所关注的研究内容，包括实现虚拟化生存的目的，实现虚拟化生存所采用的手段、工具或方式，实现虚拟化生存后所带来的后果——既包含主观愿望的负面后果又包含非主观愿望的负面后果，但极少涉及甚至从不讨论网络虚拟社会所依赖的互联网、计算机、虚拟现实等技术本身和大数据、云计算等平台建构本身。诚然，网络虚拟道德所研究的问题，总是不断超出某些单项技术研发、运用所造成后果的具体思考范畴，并与网络虚拟社会演化对人、对自然和对社会之关系等跨学科问题紧密联系，这就需要坚持哲学思辨与经验考察相联系的原则，与时俱进地加以综合演绎、深刻反思和内化升华。

---

① ［美］阿明·格伦瓦尔德：《技术伦理学手册》，吴宁译，社会科学文献出版社 2017年版，第 8 页。

第三章 网络虚拟社会中道德问题的发轫

任何社会、任何历史发展都需要道德，道德是人类社会赖以生存与发展的重要社会规范。即使是在全新的网络虚拟社会中，仍然需要道德，需要道德发挥其科学的理论引导和正确的价值导向作用。然则，并非所有的道德都能够在全新的社会场域中发挥其作用和价值，或者，新兴的社会场域也不一定能拥有与之充分相应的道德。如果这两种状况得不到全面的认识和友好的化解，那么必然出现违反道德规范、破坏社会秩序的社会性问题，亦即道德问题的发生。从这一意义上讲，道德问题的发生与存在是人类社会发展中客观存在的历史现象，因为人类社会总是处于不断发展变化之中，不可能存在与之时时刻刻相适应的道德。网络虚拟社会的出现，使人类社会形态的发展处于转型时期——从单一的传统现实社会逐渐转化为传统现实社会与网络虚拟社会共同构成的二重场域。在此历史背景下，道德问题的发轫也就成了一种历史之必然。

既然道德问题是人类社会发展客观存在的历史现象，那么在全新的网络虚拟社会中，其道德问题又是如何发生、如何影响人和社会发展的呢？而对这一系列问题的回答，必须要先讨论网络虚拟社会中道德问题的发轫问题。以此弄清楚网络虚拟社会中道德问题的逻辑起点、发生条件和肇始样态，从而为网络虚拟社会中道德问题发展现状、发生原因的分析奠定基础，正如《大学》所言："物有本末，事有终始。知所先后，则近道矣。"

第一节 网络虚拟社会中道德问题的逻辑起点

网络虚拟社会的形成与发展，是晚近以来现代科技与人类需要共同发展的产物，而在此基础上生发出来的道德问题，则造成了对部分道德主体利益的损害，以及对社会秩序的破坏。在此背景下，我们对网络虚拟社会中的道德问题展开治理，一方面是为了有效解决客观存在的道德问题，以维护全部共同体成员在虚拟空间的基本权益和网络虚拟社会的和谐稳定；另一方面是为了促进网络虚拟道德的孕育与形成，以充分发挥其对虚拟性生产生活的理论引导和价值导向作用。由此看出，对网络虚拟社会中的道德问题及其治理展开研究，既有重要的实践意义又有重要的理论价值。而要通过研究实现这样的意义和价值，必须要考察作为核心主题的"网络虚拟社会中道德问题"的逻辑起点问题。

在基础逻辑学看来，经过一系列抽象思维、逻辑推衍而获得的概念、判断，是回答问题或建构理论思维的逻辑出发点，亦即逻辑起点。换言之，逻辑起点是解答一个问题的前提，或是建构一套理论的依据，其目的是建立起解答一个问题、建构一套理论的范畴体系，实现其科学化、系统化，并提高研究措施的针对性和有效性。诚然，一个问题或一套理论的逻辑起点有别于其研究对象，逻辑起点强调的是一个问题或一套理论的起始范畴。由此可知，立足于马克思主义话语体系研究网络虚拟社会中的道德问题，必须要确立该问题的逻辑起点，然后才能更好地展开具体研究。

一　何为逻辑起点

"逻辑"一词是英文"logic"的音译，在希腊文"logos"（逻各斯）里含有指言辞、规律、尺度以及程序等义。亚里士多德曾使用逻各斯来表示事物的定义或运算的公式等。后来，随着逻辑研究的不断深入，以及应用的广泛展开，逻辑逐渐发展成为以论证辩论等问题为核心的专业学科，并奠定了西方诸多学科的现代发展。现代中文里的"逻辑"最早是从日文翻译过来的，不过，早在先秦时期公孙龙等人提出的"白马说"以及墨经等，都包括有朴素的逻辑思想。这样的思想在中国思想史上被称作"名学"。1902年，严复在翻译《穆勒名学》时，对"逻辑"一词进行了梳理。他认为逻辑可翻译为"名学"，"为逻各斯一根之转"，可引申为为论、为学，是"学为一切法之法、一切学之学"，因此，"学者可以知其学之精深广大矣"。①

以逻辑的方式来解答一个问题、建构一套理论必然要有自己的体系结构，亦即要有自己的逻辑起点。所谓逻辑起点，是指人们将抽象理解上升到思维过程中所经历的第一个环节，是最原始的基本关系、基本属性的思维反映。从本质上讲，逻辑起点必须是一个能够反映研究对象的最原始的基本关系、基本属性的抽象范畴，亦即黑格尔所说的"是绝对物最初的、最纯粹的，即最抽象的定义"②，而不是具体范畴内或客观存在的具体形象。所以，确定逻辑起点是对该问题或理论研究起点质的规定性。一般而言，逻辑起点具体包括：一个问题或一套理论中最简单、最抽象、最基本的概念或范畴和能够揭示相关问题或现象的本质规定、特征衍化，以及反映相关问题或现象在历史中演化的描述、说明等内容。

其实，在我们具体地展开科学研究的过程中，经常会看到不同学科、不同理论研究的逻辑起点。如有关有机体的研究，其逻辑起点是"细胞"，因为细胞不但是构成有机体最简单、最一般的要素，而且还是有机体得以发展的个体单元。在《资本论》中，马克思开门见山就说："资本主义方式占统治地位的社会的财富，表现为'庞大的商品堆积'，单个的商品表现为这种财富的元素形式。因此，我们的研究就从分析商品开始。"③ 由此看出，马克思不仅注意到了商品关系孕育着资本主义社会一切矛盾的事实，而且还意识到商品具有交换价值和使用价值，是资本主义生产方式的基本起点。这就意味着马克思在研究资本主义问题时，是从商品这一基本范畴开始的，或者说，商品是马克思研究资本主义社会生产方式的逻辑起点。

从以上分析可以看出，任何一个问题或一套理论的逻辑起点和进程应当与客观历史的发展相一致，历史从哪里开始，问题分析和理论构建的进程也应当从哪里开始。分析一个问题、建构一套理论，目的是要对历史进程和客观存在作出概括和总结，正如恩格斯所言："历史从哪里

---

① ［英］约翰·穆勒：《穆勒名学》，严复译，商务印书馆1981年版，第2页。
② ［德］黑格尔：《逻辑学》（上卷），杨一之译，商务印书馆2017年版，第59页。
③ 《马克思恩格斯文集》（第5卷），人民出版社2009年版，第75页。

开始，思想进程也应当从哪里开始，而思想进程的进一步发展不过是历史过程在抽象的、理论上前后一贯的形式上的反映；这种反映是经过修正的，然而是按照现实的历史过程本身的规律修正的，这时，每一个要素可以在它完全成熟而具有典范性的发展点上加以考察。"① 亦即，这种概括和总结的逻辑起点是与历史进程和客观存在的发展相一致、相统一的。逻辑是对历史发展的归纳，是历史的理性展开；历史是对逻辑的现实诠释，是逻辑的经验展开，而真正的科学的研究方法是建立在历史与逻辑的辩证统一之上的，历史的方法就是逻辑的方法。

二 网络虚拟社会中道德问题的逻辑起点

既然逻辑起点对于一个问题的分析、一套理论的建构如此重要，那么就网络虚拟社会中道德问题的分析而言，其逻辑起点又是什么呢？依据上文对逻辑起点的阐发，我们选择"道德"这一基本范畴作为"网络虚拟社会中道德问题"这一论题的逻辑起点。其理由为：

其一，"道德"是"网络虚拟社会中道德问题"这一论题中最简单、最基础、最抽象的范畴。它可以用来说明该问题本身的行为呈现，也可以用来说明该问题的普遍共性内容。

其二，通过"道德"这一基本范畴，我们可以由此推演出"道德问题""网络虚拟社会中的道德问题"等"网络虚拟社会中道德问题及其治理"这一研究主题涉及的其他所有核心概念。

其三，就"网络虚拟社会中的道德问题及其治理"这一论题而言，我们的相关研究既要解决"道德问题"与"治理目标""治理原则""治理途径"及其保障机制等对应问题，又要寻求"道德"与"虚拟性生产生活行为""网民个人基本权利"与"社会和谐稳定"的和谐统一措施。而"道德"这一逻辑起点与我们所要解决的问题、寻求的措施在实践历史过程中可以互相统一。

综上所述，我们将"道德"这一基本范畴，作为"网络虚拟社会中道德问题"这一论题的逻辑起点，既缘于其本身在该论题中的重要

① 《马克思恩格斯文集》（第 2 卷），人民出版社 2009 年版，第 603 页。

性，又缘于由其所延伸探讨相应问题治理的可能性。

三　网络虚拟社会中道德问题的基本概念

"网络虚拟社会中道德问题"是由"道德""道德问题"和"网络虚拟社会中的道德问题"三个基本概念构成。其中，"道德"是指以善恶评价的方式来调节人们行为规范的手段和促使人类自我完善的一种社会价值形态，而当这种手段和价值形态不能有效调节人们行为和自我完善的时候，也就意味着"道德问题"的出现。"道德问题"是"道德"的特殊状态，亦即不符合大部分人的期望和需求的状态，所以需要对其进行分析和治理。"道德问题"相对于"道德"是特殊的，但总是存在于不同的社会场域中，影响着社会的和谐和人们的发展。随着现代科技而形成和发展起来的网络虚拟社会中，也存在着大量的"道德问题"，即"网络虚拟社会中的道德问题"。"网络虚拟社会中的道德问题"是本书拟探讨的核心问题。

（一）道德

将"道德"这一最简单、最基础、最抽象的范畴作为"网络虚拟社会中的道德问题"研究的逻辑起点，既取决于研究主题的特殊性，又与"道德"这一重要范畴密切相关。从道德的内在规定看，作为社会上层建筑的道德，是任何社会、阶级不可或缺的社会规范，是维护政权稳定、社会安宁的重要工具，也是人类社会得到持续进步的必要条件和必然要求。从道德的发展历程看，自人类社会伊始，道德的形成与发展便进入了人们的视野，每一次思想上的变革、道德观念上的更新，都是社会生产力不断提高的产物。对道德的考察与把握，本质上是对人类思想发展史的认识与把握，是对人类社会生活演化史的观念认识与规律把握。无论是从纵深的历史的维度还是横向的社会场域的维度，都强调了道德的显著地位和作用。从道德与其他基本范畴的关系看，道德在"网络虚拟社会中的道德问题"中具有突出的基础性和重要性。一个人的道德水平如何，完全决定了他的社会行为如何，或者说，在社会进化过程中人们的道德内容的不断更新和道德水平的不断提升，对他们在日常生活工作中的行为起着重要作用，并以此衍生出道德与行为、道德主体与道德客体、道德问题与道德规范、个人与社会等其他范畴，而道德始终是这些问题或现象中最简单、最基础、最抽象的范畴。其他具体范畴由"道德"来展开并得以丰富和发展。

（二）道德问题

如前所述，网络虚拟社会中道德问题这一论题的研究对象内在规定了其逻辑起点应界定为道德，但"道德"基本范畴本身不能有效反映该问题的具体性和历史性。换言之，在基本范畴与历史发展之间，还需要寻找一个既能反映基本范畴属性又能反映现实历史的基本范畴。马克思在写《资本论》时，其最简单、最基础、最抽象的范畴是商品，但商品不能与历史发展实际有效结合，于是马克思就提出了"商品交换"，作为研究资本主义社会生产方式的又一基本范畴，从而实现了逻辑分析与历史发展相结合的研究方法，正如列宁所说："马克思在《资本论》中首先分析资产阶级社会（商品社会）里最简单、最普通、最基本、最常见、最平凡、碰到过亿万次的关系：商品交换。"①

当道德这种手段和价值形态不能有效调节人们的行为和促使人们自我完善的时候，也就意味着"道德问题"的出现。"道德问题"是"道德"的特殊状态，它不符合大部分人的期望和需求，所以需要对道德问题进行探索、纠正或解决。在我们看来，"道德问题"是一个经由理论转化、实践衍生而引申出来的现实性范畴，既能承接"道德"这一理论的内在规定性，又能反映网络虚拟社会中道德问题这一论题的历史实现问题，并与研究主题互为规定。所以，在网络虚拟社会中道德问题的具体研究过程中，可以将"道德问题"作为基础的逻辑始项。那么，何为"道德问题"呢？在我们看来，道德问题是指违反道德规范、影响他人权益和社会秩序的特殊的道德现象。简而言之，道德问题就是不符合道德规范的异常现象。道德问题生发的结果，是对个人和社会造成伤害。只要有道德存在的地方都有可能出现不符合道德规范的现象，亦即道德问题。从道德涉及的领域来看，道德问题通常包括但又不限于道

---

① 《列宁全集》（第55卷），人民出版社1990年版，第345页。

德意识领域的道德问题、道德实践领域的道德问题以及社会场域领域的道德问题等。

（三）网络虚拟社会

作为社会场域而存在的网络虚拟社会，必然也是"网络虚拟社会中道德问题"这一论题的基本概念。道德虽然是这一问题的逻辑起点，道德问题是这一问题的基本问题，但我们知道，无论是道德的形成与发展，还是道德问题的生发与频现，都与社会形态的升级、社会场域的变更密切相关。或者说，没有社会生产生活方式、社会场域的变化，该类道德问题有可能不会出现，或者出现后会有所不同。而作为一种与传统现实社会不一样的社会场域，网络虚拟社会不但改变了人们的生产生活方式，而且还对人们的思想道德产生了影响，而这种影响既有正面的影响，又有负面的影响。负面的影响在某种意义上，就变成了违反道德规范、损害他人权益、破坏社会秩序的道德问题。

所以，分析网络虚拟社会中的道德现象，以及与之相应的道德问题，还必须考虑网络虚拟社会这一重要社会场域。一言以蔽之，网络虚拟社会与道德、道德问题一起，理应成为分析"网络虚拟社会中道德问题及其治理"这一论题的基本概念。

四 "网络虚拟社会中道德问题"的界定

对"网络虚拟社会中道德问题"的分析，在逻辑层面上有必要对其作适当的哲学界定，从而为问题的展开剖析提供逻辑前提。当今世界，正处于百年未有之大变局，从生产到生活、从实践到思想、从个人到民族、从经济到政治，无不处于深刻变化之中，原有秩序业已老化或崩溃，新的制度尚未成型或完善。而在这样的转变和调适过程中，人类文明、社会发展面临的新机遇新挑战层出不穷，不确定不稳定因素明显增多。就人的活动场域看，依赖于现代科技而形成和发展起来的网络虚拟社会，对现代人类的生存与发展确实造成了深刻的影响。在思想领域中，由此所引发的道德问题种类繁多，涉及领域广，影响深远，问题严重且尖锐。从方便研究的目的出发，我们不妨对这些道德问题进行适当的分类。

在严耕、陆俊、孙伟平等人编著的《网络伦理》一书中，将网络伦理问题划分为具体问题、交叉问题和理论问题三类。其中，具体问题是指网络具体使用过程中遇到的现实问题，交叉问题是指网络与社会其他现象相互关联而出现的问题，理论问题是指由网络道德问题引起的深层次的哲学问题。[①] 这样的划分，使网络伦理的讨论更加明确和清晰，但与我们所讨论的"网络虚拟社会中道德问题"有所不同。前者侧重于网络伦理的建构，而后者则侧重于对新型社会场域下道德问题的治理。因此，就"网络虚拟社会中道德问题"这一主题看，我们可以根据不同的标准将网络虚拟社会中的道德问题细分为不同的具体问题。

第一，根据所涉及的领域，可以将"网络虚拟社会中道德问题"划分为经济领域的道德问题、政治领域的道德问题、文化领域的道德问题、生态领域的道德问题、生活领域的道德问题，等等。网络虚拟社会与传统现实社会一样，业已成为现代人们学习、工作和生活的重要场域，包含的领域极其广泛。而在各个领域中必然不可避免地存在"应该"与"不应该"、"合法"与"违法"、"作恶"与"向善"以及义务、权利、平等等问题，亦即道德问题。就网络虚拟社会中的道德问题来看，经济领域的道德问题有欺诈行为、伪劣商品、投机主义等，政治领域的道德问题有网络霸权、网络恐怖主义等，文化领域的道德问题有侵占知识产权、剽窃成果等，生态领域的道德问题有信息污染、铺张浪费等，生活领域的道德问题有情感冷漠、炫富奢靡等。凡网络虚拟社会所涉及的社会场域，或多或少地存在着道德问题。当然，我们对网络虚拟社会中道德问题的分析，主要从经济、政治、文化、社会和生态五个主要领域予以展开。

第二，根据所包括的数量，可以将"网络虚拟社会中道德问题"划分为单一型的道德问题和复合型的道德问题。单一型的道德问题是指某事件或行为仅仅涉及某一类或某一方面的道德问题，而复合型的道德问题则刚好相反，是指某事件或行为涉及多类或多方面的道德问题。在

---

① 严耕、陆俊、孙伟平等：《网络伦理》，北京出版社1998年版，第8—10页。

网络虚拟社会中，大部分的道德问题都属于后者，亦即都是涉及多类或多方面的道德问题，规模较大，内容错综复杂，包括的数量较多。

第三，根据道德系统的要素构件，可以将"网络虚拟社会中道德问题"划分为道德主体维度的道德问题、道德环体维度的道德问题以及道德中介维度的道德问题。具体而言，道德主体维度的道德问题，主要是指主体的道德意识、道德观念方面的道德问题，比如道德意志力薄弱、道德观念模糊、道德动机不纯以及道德情感冷漠等；道德环体维度的道德问题，主要是指道德主体生活、道德行为发生的环境条件出现的道德问题，具体包括时间、虚拟空间以及相关网络条件等方面；道德中介维度的道德问题，主要涉及道德中介工具的运用与发展所引发的道德问题。结合网络虚拟社会实际来看，道德主体维度的道德问题可进一步细分为个体性道德主体维度、组织性道德主体维度和社会性道德主体维度。就个体性道德主体维度而言，其道德问题包括道德信念紊乱、道德认识不足、道德情感异化等；就组织性道德主体维度而言，其道德问题包括忽略社会责任、放松行业自律等；就社会性道德主体维度而言，其道德问题包括盲目从众、"蝴蝶效应"等。网络虚拟社会中道德环体维度的道德问题，包括但又不限于道德规范缺失、道德氛围弱化、道德评价扭曲等方面。网络虚拟社会中道德中介维度的道德问题，主要表现为以互联网、计算机等为主体的科技手段和数字化的程序系统所造成的道德问题，包括软件、程序以及网络语言、图片等内容。

第四，根据道德系统的维度，可以将"网络虚拟社会中道德问题"划分为意识层面的道德问题、实践层面的道德问题和社会层面的道德问题三类。意识层面的道德问题，主要是指在人们的道德观念、道德认识以及因此而形成的道德知识等方面存在的问题，包括但又不限于道德认识片面、道德观念扭曲、道德心理变态、道德理性缺失等问题。在网络虚拟社会中，意识层面的道德问题较为突出，比如网络道德规范滞后、道德动机复杂等。实践层面的道德问题，主要是指在人们的道德行为、道德语言以及长期形成的道德习俗等方面存在的问题，包括但又不限于道德行为失范、语言暴力等问题。在网络虚拟社会中，实践层面的道德问题极为突出，比如盗窃隐私、传播计算机病毒、造谣传谣、发布虚假讯息等。社会层面的道德问题，主要是指网民虚拟化生存的社会场域存在或发生的道德问题，如道德文化、道德习俗等发生的道德问题。从本质上看，在网络虚拟社会中存在或发生的社会层面的道德问题，主要是由于现代科技的滥用所引起，许多问题源于技术异化。

需要说明的是，以上对"网络虚拟社会中道德问题"的划分是相对的。根据研究的需要，在后面的论述中我们将主要采用第四类划分方式，亦即根据道德系统的维度，将"网络虚拟社会中的道德问题"划分为意识层面的道德问题、实践层面的道德问题和社会层面的道德问题三类，同时兼顾其他的划分方式。这样做的原因在于：一则，是突出道德问题的二重性，即道德既有意识的一面又有实践的一面，或者说道德问题既内化于人们的思想观念之中，又具体外化于实践行为之中。如果要对"网络虚拟社会中道德问题"这一论题作出全面而又深刻的剖析，二者不可偏失。二则，是突出道德意识与道德行为之间的相关性，即道德意识是道德行为发生的指南，而道德行为的发生又是道德意识的结果；道德意识指导道德行为，道德行为反作用于道德意识。正如毛泽东所说："究竟是什么东西联系呢？就是对立的两个侧面的联系。"① 而这样的辩证关系，在剖析"网络虚拟社会中道德问题"发生的原因以及提出对策时，是不能被忽略的。三则，是突出社会环境与思想、与行为之间的辩证关系，社会环境塑造人，主要是通过对人的思想和行为的影响而发生的，但也要看到，人的思想和行为也会重新塑造社会，亦即"人们在生产中不仅仅影响自然界，而且也互相影响"②。

第二节　网络虚拟社会中道德问题的发生条件

在马克思看来，对任何"事件"的考察都不能离开历史，而应"同人的现实活动联系起来加以考察，从主客体之间的关联、进而从人的主体间性维度来诠释'事件'的指涉与意义"③。而作为一种特殊

---

① 《毛泽东文集》（第 7 卷），人民出版社 1999 年版，第 194 页。
② 《马克思恩格斯选集》（第 1 卷），人民出版社 2012 年版，第 372 页。
③ 陆杰荣：《论马克思的"事件"思考方式及其当代意义》，《哲学研究》2004 年第 11 期。

"事件"的道德问题，理应遵循这样的原则，努力回到历史语境中，综合科技发展、人的虚拟性活动、思想文化以及社会场域等条件来加以考察，以揭示道德问题在网络虚拟社会中发生的规律性和必然性。

历史地看，网络虚拟社会中道德问题的发生，与改革开放以后中国的社会生产力、生产关系发展存在着密切联系。这种联系既具体表现为一种历史之事实，又形上化为一种历史必然。以计算机、互联网、大数据等为代表的现代科技的兴起与发展，仅为网络虚拟社会中道德问题的发生提供了物质性的工具，而人的虚拟性生存、虚拟性活动的大量出现与规模化发展，则为网络虚拟社会中道德问题的发生提供了实质性内容。从思想根源看，现代各种多元文化思想在网络虚拟社会条件下的交融与碰撞，为网络虚拟社会中道德问题的发生提供了思想基础，而网络虚拟社会的形成与发展，则为网络虚拟社会中道德问题的发生提供了社会场域。因此，网络虚拟社会中道德问题的发生是一种历史必然，其条件包括多个层面和不同维度。

一 现代科技的兴起与发展提供了发生工具

科学技术是第一生产力，尤其是近现代科技革命，让这一判断更符合历史事实。众所周知，每一次社会生产方式的升级、生产力水平的提高以及生活水平的改善都与科技的发展呈正相关关系。当人类社会发展到 20 世纪中后期，科技发展突飞猛进，在互联网、计算机、虚拟现实以及大数据、云计算等领域取得了举世瞩目的成就，为社会生产力的显性发挥找到了内生性动力，为人类生活建构了全新的技术性平台，形成了蔚为壮观的"虚拟化"井喷现象，从而不可逆转地改变着人类社会的进化历程。这次科技革命对人类社会的影响体现出与以往科技革命明显不同的特征，不仅深刻地影响着人类认识世界、改造世界的能力和方式，而且还悄然地改变着人们学习、工作和生活的环境。其中出现了一系列冠以"虚拟化""虚拟现实""灵境技术"的新技术、新术语，"开始时还只是信息技术领域的专家学者重视它，但当信息技术领域内的专家学者尚未把它的理论和技术探讨得十分清楚时，它已渗透到科学、技术、工程、医学、文化和娱乐的各个领域了，并表现出引人瞩目的应用潜力"①。从经济到政治，从农业到工业，从科研到教学，从艺术到娱乐，从军事到国防，我们都会看到现代科技所带来的巨大影响。与以往科技革命发展不同的是，现代科技革命的兴起与发展，不仅改善了人类的生产生活条件，而且还深入人们的思想观念，进一步影响了社会道德的变化。

诚然，正如其他科技一样，现代科技的发展也是一把"双刃剑"，在为人类提供更好生产生活条件、促进社会道德发展的同时，也在一定程度上给人们的生产生活带来负面影响，造成一系列的社会发展问题，比如西方国家与发展中国家之间的网络霸权问题，发达地区与欠发达地区之间的数字鸿沟问题，以及世界范围内侵害个人隐私、侵犯知识产权、网络犯罪等时有发生，网络监听、网络攻击、网络恐怖主义活动等成为全球公害。在思想层面上，负面影响最为突出的即道德问题。因为大部分的人是在没有完全做好准备的状况下，被动地裹入虚拟世界并展开虚拟性的生产生活。而以往的传统道德无法适用新型的生存环境，也无法有效规范人们的虚拟性行为，新的道德体系尚未完全建立健全，从而导致早期的网络虚拟社会出现"道德真空"现象。甚至，部分网民将其戏称为"超越现实的自由王国"。在不受传统道德约束的网络空间里，部分网民不自觉地放松自律，为所欲为，从而造成一系列道德问题，影响了人们的虚拟性生产生活的展开和网络虚拟社会的健康发展。比如在网络虚拟社会中经常出现的"人肉搜索"，就是网民利用计算机、互联网、大数据等工具，部分基于匿名网民即知情人提供确定的信息核实确认，部分又基于互联网所提供的信息、知识辨别真伪，以查找人、物或信息真相的公共性行为。而在"人肉搜索"过程中，由于网民素质的不同以及目的的差异，极易造成当事人隐私被泄露、遭受人身攻击等现象，进而产生一系列的道德问题。又比如：即时方便的沟通工具让网民体验了"天涯若比邻"的亲近感，但也造成了人情冷漠、尔虞我诈的疏离感。所以，从这个角度讲，以互联网、计算机、虚拟现实以及大数据、云计算等为代表的现代科技的兴起与发展，为网络虚拟社

---

① 汪成为：《人类认识世界的帮手——虚拟现实》，清华大学出版社 2000 年版，前言。

会中道德问题的发生提供了工具。

二　虚拟性活动的出现与发展提供了载体内容

在马克思主义看来，以实践为主要内容的活动是人得以存在和发展的基本方式，也是展示和体现人的内在本质和基本属性的重要内容，因为"一切存在物，一切生活在地上和水中的东西，只是由于某种运动才得以存在、生活"①，其中的运动即活动。当然，作为人存在方式和本质内容的活动，并不是一成不变的，而是随着社会生产力的提高和人的需要的不断变化而发生改变，呈现出由低级向高级、由单一向多元、由现实向虚拟的发展轨迹，原因在于"（人）不是力求停留在某种已经变成的东西上，而是处在变易的绝对运动之中"②。作为主体的人，总是不断地发明和创造更好更先进的中介工具不停地认识世界改造世界，不断地创新和拓展更多更便捷的活动形式，以改善自己的生存方式和发展途径，创造更为舒适的社会环境和更为高效的活动方式来促进自身的生存与发展。因此，人类历史就是一部人类活动的发展史，人类社会的发展就是主体认识世界改造世界的历程。而人的虚拟性活动就是历史主体在社会历史发展过程中，所创造和使用的一种崭新的活动形态，是当代人类生存的根本方式和社会发展的基本途径之一。人的虚拟性活动有别于人类传统的其他形态的活动，既是对传统的人的活动形态的历史继承，又是对新时代人的活动形态的创新发展；既体现了人类对现代科学技术的创造运用，又体现了人扬弃自我、追求发展、实现超越的自由自觉全面发展的类本质。所以，本质上的虚拟性活动是现代科技与人的虚拟属性相结合所带来的产物，在很大程度上依赖于计算机、互联网以及虚拟现实等技术条件的发展水平以及与人脑意识或空间想象力的相互融合程度，但它不是人类的想象行为，也不是子虚乌有的抽象活动，而是客观存在的能够展示人类大脑意识图景和虚拟构建及延伸到现实活动的活动形态。因此，狭义的虚拟性活动是人超越现实、追求自由的存在方

① 《马克思恩格斯文集》（第 1 卷），人民出版社 2009 年版，第 632 页。
② 《马克思恩格斯文集》（第 8 卷），人民出版社 2009 年版，第 157 页。

式，是人为了满足自己的需要而在一定的社会关系中及非现实非主观的虚拟世界中进行的有意识、有目的地制造和使用符号或数字等活动中介系统并创造性地作用于对象物的自觉行为。而从广义上看，凡基于现代数字化中介因人而产生或出现的一切自觉行为，都可划归人的虚拟性活动。

毋庸置疑，依赖于现代科技而形成和发展起来的人的虚拟性活动，不但从外部视域上拓展了人类生存与发展的方式，而且从内在根据上丰富了人的本质属性，开创了人类生存与发展的新纪元。但是，我们理应注意到，这种依赖于符号或数字等中介系统在非现实非主观的虚拟世界中进行的自觉行为，由于主体网络素质不高、网络虚拟社会秩序尚不规范、社会道德缺失以及相关规章制度不健全等原因，经常演变成违反道德的语言、行为，造成一系列的道德问题甚至是犯罪问题。所以，凡是在网络虚拟社会中发生的道德问题在本源上都与人的虚拟性活动相关，或是以人的虚拟化生活为内容，从网络诈骗、侵犯知识产权到盗取国家机密、侵害他人利益，从出言不逊、造谣传谣到传播色情、违反文化禁忌，等等，都是一种违反道德或不道德的虚拟性活动行为。需要强调的是，我们不能因为一部分的虚拟性活动导致道德问题，而去抑制或打压虚拟性活动的正常开展和网络虚拟社会的健康发展，恰恰基于这样的现状，我们更需要努力去关心人的虚拟化生存、规范人的虚拟性活动、构建和谐的网络虚拟社会。

三 网络虚拟社会的形成与发展提供了滋生场域

历史唯物主义认为，人总是依赖于一定的社会场域而存在的，或者说，人必然要以某种形式存在于一定的社会之中。而作为第一社会生产力的科技被人们持续创新和广泛运用之后，总是又反过来创造着、改变着人们赖以生存的社会场域，正如麦克卢汉所说："任何技术都倾向于创造一个新的人类环境。"[①] 自 20 世纪末以来，以计算机、互联网、虚拟现实以

---

① ［加］马歇尔·麦克卢汉：《理解媒介——论人的延伸》，何道宽译，商务印书馆 2000 年版，第 2 页。

及大数据等为代表的现代科技的迅猛发展，创造了一个全新的社会环境——网络虚拟社会。网络虚拟社会的形成与发展，为人类的生存和发展提供了新空间，改变了传统的社会结构和社会关系，形成了与现实社会相互并存、共同发展的新格局；网络虚拟社会改变了人类的生存和活动方式，形成了虚实相生的生活方式和内容丰富、形式多样的生产关系，开创了人类发展的新纪元；网络虚拟社会改变了人们思想观念的社会基础，丰富了精神生活的内容，拓展了精神世界的场域，形成了新的虚拟思维方式和互联网精神。可以说，网络虚拟社会对人类发展的影响不仅体现在技术层面，而且还深入思想意识之中，不仅体现在活动行为上，而且还拓展到精神领域和情感世界，从而对社会发展、人的实践活动、人的意识形态产生了重要影响。

　　而作为人类重要意识形态的道德，也深受网络虚拟社会发展的影响。因为道德是一个历史性的范畴，总是随着社会形态和人类生活方式的变化而发生变化，并受一定的社会物质生活条件和社会关系所决定，从而也就决定了作为意识形态的道德必然随着社会的发展而发生变化，必然由特定的社会生产力和社会关系所决定。既然人们的生产生活、社会场域等在网络虚拟社会的影响下发生了翻天覆地的变化，那么反映社会客观存在的道德意识发生变化也就成为历史之必然。但回到网络虚拟社会形成的初期，我们发现这种新型社会形态本身成了导致道德问题频发的根源之一。正如前文所论述的，较之于传统的现实社会，网络虚拟社会具有非聚集性、非独占性、非封闭性、非确定性等特征。在全新的网络虚拟社会中生存与发展，一方面要求人们的生存、生活方式要及时转变，以适应新生存、新发展方式；另一方面要求人们建立起与虚拟化生存、生活方式相适应的思想观念、规章制度和法律体系，以保障网络虚拟社会持续、健康的发展。但遗憾的是，我们是在软文化建设等方面相对不足的条件下，被动地进入虚拟化生存的，对于如何开展好虚拟化生产生活、如何建构新的规章制度、如何推进网络虚拟道德建设等问题，都缺乏深刻认识或者说是不够重视。众所周知，传统的旧的社会文化总是能够长久地影响人们的生存与发展，而新的思想观念转换成为人们的内心信念和行为规范，往往又需要一个比较漫长的过程。而当人们经历着从现实社会向网络虚拟社会、从"熟人社会"向"陌生人社会"转变的过程，以往调节现实社会、熟人社会的道德规范、道德观念在新的社会场域中被削弱，而调节、规范网络虚拟社会、陌生人社会的道德规范、道德观念尚在孕育、建立之中。在这样的历史背景下，许多网民在网络虚拟社会中的活动行为难免被异化、思想观念难免被扭曲，进而导致道德问题频发。换言之，网络虚拟社会的形成与发展，为网络虚拟社会中道德问题的发生提供了滋生场域。

四 多元文化思潮的交融与碰撞提供了思想根源

近现代科技的发展，大部分是出于通信、传播信息的目的而出现的，从而也就内在地决定了当今社会是一个以媒介为主导的信息社会，各类媒介在当代社会的生产生活中，扮演着越来越重要的角色。以计算机、互联网以及大数据为例，它们不仅提供了一种全新的即时互动渠道和信息分享方式，而且创造了一种全新的文化交流、思想碰撞平台，如聊天室、论坛空间以及微信公众号、朋友圈等，从而为公众交流思想、了解文化提供更为自由的方式、更为开放的平台。尤其是非聚集性、非确定性、非独占性、非封闭性的网络虚拟社会的形成与发展，让我们不再生活在信息的孤岛上，各种宗教习俗在这里相互碰撞，各种思想在这里相互交融，各种伦理道德在这里交相辉映。所以，我们说当今世界是一个开放多元的社会，地球变成了"地球村"，民族与民族、国家与国家、地区与地区之间的交往更加紧密，经济贸易、文化交流更加频繁。在人类发展史上，各种思想文化的联系和交融从未像今天这样紧密和频繁。

正如任何新生事物一样，当代社会的开放、多元思想文化的交融也有其两面性。因为现代科技传播的便捷性和开放性，以及新型社会场域的开放性和虚拟性，自利主义、纵欲主义、个人主义横行泛滥，导致人们的意识中总是呈现出不真实感强、信任感弱的情况，在做道德选择、道德判断时其判断依据缺失、自信心也不足；因为适应新社会场域的道德体系尚未建立和形成，主流思想文化尚未占据主导地位，导致道德主体的价值观易于模糊，道德行为也容易失范，往往陷入道德选择的困境。长此以往，道德问题的发生也就无法避免。比如部分网民在网络虚拟社会生活中，禁不住西方思想的诱惑，利用活动场域的隐匿性和开放性，或发表、分享一些不恰当的政治言论，造谣传谣，引起社会恐慌；或截取国家安全信息输送给他人，获取经济利益；或破坏国家相关网络设施，侵犯政府门户网站，以宣泄自己的不满；或擅自"闯入"国家要害部门的数据库，解读或恶意传播国家机密，以展示自己的"能力"……所以，网络虚拟社会条件下看似简单平常的"失范行为"不仅仅是道德领域的问题，还会演变成为一些政治问题，关乎着国家的安全和社会的稳定。这也给我们在新的历史条件下的国家治理、社会治理带来了不小的挑战。

第三节　网络虚拟社会中道德问题的肇始样态

如果说逻辑起点是对网络虚拟社会中道德问题的逻辑分析的话，那么肇始样态则是对网络虚拟社会中道德问题的历史呈现。以往关于网络虚拟社会中道德问题的研究，对肇始样态的关注力度不够，从而使之成为相关研究视域里最为薄弱的一环。没有历史的呈现，就不可能有辩证的思考。前者是后者的对象性的基础，后者是对前者的反思。回顾历史，早期网络虚拟社会中的道德问题，肇始于早期网络上的电子邮件、聊天室、个人主页、BBS论坛（讨论组）、博客以及交友社区等空间场域，并以语言文字、图片照片等形式为主，集中在生活谣言、虚假信息、失范行为等领域。后来随着互联网功能的完善和相关应用的普及，道德问题不再局限于虚拟社交领域，而是逐渐泛化至整个虚拟世界，成为网络虚拟社会发展中的显性问题。当然，我们在这里讨论的肇始样态，既包括网络虚拟社会中道德问题完全成型之前的多种样态，虽不能完全代表道德问题的本质特征，但为分析成型之后的道德问题提供了历史溯源；又包括网络虚拟社会道德问题中某类问题的早期萌芽样态，虽然它们不能完全代表道德问题的普遍共性，但是对于发掘道德问题根源和演化同样具有重要的理论意义。

基于此，在本节中我们重点以时间为轴，基于早期的诸类网络空间场域来展示网络虚拟社会中道德问题的肇始样态，同时又会适当引入典型例子来具体分析其特殊性。

一 网络虚拟社会中道德问题肇始样态的表现

作为一种历史现象，早期网络虚拟社会中的道德问题主要发生于网络空间中，在形式上主要以文字和图片为主，在内容上集中于与日常生活相关的领域。

第一，就空间而言，早期网络虚拟社会中的道德问题主要发生于网络空间。"网络空间"最早是由加拿大科幻小说家吉布森（William Gibson）所提出。他认为网络空间的基础是全球电脑网络，内容则是处处存在的可以操作的数据信息。而美国的迈克尔·海姆（Michael Heim）则认为，网络空间"暗示着一种由计算机生成的维度，在这里我们把信息移来移去，我们围绕数据寻找出路。网络空间表示一种再现的或人工的世界，一个由我们的系统所产生的信息和我们反馈到系统中的信息所构成的世界"[①]。换言之，与网络虚拟社会一样，网络空间亦是基于现代计算机、信息、互联网等科技而发展起来的。科技是网络空间得以成型并获得发展的载体，没有当代科技也就不可能有网络空间。而这样的网络空间就是"以计算机及现代网络通信技术、虚拟现实技术等信息技术的综合运用为基础而构筑起来的与现实物理空间相对应的人工虚拟的用以信息交流的空间。其突出特征在于虚拟化、符号化和在线化等；其社会意义在于，它既改变了人们以往接受、处理和发送信息的方式，也改变了信息本身的产生和存在方式；既拓展了人类交往的空间，也重新调整了人与人、人与社会乃至人与自然的关系"[②]。而有学者认为网络虚拟社会本质上是一个"基于互联网技术的发展而产生的网络空间或赛博空间中人们的互动关系产生的社会形式"[③]。从这个意义上讲，网络空间与网络

---

① ［美］迈克尔·海姆：《从界面到网络空间：虚拟实在的形而上学》，金吾伦、刘钢译，上海科技教育出版社 2000 年版，第 79 页。

② 陆秀红：《赛博空间的精神性超越》，《广西大学学报》2005 年第 3 期。

③ 何明升等：《网络互动：从技术幻境到生活世界》，中国社会科学出版社 2008 年版，第 29 页。

虚拟社会一脉相承，前者是后者的雏形，后者是前者发展的高级阶段。

作为早期网络虚拟社会中道德问题呈现的网络空间，其具体形式包括但又不限于电子邮件、聊天室、个人主页、BBS 论坛（讨论组）、博客以及交友社区等。通过这些具体的形式，可以看出网络空间依赖通信技术、计算机科技发展的痕迹。就我国的发展情况看，早年的网络社区内容单调、功能单一，比如榕树下主打文学，第九城市主要是玩游戏，"中国人"经营班级同学录，电脑之家共享科技生活，等等。在这些专业网络社区的基础上后来又发展出功能更为齐全、内容更加庞杂的综合性网络社区，较为著名的是天涯社区和猫扑社区，有"北猫扑南天涯"的称呼。网络社区之所以形成，往往是人们出于某种情感、兴趣或利益等目标，利用计算机、互联网等工具进行交流而形成的新的社会关系。而这种社会关系与传统的现实社会关系比较起来，具有身份隐匿、交互即时、对话平等以及泛符号化等特征，再加上早期网络空间法律缺失、制度滞后等原因，在个人维度上经常出现造谣传谣、煽动仇恨、窥视隐私以及其他扰乱社会秩序等道德失范的行为，在社会维度上容易滋生非法集会游行、网络霸权、数字鸿沟以及危害国家安全等道德滑坡现象。网络空间的出现，一方面为道德问题的滋生和发展提供了场域，另一方面为道德问题的形成和影响提供了内在的实质内涵。

第二，就形式而言，早期网络虚拟社会中的道德问题主要集中在语言文字、图片照片等方面。如前文所述，网络虚拟社会是基于互联网、计算机等现代科技而发展起来的新型社会。而这些科技形成与发展的初衷，在于解决信息传输、语义连通等问题，关注的对象是信息、语义传输本身以及网络覆盖范围，展现的是技术本身所具备的工具性和空间性，所展开的人类活动行为主要以信息沟通、图文交流为主，比如发送邮件、获取信息、共享图片以及交友聊天等，从而也就决定了早期在网络虚拟社会中出现的道德问题，主要集中表现在语言文字交往上和图片照片传播等虚拟性行为中。

2001 年，有一网民在猫扑网上贴出一张美女照片，宣称该女子是其女友。接着马上就有网友鉴定出该女子的真实身份是微软女代言人陈自谣，并贴出了许多资料进行佐证。通过图片、文字来集中表达的"微软陈自谣事件"，成了中国互联网发展史上"人肉搜索"的始作俑者。其实，我们回顾和浏览早期的网络空间，其功能主要是沟通交流和文字图片的传播，内容也是围绕日常生活来展开。在上述"微软陈自谣事件"的案例中，猫扑是当年中国最为知名的网络空间，"美女照片"和"宣称文字"是整个事件的重要表述形式，即使是网友后继提供鉴定的信息材料也是文字和图片。以道德视域看，这一事件存在造谣传谣、窥视隐私等问题。由此表明，早期出现的网络道德问题基本上是通过语言文字和图片照片的形式呈现出来。

第三，就内容而言，早期网络虚拟社会中的道德问题主要集中在生活谣言、虚假信息、欺诈行为等方面。在哈贝马斯（Jürgen Habermas）看来，自18世纪以后社会生活就有了公共领域与私人领域之分。所谓公共领域，是指"我们的社会生活的一个领域，在这个领域中，像公共意见这样的事物能够形成。公共领域原则上向所有公民开放……当这个公众达到较大规模时，这种交往需要一定的传播和影响手段；今天，报纸和期刊、广播和电视就是这种公共领域的媒介"①。以互联网、计算机等为代表的现代科技的出现，使承载舆论的公共领域发生了重大变化。依赖现代科技群形成和发展起来的网络空间，是对传统公共领域的扩展与延伸。因此，早期网络虚拟社会中道德问题的发生主要集中在公共领域。从微观层面上看，在网络空间中发生的道德问题包括制造、散布谣言，侮辱或诽谤他人，传播淫秽、赌博等信息，窥探个人隐私，以及买卖虚假商品、参与非法经济活动等；从宏观层面上看，在网络空间中发生的道德问题包括非法聚集示威，破坏社会公德或文化传播，煽动抗拒国家法律法规，以及其他危害民族利益、损害国家统一等。将这些道德问题归纳起来，主要集中在生活谣言、虚假信息、欺诈行为等方面，与人们日常生活密切相关。当然，我们也应看到，在私人领域里也有诸如道德意识薄弱、人格分裂以及沉溺游戏、情感冷漠等网络综合征现象。② 这些现象事实上也是道德问题呈现出来的另一面相。无论是在

---

① 陈燕谷、汪晖：《文化与公共性》，生活·读书·新知三联书店2005年版，第125页。
② 网络综合征是对人们沉迷网络而引发的各种心理、生理障碍的总称，包括抑郁、狂躁、冷漠等心理障碍和沉迷网游、头昏眼花、食欲不振等生理现象。

"私人"领域还是在"公共"领域所出现的道德问题，归根结底都与日常的生产生活密切相关。这也反映了早期网络空间"映摄"或"复制"现实社会的历史事实，或者说二者相互影响、共同发展的依存关系。在内容层面上，现实社会中的生产生活、思想观念是网络空间交往的基础，而网络空间的形成与发展又是现实社会的创新与扩展。相应地，许多在网络空间中出现的道德问题源于人们日常生产生活，同时又会反过来影响、制约人们在现实社会中的生存与发展。

在公共网络空间中出现的诸多道德问题，最具代表性和戏剧性的无外乎名人"被死亡"谣言。自网络空间出现之后，经常在网络上出现名人"被死亡"的谣言，"被不实传闻划了'生死簿'的，可不止马玉涛、金庸、刘德华、曾志伟、李雪健、李宇春……太多明星名人都曾'被去世'，金庸至少'逝世'了20次，刘德华近10年来几乎每年'去世'一次，成龙也是每隔一两年就被传'死讯'。"① 中国传统文化最为忌讳的"死亡"，却在网络空间中成了戏谑别人、仇恨他人、吸引眼球、增加点击量的"好消息"。无论是出于何种目的或动机，无论是制造还是传播名人"死亡"消息的人，本质上都对当事人造成了不良影响，属于一种典型的非道德行为。

第四，就类型而言，早期网络虚拟社会中的道德问题主要有网络暴力、"人肉搜索"、网络黑客、网络诈骗、网络赌博等类型。由于早期网络虚拟社会中道德问题涉及内容的差异，导致道德问题也有不同的类型，比如语言类、行为类、技术类、诈骗类等。在这里，我们重点讨论网络暴力、"人肉搜索"、网络黑客、网络诈骗、网络赌博五种类型。

人肉搜索简称"人肉"，主要是指以互联网、大数据等为工具，部分基于通过匿名网民即知情人提供确定的信息核实确认，部分又基于互联网所提供的信息、知识辨别真伪，以查找人、物或信息真相的公共性行为。在早期的网络空间中，人肉搜索是由网友在网络空间中通过悬赏"社区币"公开求助，以了解事实的真相，后来逐渐扩展至各个方面。人肉搜索的出现对于弘扬真善美、贬斥假恶丑等具有重要的推动作用，

① 屈旌：《"被去世"的名人无需太大度》，《楚天都市报》2017年8月30日第22版。

同时也会带来不同程度的负面影响。2006 年发生的"高跟鞋虐猫事件",使人肉搜索行为成为一种求证网络信息的重要手段,同时也为窥探个人隐私、人身攻击等提供方便,从而造成了一系列的道德问题。

在早期网络虚拟社会条件下的道德问题中,网络暴力现象较为突出。这里所讲的网络暴力,是指一种在网络空间中借用语言文字、图片照片等形式对他人进行污蔑和伤害,而这种污蔑和伤害又会延伸至现实社会,对当事人产生诸多不良影响。其实,以语言文字、图片照片等为载体的网络暴力在每一个网络道德问题中都存在,是网络虚拟社会中道德问题表现的基本形式。网民往往通过粗俗、恶毒的攻击性语言、污秽不堪的图片宣泄着自己的不满,肆意攻击他人,比如恶意 P 图、传播恐怖图片、随意公布当事人信息等,进而演化成为一场大众狂欢,以挖掘当事人的隐私、扭曲事实真相为乐,并常常伴随着对当事人的道德审判。

黑客是英文"hacker"的音译,最初是指热心于互联网、计算机等科技的专家,后来被用来泛指那些专门利用计算机病毒在网络空间搞破坏的人。他们经常将恶意程序安装到他人的计算机中,或感染个人主机的相关程序,造成电脑死机甚至系统故障;或通过各类网站论坛恣意传播病毒,造成上亿台计算机黑屏、死机、裸机,致使数百万台服务器瘫痪,从而任意破解商业软件,恶意入侵别人网站,盗窃财务信息等。2007 年初肆虐于网络的"熊猫烧香"病毒,始作俑者非法获利 10 万余元,造成我国 100 多万台计算机感染此病毒,严重影响了网络空间的稳定与发展。

日常所说的诈骗,是指运用隐瞒真相或虚构事实的方法,非法占有或骗取他人财物的行为。这种不使用暴力的非道德行为,在早期监管不严格的历史背景下泛滥于网络空间,成为影响或制约网络社交、电子商务等社会活动的重要因素。与现实社会中的诈骗行为不同的是,网络诈骗运用大量现代高科技,方式更为多样,手段更加高明,比如浏览网页时无处不在的虚假广告、进行网购时的虚假商品信息、安装程序时捆绑的木马等。尤其是充分利用网络空间匿名性、隐蔽性的特点,诈骗这种不道德的行为充斥于网恋、网购、网络游戏等活动中。

与网络诈骗相类似的,还有网络赌博行为。顾名思义,网络赌博就是利用网络空间进行博彩的行为。网络赌博与一般赌博不同的是，地点和时间更加自由，赌博的方式完全不同，基于许多软件和平台就可以自动完成，从而也就决定了网络赌博一方面具有足够的吸引力，让许多充满猎奇心、占便宜的网民深陷其中；另一方面监管难度非常大，出现问题后相关部门难以取证、管理。在我们所调查的对象中，有部分人因为网络赌博家破人亡、妻离子散。

综而言之，以网络暴力、"人肉搜索"、网络黑客、网络诈骗、网络赌博等为代表的道德问题，成了阻碍我国网络空间早期发展的重要因素。这些道德问题表面上都是发生在网络空间中，都以虚拟的方式进行，但实质上是现实社会中的暴力或行为在网络空间的延伸，都会对当事人以及相关家庭的现实生活、声誉等产生不良影响，本质上是一系列危害严重、影响恶劣的道德问题。在此需要强调的是，我们虽然按内容对早期网络虚拟社会中道德问题的类型进行了适当划分，但这种划分是相对的，因为在某一具体道德行为过程中，各种类型总是交织在一起，此处的分类只是指出某类行为更突出或占主导地位，而其他类行为被弱化或占次要位置。

第五，就群体而言，早期网络虚拟社会中的道德问题主要集中在青少年群体中。由中国互联网络信息中心公布的《第一次中国互联网络发展状况调查统计报告》显示：年龄在16—25岁的青少年占上网用户的41.6%。[①] 截至2009年，这一群体在中国3.84亿网民中的比例高达50.7%，拥有接近2亿的规模。[②] 这就意味着青少年群体既是早期网民中最大的群体，也是使用网络应用较为活跃的群体。他们是最先"入驻"网络空间的"原始居民"。这些"原始居民"正处于从众追求时尚又独立崇尚个性的年龄，有着较强的学习热情和好奇心，乐于接受并认同新事物、新思想，并依托较好的媒介素养和先进的软件工具畅享虚拟世界：参加各种类别的网络论坛，体验虚实相生的网络游戏，推动各种

---

① 中国互联网络信息中心：《第一次中国互联网络发展状况调查统计报告》，http://www.cnnic.net.cn/n4/2022/0401/c88-802.html，2022年4月1日。

② 中国互联网络信息中心：《2009年中国青少年上网行为调查报告》，http://www.cnnic.net.cn/n4/2022/0401/c116-907.html，2022年4月1日。

各样的网络消费……青少年群体的网络使用行为以及虚拟化生存方式对早期网络的发展、网络文化的走向，以及虚拟化生存的推广都有着重要的影响。根据中国互联网络信息中心发布的《2009 年中国青少年上网行为调查报告》显示：网络空间的娱乐性是吸引青少年运用网络的重要动力之一，他们在网络音乐（88.1%）、网络视频（67%）、网络文学（47.1%）和网络游戏（77.2%）等方面的使用率均高于整体网民；在网络沟通交流上也属于活跃群体，其在博客（68.6%）、社交网站（50.9%）和即时通信（77%）的使用率也高于整体网民。[①]

同时，我们也注意到，由于社会生活经验不足、思想不成熟，青少年也是最可能受到网络空间不良信息影响的群体。他们在面对梦幻迷离、形式多变、内容庞杂的虚拟化生存时，更容易被控制和奴役，从而导致一系列道德问题，进而成为早期网络空间中制约青少年群体发展的新"枷锁"。许多发生在网络空间中的道德问题，基本上都与青少年群体相关，他们要么是道德问题的发起者，要么是受害者。因此，对于青少年群体的网络道德教育始终是国家、学校和家庭关注的重要问题。

二 网络虚拟社会中道德问题肇始的缘由

网络社区是早期网络虚拟社会的重要形式之一，其兴起与发展对于人们虚拟化生存、网络虚拟社会的发展以及当今世界政治经济的发展功不可没，然而这样的功绩却不能遮蔽以上诸多道德问题发生的事实。虽然这些道德问题的面相各异，造成的社会破坏力不同，但我们仍可以刨根问底，剖析早期网络虚拟社会中道德肇始的普遍缘由。

第一，道德主体放松了道德自律。道德自律虽然是源自主体内在的道德认识、道德观念以及道德动机，但其对道德主体行为的管理与监督，在一定程度上还会受到来自他律的监督与震慑。社会环境的开放和他律的弱化式微，往往也会造成主体自律的松弛。以互联网、计算机和虚拟现实技术为代表的现代科技，在现实社会之外为人类的生存与发展

---

① 中国互联网络信息中心：《2009 年中国青少年上网行为调查报告》，http://www.cnnic.net.cn/n4/2022/0401/c116－907.html，2022 年 4 月 1 日。

创设了一个全新的社会场域——网络空间。网络空间与传统现实社会最大的区别，在于网民通过符号或图片的方式，在其中可以随意地设立、修改、粉饰自己的身份。而在大多数情况下，这种虚拟性的身份间接性地隐藏了道德主体真实的身份及信息，再加上非独占性、非封闭性的场域特征减少了对人及其活动的监督与管理，从而为道德主体轻视道德自律、释放自我提供了得天独厚的契机。如此一来，一些道德自律性弱，较少顾及社会伦理、道德观念以及舆论导向的道德主体，产生了一系列违反道德规范、影响社会秩序的社会性问题。从上述道德问题的现状来看，网络赌博、网络黑客、网络诈骗等非道德行为，与道德主体放松了道德自律有着直接的关系。尤其是社会生活经验不足、思想不成熟的青少年群体，更容易放松道德自律、更容易受到网络世界的影响。因此，解决网络虚拟社会中的道德问题，重点还在于对青少年群体的理论教育和对其行为的治理。

第二，社会场域缺失了道德规范。作为一种特殊的人类意识形态，道德一旦形成必然会对社会客观存在产生一定的促进作用，规范、引导社会的发展，因为"道德的基本问题之一就是个人与他人、个人与集体的利益关系问题，道德的使命就是调整人们的利益关系"[①]。道德对社会发展的规范、引导作用，主要是通过道德规范来予以实现。反之，如果道德规范缺失或滞后，也会在一定程度上影响社会的健康发展。而道德问题早期在网络虚拟社会中的频发，部分就是由于相关的道德规范缺失所导致的。网络虚拟社会的形成与发展有其历史必然性，然而其发展速度和影响程度却让我们始料未及。换言之，我们是在未完全准备好的情况下，被动地"卷入"网络虚拟社会之中。对于什么是虚拟化生存、什么是虚拟性活动、如何在网络条件下交往以及如何科学规范这一系列的活动行为，等等，都缺乏理性思考和科学应对措施。同时，以往传统的现实社会中的道德规范，在规范指向上、在内容范围上以及是非真假评判上又难以有效规范人们在网络世界的行为。具体到道德领域，表现得最为明显的是网络道德规范的缺位与虚拟性行为的失范之间的冲突。

---

① 吴弈新：《当代中国道德建设研究》，中国社会科学出版社 2003 年版，第 14 页。

而这样的情形在互联网的发展早期，表现得更为明显。因此，在社会层面上，早期网络虚拟社会中道德问题的发生，与社会道德规范的缺失有着密切的联系。

第三，科学技术助长了失范行为。正如上文不断提及的，网络虚拟社会是依赖现代科技形成和发展起来的技术性社会，人的虚拟性行为也是借助现代科技来展开的技术性活动。没有现代科技的迅猛发展和广泛运用，也就不可能产生或形成人的虚拟化生存以及网络虚拟社会。更进一步地说，在网络虚拟社会中产生或形成的失范行为在种类上讲也是技术性活动行为，而伴随其所出现的道德问题也与现代科技的发展密切相关。众所周知，现代科技的发明与运用最早起始于军事目的，依赖于此而发展起来的网络虚拟社会并没有得到充分的论证，也未辅以必要的人文关怀和伦理关怀，后来的科技发展速度和影响面，又远远超过人们监控、管理的能力范围，结果导致"道高一尺，魔高一丈"的怪异现象。方便快捷的软件、程序往往成为道德失范行为的工具，相对开放、自由的网络虚拟空间成了道德问题不断滋生的场所，早期各种监控、防火墙等技术根本无法准确及时拦截和破坏恶意程序与病毒的攻击，也无法有效遏制侵害他人利益、破坏社会秩序等行为的发生。所以，当代科技的迅猛发展和广泛运用，成为导致早期网络虚拟社会中道德问题不断出现的又一重要原因。

第四，法律制度滞后于网络发展。众所周知，法律约束应是道德之外作为底线的社会约束机制，但在早期的网络虚拟社会中，发生的非道德行为甚至是违法犯罪行为都难以得到相应的惩处。究其根本原因，就在于网络虚拟社会发展的早期，我国关于规范网络非道德行为、惩罚网络违法犯罪行为的法律制度缺失。2000 年 12 月 28 日，第九届全国人民代表大会常务委员会第十九次会议通过《全国人民代表大会常务委员会关于维护互联网安全的决定》，从互联网安全、国家安全、社会稳定和个人利益的角度明确网络违法行为。但真正作为第一部关于网络治理的法律，是 2016 年 11 月 7 日第十二届全国代表大会常务委员会第二十四次会议通过的《网络安全法》，它为维护网络空间主权和国家安全、社会公共利益，保护公民、法人和其他组织的合法权益提供了法律保障。

由此可见，我国网络治理的法律滞后于网络的发展，早期的网络法律几乎空白。而这样的现状，在一定程度上也是道德问题在早期网络虚拟社会发展阶段的根源之一。

三　关于网络虚拟社会中道德问题肇始样态的说明

综上所述，本节通过对网络虚拟社会中道德问题肇始样态的梳理，初步展示了早期道德问题发生或出现的基本面相。从发生空间到基本类型、从存在形式到主要人群，以及道德问题肇始的根源，都让我们看到了早期网络虚拟社会中道德问题发生的复杂性和必然性。而面对这样的肇始样态，我们应该作出以下说明，其或有助于对网络虚拟社会中道德问题演化的认识，或有助于对网络虚拟社会中道德问题原因的分析，或有助于对网络虚拟社会中道德问题的治理。

第一，肇始样态并不必然代表网络虚拟社会中道德问题的主要特征。一种社会现象在尚未完全成型之前，必然呈现出一些原始的生长样态。这些样态与其他问题或成型后的道德问题比较起来，有些可能是常见的，有些可能是罕见的，有些可能是细微的，有些可能是显著的，但都不一定与往后的道德问题产生必然联系。这就意味着，不能将肇始样态当作成熟样态，不能将早期网络虚拟社会的道德问题完全等同于后来的网络虚拟社会中出现的道德问题。

第二，肇始样态的存在既然是一种历史事实，那么它们在成熟的道德问题形成后，并不会立即消失不见。尤其是当道德问题发展成为一种独立的社会问题后，许多人都会从自己所处的现实社会出发，联系这些肇始的样态来看待、分析网络虚拟社会中的道德问题。待到道德问题成为一种普遍成型的社会问题后，这些肇始样态也就被自觉地赋予特殊意义，成为探究道德问题的重要线索。而且，这些道德问题的肇始样态还常常会被重新界定，以展示成型后道德问题的内在本质或历史延续。

第三，某些肇始样态，可能有零星的现实意义，但在网络虚拟社会中道德问题的形成过程中，某一个别的道德问题恰好强调了这一方面的内容。在这种情况下，某些肇始样态的道德问题会被不断扩充、逐渐放大，成为这类问题的基本内容和主要特征。而这样的演化过程，是我们日后解决该类道德问题不可忽略的重要依据。同样，某类肇始样态的道德问题，有可能随着网络虚拟社会的发展和人类虚拟化生存的演化，或被放弃或被其他类型的问题所代替。这样的道德问题在客观上已经不存在了，但它对于某些道德问题的分析仍具有参考价值。

以上三点，是我们在讨论网络虚拟社会中道德问题肇始样态之后作出的特别说明，自然与网络虚拟社会中某些具体道德问题有着必然的联系。因此，这里所作的说明，虽然看似抽象的分析，但在后面我们所分析的网络虚拟社会中各类道德问题时，可以看到此类问题的发展历程以及成型样态，以及如此分析的重要意义之所在。

四 网络虚拟社会中道德问题肇始样态的本质

以上关于网络虚拟社会中道德问题肇始样态的分析，为我们展示了在现代科技发展过程中、人的虚拟化生存过程中道德危机的另一面向，正如涂尔干在分析社会分工时所言："道德——既是理论意义上的，又是伦理习俗意义上的——正在经历着骇人听闻的危机和磨难。以上说法或许可以帮助我们找到这种疾病的根源和性质。转眼之间，我们的社会结构竞争发生了如此深刻的变化。这变化走出了环节类型以外，其速度之快、之大在历史上也是绝无仅有的。与这种社会类型相适应的道德逐渐丧失了自己的影响力，而新的道德还没有迅速成长起来。"① 从本质上看，现代道德危机是集自由主义、消费主义、解构主义以及颓废主义于一身的一种现代文明危机。这一文明危机一方面把人的价值取向自由化、物欲化和个体流离化，缺乏信仰，忽视集体主义；另一方面把中国优秀传统文化以及主流意识低俗化、庸俗化和媚俗化，不仅把传统文化价值和思想精髓弃之脑后，而且还贬损主流、权威等崇高思想，从而导致思想迷茫、情感冷漠、信仰缺失、行为失范等现象，进而形成一系列道德问题。

从本体论维度看，网络虚拟社会中的道德问题，表现出道德主体的

---

① ［法］涂尔干：《社会分工论》，渠敬东译，生活·读书·新知三联书店2017年版，第366页。

数典忘祖、妄自菲薄的趋向。在网络虚拟社会中的道德主体，往往是较为年轻的群体，成长于改革开放之后。他们对历史、对信仰的理解本身就较为缺乏，一旦"入驻"网络虚拟社会就不承认传统现实社会与网络虚拟社会的辩证依存性，无视道德理论发展的内在逻辑，随意贬损中华优秀传统文化以及马克思主义伦理道德，质疑革命文化和消解社会主义先进文化，随意抹杀中国几千年的悠久历史，试图颠覆主流意识形态的文化信仰。他们把网络虚拟社会看作自由自在的法外王国，肆意影响他人的生活和侵害他人合法权益。

从价值观维度看，网络虚拟社会中的道德问题，表现出道德主体的精神空虚现象。无论是个体性道德主体还是组织性道德主体，都试图在"虚拟"的网络虚拟社会中追逐更大利益、博取更多眼球，片面追求点击率、流量和经济效益，放弃甚至突破应有的伦理底线和价值操守，不惜以感官的刺激、隐私的窥探、夸张的炒作以及色情的诱惑来吸引受众，以无限迎合受众猎奇、消遣和寻求刺激的心理。主流媒体所倡导的爱国主义、奉献精神以及社会主义核心价值观则被调侃、嘲讽、戏谑甚至攻击。功利主义、享乐主义、金钱主义、消费主义反而成了时尚、前卫和流行。如前文所述，在非独占性、非封闭性的网络虚拟社会中，各文化思潮在这里碰撞、交融，从而让一元主导的文化形态演变成多元并在的格局，导致部分网民的道德判断由崇高先进向功利实用、由集体奉献向个体自由的方向发展，是非、美丑、善恶以及荣辱等基本价值变得模糊，表现出来的行为、习惯变得轻佻。

从方法论维度看，网络虚拟社会中道德问题所展现出来的道德危机，试图以虚无主义、唯心主义代替辩证唯物主义和历史唯物主义。他们背离辩证法，背离唯物史观，用腐朽的、落后的观点来看待传统现实社会，用孤立的、片面的方法来解构虚拟世界，以塑造网络虚拟社会的唯一性和舒适性。以虚拟代替现实，以主观代替客观，以网络代替物质，甚至制造谣言，危言耸听。他们攻击、丑化传统文化、主流意识形态，嘲笑民族英雄、讥讽革命先烈和侮辱国家领导人，借机散播自由主义、消费主义，混淆视听。这是一种忽视现实、歪曲事实、粗暴拼凑的解构方法，必然影响人的虚拟化生存和网络虚拟社会的和谐发展。

第二部分

网络虚拟社会中道德问题的发展

尽管网络虚拟社会为人类提供的社会场域尚属于全新的社会场域，但我们不可否认，从网络虚拟社会中生发出来的道德问题却业已是人类目前发展进程中存在的重要社会问题。诚然，道德问题在网络虚拟社会中的发生和发展，有其特定的历史背景，包括现代科技的迅猛发展、网络虚拟社会的方兴未艾、人类虚拟性生存的悄然出现以及网络虚拟道德的形成与发展，等等。然则，让我们未曾意料到的是，网络虚拟社会中的道德问题及其相关影响，在短短的几十年里竟迅速发展成为现代人类社会发展中的显性问题，从社交行为、消费行为到娱乐行为、学习行为，再到服务行为，从经济领域、政治领域到文化领域、社会领域，再到生态领域，都有不同程度、不同内容的道德问题的存在，并呈现出普遍性、复杂性、国际性和长期性等特征，包含真与假、善与恶、美与丑、公与私、义与利等内隐表征，以及亲近与疏离、狂欢与孤独、协作与竞争、信任与多疑、自主与从众等外显表征。这就意味着，如果对网络虚拟社会中的道德问题不予以重视和合理治理，那么由此所带来的一系列后果，必然会对人们的虚拟性生产生活、网络虚拟社会的持续发展以及所必须依赖的现实社会、现实性生产生活等造成深刻影响。

同其他社会问题一样，网络虚拟社会中的道德问题也经历了发生、发展等过程。就发生学角度看，这样的过程既包括道德问题如何孕育、如何生发等内容，又包括现状如何、影响如何等内容。而对这一过程的深入考察和全面展示，既是对网络虚拟社会中道德问题的形成与发展作基础性了解，又是为网络虚拟社会中道德问题的治理奠定事实基础。在前一部分中，我们已对网络虚拟社会中道德问题的发生作了较为全面的分析。在接下来的几章中，我们拟根据马克思主义基本原理，结合问题研究的需要，构建"网络虚拟社会—道德观念—虚拟性实践行为"（Network virtual society-Moral awareness-Virtual behavior，以下简称为"NMV"）理论模型，实证分析网络虚拟社会中的道德发展现状，以及其在不同行为、不同领域中的表现，并在此基础上总结网络虚拟社会中道德问题的基本特征和表征，从而为后面网络虚拟社会中道德问题发因的分析及其治理提供基础。

第四章　网络虚拟社会中道德问题的实证

历史地看，网络虚拟社会的形成与发展，为人类的生存与发展提供了一个全新的社会场域，从而使人们的生产生活发生了重大且深远的变化。而伴随着社会场域的拓展和生产生活的变化，基于传统现实社会而建立起来的法律、制度、规章、道德以及治理手段等受到严峻挑战，不能有效发挥其应有的监督、管理、规范、引导、矫正等功能，而与网络虚拟社会、虚拟性生产生活等相应的法律、制度、规章、道德以及治理手段等又未建立健全，从而导致部分网民在不同的社会行为中、不同的社会领域里呈现出生活混乱、伦理失序、行为失范等现象。尤其是在道德领域，社会场域的迅猛变革和道德发展的相对滞后，引发了一系列违反道德规范、破坏社会秩序的道德问题。横向地看，如上道德问题不仅广泛存在于社交、消费、娱乐、学习和服务等日常行为中，而且还散见于经济、政治、文化、社会和生态等社会领域中。这表明网络虚拟社会中的道德问题业已是虚拟性生产生活中的普遍性社会问题。

既然网络虚拟社会中的道德问题业已是人类社会发展中的显性问题，那么对这样的显性问题不能仅仅作理论上的推导，更应该从实践维度予以证实。为此，本章拟以实证的方式全面考察网络虚拟社会中道德问题的发展现状问题，具体包括理论模型的理论与建构、实证分析的设计以及实证分析的展开和基本结论等内容。

第一节　理论模型的依据与建构

马克思主义是引领时代变革的思想武器，也是解决当代社会发展问题的重要理论基石。当代人类社会发展已迈入信息时代，虚拟化生存、虚拟性实践行为业已演变为人们存在的重要方式，网络虚拟社会业已上升为人们生活的重要场域。如前文所述，网络虚拟社会的兴起与发展在改变人类生产生活方式、思想意识的同时，也带来了一系列的新问题和新挑战。在这样的时代背景下，我们始终坚持和发展马克思主义，在回应时代关切、促进社会发展中为解决新问题、新挑战提供理论指南。为此，我们根据马克思主义基本原理，结合问题研究的需要，构建"网络虚拟社会—道德观念—虚拟性实践行为"（"NMV"）理论模型，全面考察网络虚拟社会中道德问题的发展现状，为接下来的网络虚拟社会中道德问题的发因分析提供基础。

一 理论模型的理论依据

根据马克思主义基本理论观点，社会存在是社会意识的前提和基础，决定了其内容、形式和发展。历史地看，人们只有先进行物质生产，才能在此基础上进行精神生产，因为"一切人类生存的第一个前提，也就是一切历史的第一个前提，这个前提是：人们为了能够'创造历史'，必须能够生活。但是为了生活，首先就需要吃喝住穿以及其他一些东西。因此第一个历史活动就是生产满足这些需要的资料"①。并且，有什么样的社会，就会有什么样的社会意识与之相应，社会存在发生什么样的变化，社会意识也会相应地发生什么样的变化。当然，社会意识对社会存在具有反作用，不同性质的社会意识对社会存在有着不同程度的作用，比如在程度深浅、范畴大小以及时间长短等方面存在差异。

在认识论上，马克思主义始终坚持从活动到感觉、从存在到思想的唯物主义路线。马克思认为运动的基本规律是从实践到认识、从认识再到实践的不断反复和无限发展，亦即"实践—认识—再实践—再认识"的反复性和无限性。二者的辩证关系是：实践是认识的基础，认识对实践具有反作用。具体来说，就是实践是认识的来源，使认识得以产生和发展，为认识提供了发展的动力，是检验认识的真理性的唯一标准。实践是检验认识真理性的唯一标准，这是马克思在《关于费尔巴哈的提

---

① 《马克思恩格斯文集》（第1卷），人民出版社2009年版，第531页。

纲》中明确提出的。其根本理由在于实践是人有目的地认识和改造世界的客观的、感性的现实活动，是主观见之于客观的东西，而真理又是主观对客观事物及其发展规律的正确反映。如果要判断主观认识是否与客观实际相符合，就必须通过实践把主观认识与客观实际联系起来加以对照。如果二者一致，那么这个主观认识或理论就是真理。

在马克思主义看来，一定的社会形态是一定的经济基础与一定的上层建筑的统一，亦即经济基础决定上层建筑，而上层建筑又会服务和反作用于经济基础。而与生产力发展相适应的生产关系，共同构成了社会形态和经济结构的现实基础。换言之，生产力与生产关系规定着社会形态的主要特征，生产力是推动社会历史发展前进的根本动力。人总是社会生产力最重要、最活跃的动力因素。进一步说，历史主体即人及其展开的历史实践活动才是推动社会发展前进的核心力量，正如马克思所说："环境的改变和人的活动的一致，只能被看作是并合理地理解为变革的实践。"① 人的本质是一切社会关系的总和，社会历史是人在实践活动中形成和发展的。社会历史规律是人们自己的社会行动的规律。人们认识和改造对象的实践过程，就是人的社会关系形成、人的本质展开的过程，所以我们说是人创造了社会、创造了历史。同时，马克思也告诉我们，"人们在生产中不仅仅影响自然界，而且也在互相影响"②。人的生存与发展必须依赖自然和社会，或者说，必然要以某种形式存在于一定的自然和社会历史中，离开了自然和社会历史，人就不可能得以生存和发展，更不要谈认识、实践等，因为"人（和动物一样）靠无机界生活，而人比动物越有普遍性，人赖以生活的无机界的范围就越广阔。从理论领域来说，植物、动物、石头、空气、光等等，一方面作为自然科学的对象，一方面作为艺术的对象，都是人的意识的一部分，是人的精神的无机界，是人必须事先进行加工以便享用和消化的精神食粮；同样，从实践领域说来，这些东西也是人的生活和人的活动的一部分。人在肉体上只能靠这些自然产品才能生活，不管这些产品是以食

① 《马克思恩格斯文集》（第 1 卷），人民出版社 2009 年版，第 504 页。
② 《马克思恩格斯选集》（第 1 卷），人民出版社 2012 年版，第 372 页。

物、燃料、衣着的形式还是以住房等等的形式表现出来。在实践上，人的普遍性正表现在把整个自然界——首先作为人的直接的生活资料，其次作为人的生命活动的材料对象和工具——变成人的无机的身体"①。由此表明，人们的实践活动总是受到一定历史阶段的经济、政治、思想以及生产水平的制约。人的生存与发展必然尊重固有的社会发展规律。

以上是马克思主义关于"实践与认识""社会与意识"和"社会与实践"的基本观点，也是历史唯物主义和辩证唯物主义的核心内容。根据上述讨论的基本观点以及三者之间的辩证关系，我们将其简化，构建成"社会（存在）—意识（认识）—实践（行为）"（Society-Bwareness-Behavior，简称为"SBB"）理论模型，以显得更为直观和简洁。

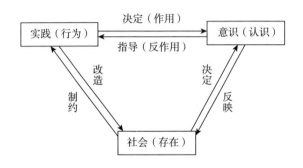

图 4 – 1　"SBB" 理论模型

与时俱进是马克思主义的理论品质。历史唯物主义和辩证唯物主义的确立不仅是马克思主义理论与传统古典哲学的分界线，而且为马克思主义的形成与发展奠定了基础。在当今社会发展过程中，我们所面临的一些重大社会问题和遇到的时代挑战仍然可以借用马克思主义的基本理论来加以分析。

二　理论模型的运用及说明

"SBB"理论模型的构建，实质上是对马克思主义关于"实践与认识""社会与意识"和"社会与实践"的基本观点以及三者之间辩证关

---

① 《马克思恩格斯全集》（第 42 卷），人民出版社 1979 年版，第 95 页。

系的总结。那么，依据马克思主义基本理论，能否借鉴"SBB"理论模型的思路，尝试性地辨析网络虚拟社会条件下"网络虚拟社会""道德意识"和"虚拟性实践行为"的基本内涵以及三者之间的关系呢？

人类社会生产力尤其是在科技的持续推动下不断向前发展，总体上呈现出由低级向高级的发展轨迹。而网络虚拟社会在信息时代的出现与发展，就是当代科技发展与社会生产力共同作用的产物。计算机、互联网、大数据、虚拟现实等是这个时代最为耀眼的词汇，也是最能改变人类当代存在境域的科技力量集群。在习惯上，我们把这个时代称作"信息时代"或"网络时代"，把基于现代科技力量集群而形成和发展起来的社会称作"网络空间""网络社会"或"网络虚拟社会"。根据唯物史观"社会形态的发展是由生产力和生产关系、经济基础和上层建筑的矛盾运动所推动的"这一基本理论，如此称呼这个时代、这类社会有其合理性，正如我们从生产工具的角度把历史上曾经出现的时代称作"石器时代""铜器时代""铁器时代""蒸汽时代""电气时代"一样，从技术社会形态的角度把历史上曾经出现的社会称作为"渔猎社会""农业社会""工业社会"一样，从根本上突出了这个时代、这类社会的生产工具和技术形态特征。诚然，时代的车轮滚滚向前，现代社会形态的变革还在持续，计算机、互联网、大数据、虚拟现实等科技的发展还未停息，且愈演愈烈，并在原有的电子化、信息化、虚拟化的基础上呈现出数据化、智能化的发展趋势。就当下这个时代的发展特征和在这种条件下生产力与生产关系的矛盾关系，我们使用"信息时代"和"网络虚拟社会"来指称，能够更好地突出这个时代与以往时代、网络虚拟社会与传统现实社会在历史上的传承性，以及在性质上的差异性。关于"何为网络虚拟社会""网络虚拟社会的本质与特征是什么"以及"网络虚拟社会的形成与发展"等基本性的问题，我们在前文业已作了系统论述。而对于"网络虚拟社会与道德观念""网络虚拟社会与虚拟性实践行为"的辩证关系，则是我们接下来要讨论的重要问题。

马克思恩格斯所创立的历史唯物主义站在批判旧唯物主义和唯心主义的基础上，将主体认识历史客体改造历史客体的活动作为解释人类进化和社会发展的基本方式，从而揭示了人的本质和社会发展的秘密，实现了哲学史上的伟大变革。因此，人类历史就是一部人类活动的发展史，人类社会的发展就是主体认识世界改造世界的历程。但是，人在不断地追求和创造更为舒适的社会环境和更为高效的活动方式来促进自身的生存与发展的过程中，选择什么样的社会形态和什么样的实践方式并不是由个人主观意识随心所欲选择的，而是受到社会生产力发展状况、社会发展演变规律以及主体实践能力等因素的制约。人的虚拟性实践行为的出现，事实上就是历史主体在当代社会的发展过程中，所创造和使用现代科技而涌现出来的一种崭新的实践方式，本质上是当代人类生存的根本方式和社会发展的基本途径。人的虚拟性实践有别于人类传统的其他方式的活动，既是对传统的人的实践方式的历史继承，又是对新时代人的实践方式的创新发展；既体现了人类对现代科学技术的创造运用，又体现了人否定自我、追求发展、实现超越的自由自觉全面发展的类本质。所以，在网络虚拟社会中所形成的人的实践行为，都可以将之归入"人的虚拟性实践行为"的范畴。

根据唯物史观，任何观念都是由物质所决定的，都是对客观存在的反映，正如马克思所说："观念的东西不外是移入人脑并在人的头脑中改造过的物质的东西而已。"① 道德观念作为一种特有的人类意识形态，也是对具体的社会存在状况的反映，也是由社会生产力与生产关系所决定，并对社会存在和实践行为产生反作用。随着现代科技尤其是计算机、虚拟现实、物联网、大数据等的发展，网络虚拟社会作为一种新型的社会形态不断成长起来，逐渐成为人们生存与发展的重要社会场域，并对人的道德意识产生全面而又深刻的影响。伴随着网络虚拟社会而出现的人的虚拟性实践行为，对人的道德意识也产生全面而又深刻的影响，并决定了道德意识的内容、形式以及发展水平等。就目前来看，这样的影响既有正面影响又有负面影响。同时，我们也注意到，被影响后的道德观念又反作用于网络虚拟社会和人的虚拟性实践行为，影响着网络虚拟社会的和谐建构和人的虚拟性实践行为的健康发展。

根据上文关于马克思主义就"实践与认识""社会与意识"和"社

---

① 《马克思恩格斯选集》（第1卷），人民出版社2012年版，第162页。

会与实践"的基本观点，以及由此所构建起来"社会—意识（认识）—实践"理论模型的思路，在此分别将"社会""意识（认识）"和"实践"具体化为"网络虚拟社会""道德意识"和"虚拟性实践行为"，重新构建理论模型，亦即"网络虚拟社会—道德观念—虚拟性实践行为"（Network virtual society-Moral awareness-Virtual behavior，简称为"NMV"），有其理论上的依据和现实上的可能，是将普遍性研究转向具体性考察的尝试。而采取这样的致思进路，一方面体现了在网络时代发展的历史背景下，"网络虚拟社会""道德意识"和"虚拟性实践行为"的基本内涵及其彼此之间的辩证关系；另一方面则为我们接下来分析网络虚拟社会中的道德发展现状和发展原因提供理论前提。

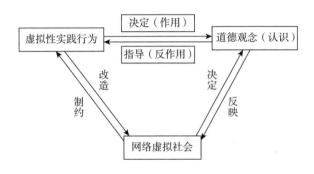

图 4 – 2　"NMV"理论模型

　　如果对"网络虚拟社会中道德问题"进行适当的拆分，就会发现"网络虚拟社会""道德观念"与"虚拟性实践行为"是构成这一问题的基本逻辑范畴。这三个逻辑范畴的基本意义以及彼此之间的关系，是剖析"网络虚拟社会中道德问题"的重要切入点。而我们根据马克思主义基本原理所建构起来的"NMV"理论模型，正是对这种研究进路的积极尝试。

　　那么，如何在"NMV"理论模型中来具体展开"网络虚拟社会中道德问题"的分析呢？或者，蕴含于"网络虚拟社会中道德问题"中的"网络虚拟社会""道德观念"与"虚拟性实践行为"逻辑范畴，各自的基本内涵及彼此间的辩证关系又是怎样的呢？为此，我们有必要作出如下说明。

第一，网络虚拟社会在现代科技的推动下，业已上升为人们生产生活的重要场域，与现实社会一起共同构成虚实相生的人类社会发展图景。同其他社会存在一样，网络虚拟社会的形成与发展必然影响着人的虚拟性实践行为的发展，决定了与之相适应的道德观念的内容、形式及其发展水平。同时，接受着主体道德观念的认识、虚拟性实践行为的改造。

第二，作为人的存在方式和社会生活本质的实践，伴随着社会生产力、主体实践能力的提高而不断发展，而人的虚拟性实践行为的出现与发展，就是当代科技与人的实践能力相结合所带来的产物。人的虚拟性实践行为是人否定自我、发展自我、超越自我的本质体现，与传统的现实性实践行为一道，业已演变为网络时代人的基本存在方式和社会发展的根本力量。具体来说，人的虚拟性实践行为的兴起与发展，是创造网络虚拟社会、推动网络虚拟社会发展的根本力量，决定了与之相适应的道德观念的内容、形式及其方式。当然，人的虚拟性实践行为受网络虚拟社会的制约，接受来自意识领域中道德观念的反作用。

第三，道德观念是道德主体在活动过程中形成并支配、指导道德主体进行道德实践的各种认知、意识、意志、信念、情感和理论的总和，是体现道德主体对客观存在的道德关系以及处理各类关系的准则、规范的认识、理解和把握。道德观念是人在实践过程中所产生和形成的，由社会存在决定。道德意识对于主体的道德实践行为也有反作用，能够影响道德实践行为的走向、发展和结果等状况。同样地，网络虚拟社会条件下的道德意识，在人的虚拟性实践行为过程中产生和形成，由网络虚拟社会决定。同时，能够认识网络虚拟社会、反映人的虚拟化生活，指导人的虚拟性实践行为。

综上所述，在"NMV"理论模型中的"网络虚拟社会""道德观念"与"虚拟性实践行为"逻辑范畴，在网络时代背景下有着各自的基本内涵，以及彼此间呈现出辩证统一的关系。而这样的内涵和关系，反映了历史唯物主义、辩证唯物主义在网络虚拟社会条件下的生命力和现实运用价值。义理极其丰富的马克思主义基本理论依然是解决当代社会发展问题的重要理论基石，与时俱进的马克思主义仍然是引领时代变革的思想武器。

第二节　实证分析的设计

在上文界定"网络虚拟社会中道德问题"这一研究主题时，根据不同的标准，我们将网络虚拟社会中的道德问题进行了适当的划分，包括根据道德涉及的领域，划分为观念层面的道德问题、实践层面的道德问题和社会层面的道德问题三类。经过对比分析，我们发现根据道德系统的维度来划分的方式，最契合网络虚拟社会中道德问题的实际，以及本研究的需要。相应地，我们延续这样的致思进路，结合"NMV"理论模型，就网络虚拟社会中的道德发展现状和发展原因展开分析。本节内容，重点讨论实证分析的设计。

一　研究假设的设立

根据"NMV"理论模型，我们可确定三个基本假设：第一，网络虚拟社会中的观念领域出现道德问题；第二，网络虚拟社会中的虚拟性实践行为领域出现道德问题；第三，网络虚拟社会中的社会场域出现道德问题。在此基础上，通过对相应的道德问题的论点进行实证分析，验证假设是否成立，以检验理论模型的合理性和科学性，全面考察网络虚拟社会中道德问题的发展现状。

假设一：网络虚拟社会中的观念领域出现道德问题。需要实证的论点包括：

1. 网络虚拟社会中的道德文化知识出现道德问题；
2. 网络虚拟社会中的道德意志、信念出现道德问题；
3. 网络虚拟社会中的道德情感出现道德问题。

假设二：网络虚拟社会中的虚拟性实践行为领域出现道德问题。需要实证的论点包括：

1. 网络虚拟社会中的衣食住行等生存行为出现道德问题；
2. 网络虚拟社会中的社会沟通、交流等交往行为出现道德问题；
3. 网络虚拟社会中的学习、休闲等发展行为出现道德问题。

假设三：网络虚拟社会中的社会场域出现道德问题。需要实证的论点包括：

1. 网络虚拟社会中的社会生态出现道德问题；
2. 网络虚拟社会中的社会文化出现道德问题；
3. 网络虚拟社会中的社会结构出现道德问题。

二 变量关系的建构

在马克思主义看来，实践是认识的基础、来源以及发展的动力，是检验真理的唯一标准。对社会历史来说，实践是社会关系形成的基础，是社会生活的主要形式，并构成了社会发展前进的根本力量。当然，实践受社会存在的制约，受意识的反作用。意识是人脑的机能，是对客观存在的反映，并对客观存在产生反作用。[①] 这里的客观存在包括了实践和社会。因此，意识受客观存在包括实践和社会的制约。社会是经济基础与上层建筑的统一，决定了意识的内容、形式以及发展，制约着实践的内容和展开。当然，社会接受主体的认识和实践的改造，意识具有反作用。

马克思主义关于"实践与认识""社会与意识"和"社会与实践"的辩证关系，我们可大胆将其引入这里的研究，以构建的"NMV"理论模型来分析"网络虚拟社会""道德观念"与"虚拟性实践行为"的辩证关系。这就意味着：网络虚拟社会制约着虚拟性实践行为的发展，决定了与之相适应的道德观念的内容、形式及其发展水平；同时接受主体道德观念的认识、虚拟性实践行为的改造。虚拟性实践行为是推动网络虚拟社会发展的根本力量，决定了与之相适应的道德观念的内容、形式及其方式；同时受网络虚拟社会的制约，接受来自意识领域的道德观念的反作用。道德意识是在实践过程中产生和形成，由社会存在决定，同时能够认识网络虚拟社会、反映人的虚拟化生活，指导人的虚拟性实践行为。

如果我们将上述"网络虚拟社会""道德观念"与"虚拟性实践行为"的辩证关系放入"网络虚拟社会中道德问题"中，就会发现作为

[①] 赵家祥、聂锦芳：《马克思主义哲学教程》，北京大学出版社 2003 年版，第 153 页。

特殊意识形态的道德，都受"网络虚拟社会""道德观念"与"虚拟性实践行为"的影响，且呈正相关关系。换言之，"网络虚拟社会""道德观念"与"虚拟性实践行为"是自变量，"道德问题"是因变量。只要其中的一个自变量出现问题，都会导致道德问题的发生。最理想的状态是三个自变量都未出现违反道德规范的现象，那么就意味着没有道德问题。

三　调研方法

本次实证研究主要运用了问卷调查法。我们设计了《网络虚拟社会中道德问题现状调查问卷》，初步在 10 名网民中进行预调研，然后根据调查对象的反馈情况，确定最终的问卷内容和样本数量。调研时间从 2017 年 4 月开始至 2018 年 4 月结束，调研的对象主要为上海、青岛、西安、贵州等地网民。本次调研既有面对面的发放问卷调查，又有通过电子邮箱、QQ、微信进行的网络途径的问卷调查。本次调研共发放问卷 500 份，回收问卷 497 份，有效问卷为 494 份，有效回收率为 98.80%。

本次实证研究运用到的辅助调查法有 IM 辅助调查法和实地走访法。为了深度了解网络虚拟社会中的道德问题，我们确定了调查访问的主要问题，随机抽取上海、贵州等区域的网民作为调查目标，主要通过 QQ、微信两种 IM 软件对样本展开调查；随机深入贵州部分城镇，通过多人座谈、个别交谈等方式与网民进行沟通交流。时间是 2018 年 4 月至 2018 年 7 月，为期三个月。

四　样本概况

本次调研的样本总数是 497 份，其中有效样本总数为 494 份，有效率为 99.40%。从性别结构方面看，男生有 245 人，占有效样本总数的 49.60%，女生有 249 人，占有效样本总数的 50.40%。就年龄结构方面看，涵盖了上自"60 岁及以上"，下至"10 岁以下"等年龄段，其中，人数最多的为"20—29 岁"年龄段，占有效样本总数的 24.91%，其次是"30—39 岁"年龄段，占有效样本总数的 22.27%。

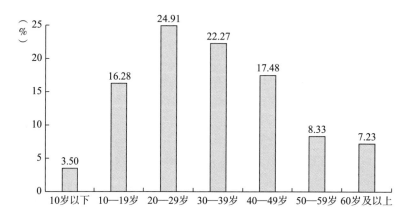

图4-3 调研有效样本的年龄结构

从文化程度上看，调研有效样本基本上涵盖了小学及以下、初中、高中（中专、技校、职高）以及大学（专科、本科、研究生）等各个教育层次，职业涉及自由职业者/个体户、党政机关人员、商业服务业人员、企业/公司人员、专业技术人员、IT从业人员、学生、农村外出务工人员、农林牧渔人员、制造生产型企业人员、退休人员以及无业/下岗/失业人员等。具体情况如表4-1和图4-4所示。

表4-1 调研有效样本的文化程度

		频率	百分比（%）	有效百分比（%）	累积百分比（%）
有效	小学及以下	85	17.21	17.21	17.21
	初中	178	36.03	36.03	53.24
	高中（中专、技校、职高）	113	22.87	22.87	76.11
	大学（专科、本科、研究生）	118	23.89	23.89	100.00
	合计	494	100.00	100.00	

从表4-1中看出，拥有"小学及以下""初中""高中（中专、技校、职高）"文化程度的调研有效样本的人数分别为85人、178人和113人，分别占有效样本总数的17.21%、36.03%和22.87%，受过大

学（专科、本科、研究生）教育的样本人数为 118 人，占有效样本总数的 23.89%。

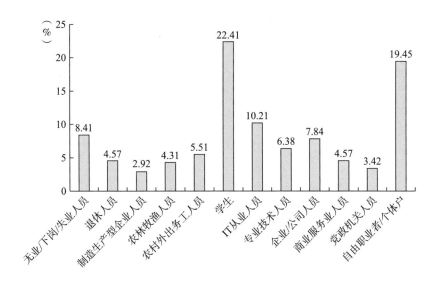

图 4 - 4　调研有效样本的职业结构

从职业结构看，在所有调研样本中，学生人数最多，占有效样本总数的 22.41%；其次是自由职业者/个体户，占有效样本总数的 19.45%；再次是 IT 从业人员，占有效样本总数的 10.21%；人数最少的为制造生产型企业人员，占有效样本总数的 2.92%。

从调研有效样本触网时长看，有 43 人的触网时间已有十年以上，五年至十年的为 214 人，三年至五年的为 134 人，一年至三年的为 75 人，半年至一年的为 28 人，分别占有效样本总数的 8.70%、43.32%、27.13%、15.18% 和 5.67%。由此看出，大部分的调研样本业已是资深网民。

从调查的结果看，大部分的调研有效样本每天都有上网的习惯，平均每天上网"五小时以上"的为 32 人，达到有效样本总数的 6.48%；"三小时至五小时"的为 64 人，占有效样本总数的 12.96%；"一小时至三小时"的为 215 人，占有效样本总数的 43.52%；"不足一小时"的为 142 人，占有效样本总数的 28.74%；"不定时，有长有短"的为 41 人，占有效样本总数的 8.30%。一言以蔽之，网络虚拟社会业已成为当代人们的重要社会场域，虚拟化生存成了当代社会的重要生存方式。

表 4 - 2   调研有效样本的触网时长

		频率	百分比（%）	有效百分比（%）	累积百分比（%）
有效	半年至一年	28	5.67	5.67	5.67
	一年至三年	75	15.18	15.18	20.85
	三年至五年	134	27.13	27.13	47.98
	五年至十年	214	43.32	43.32	91.30
	十年以上	43	8.70	8.70	100.00
合计		494	100.00	100.00	

五　数据处理

本次调研使用 SPSS23.0 软件对收集的样本数据进行统计汇总和分析处理。根据研究的需要，运用相关分析法对所有因变量和自变量之间的关系进行了相关性分析，运用对比分析法对各变量间进行了对比分析，以更全面的方式展示道德问题在网络虚拟社会中的发展现状。

第三节　实证分析与基本结论

根据马克思主义关于"实践与认识""社会与意识"和"社会与实践"的基本观点以及对三者辩证关系的认识，我们大胆构建起"NMV"理论模型，以用来分析"网络虚拟社会""道德观念"与"虚拟性实践行为"的辩证关系。而这样的辩证关系，主要通过网络虚拟社会中道德问题的发展现状来予以反映。因此，本节结合"NMV"理论模型，以及上文所确定的实证设计，就网络虚拟社会中的道德发展现状展开分析，在此基础上得出基本结论。

一 网络虚拟社会中道德问题发展的实证分析

根据"NMV"理论模型,我们假设网络虚拟社会中的道德问题,主要出现在观念领域、虚拟性实践行为领域和社会场域。在这三个领域中出现的道德问题,实际上就代表了网络虚拟社会中道德问题的发展现状。我们接下来的实证分析,在这三个领域依次展开。

(一)网络虚拟社会中的观念领域出现道德问题

依赖现代科技而形成和发展起来的网络虚拟社会,业已成为人们赖以生存和发展的社会场域,并对人类产生了深刻而又全面的影响。而这样的影响具体到观念领域,亦即对人的思想意识、价值观念等方面产生影响。诚然,这样的影响既有正面影响,又有负面影响,其中,负面影响就包括观念领域出现的道德问题。根据前文对网络虚拟社会中观念领域出现的道德问题的简单归类,可将其细化为三种基本类型,网络虚拟社会中的道德文化知识出现道德问题,网络虚拟社会中的道德意志、道德信念出现道德问题,以及网络虚拟社会中的道德情感出现道德问题。

第一,网络虚拟社会中的道德文化知识出现道德问题。毋庸置疑,网络虚拟社会的形成与发展,确实有利于人们道德文化知识水平的提高。因为作为一种全新的社会场域,能够将来自不同区域、不同民族、不同文化背景下的道德知识、理论等汇集在一起,供不同的人们选择、学习和交流。在回答"网络虚拟社会是否让您接触到更多的道德文化知识"问题时,有 84 人选择了"完全同意",占有效样本总数的17.00%,有 254 人选择了"比较同意",占有效样本总数的 51.42%。然而,当如此众多的道德文化知识在网络虚拟社会中汇集在一起的时候,由于没有经过必要的筛选和审查,在内容上"泥沙俱下",在形式上"良莠不齐",从而造成道德主体在道德认识上出现偏差、在道德知识上出现窄化的现象。对"网络虚拟社会有助于道德文化知识的增加"问题的回答,有 40 人持"完全反对"态度,占有效样本总数的8.10%。在回答"当您在网络虚拟社会中面对众多道德文化知识时,常常表现出"问题时,有 132 人选择了"比较混乱,无所适从",占有效样本总数的 26.72%;有 55 人选择了"无法分辨,盲目跟从",占有效样本总数的 11.13%。这就表明：较为开放的、相对自由的网络虚拟社会所聚集起来的多元道德文化知识，并未完全被网民所接受、所认识，反而容易造成道德主体的虚拟性生产生活无所适从，甚至是盲目跟从。

表 4 - 3　　　　网络虚拟社会有助于道德文化知识的增加

		频率	百分比（%）	有效百分比（%）	累积百分比（%）
有效	完全同意	84	17.00	17.00	17.00
	比较同意	254	51.42	51.42	68.42
	比较反对	43	8.70	8.70	77.12
	完全反对	40	8.10	8.10	85.22
	不清楚	73	14.78	14.78	100.00
合计		494	100.00	100.00	

表 4 - 4　　当您在网络虚拟社会中面对众多道德文化知识时，常常表现出

		频率	百分比（%）	有效百分比（%）	累积百分比（%）
有效	精确辨别，选我所爱	56	11.34	11.34	11.34
	大概分清，有所收获	142	28.74	28.74	40.08
	比较混乱，无所适从	132	26.72	26.72	66.80
	无法分辨，盲目跟从	55	11.13	11.13	77.93
	不清楚，无所谓	109	22.07	22.07	100.00
合计		494	100.00	100.00	

第二，网络虚拟社会中的道德意志、道德信念出现道德问题。网络虚拟社会对人的思想意识、价值观念等方面产生的负面影响，还表现在道德主体的道德意志、道德信念等方面。众所周知，道德意志是道德主体在道德实践中能够自觉克服困难、实现预期目的所具备的心理品质，

亦即在展开道德活动中所表现出来的毅力或决心。道德信念是道德主体充分了解道德知识的基础上，在强烈的道德情感驱动下，对履行某种道德义务而确定的目标，以及产生与之相关的责任感。无论是道德意志还是道德信念，都是道德主体意识领域里的重要内容，坚强的道德意志和道德信念，能够对道德主体的实践活动产生重要的反作用。然而，网络虚拟社会的形成与发展，却影响了道德主体的道德意志、道德信念的发挥，并引发出道德意志薄弱、道德信念不坚定等问题。在回答"网络虚拟社会有助于道德意志和道德信念的增强"问题时，有89人选择了"完全反对"，占有效样本总数的18.02%；有127人选择了"比较反对"，占有效样本总数的25.71%。由此说明，部分网民业已认识到网络虚拟社会在一定程度上影响了自身道德意志和道德信念的提高。而在回答"当您在网络虚拟社会中面对众多诱惑时，常常表现出"问题时，仅有80人选择"坚决抵制，参与治理"，占有效样本总数的16.19%；选择"适当围观，但不制止"的高达257人，占有效样本总数的52.02%；居然还有34人选择了"设法参与，心存侥幸"，占有效样本总数的6.88%。由此看出，部分调研样本在面对各类诱惑时，其道德意志和道德信念是较为薄弱的，甚至抱着心存侥幸的心理作出草率行事的极端行为，演化为违反道德规范、破坏社会秩序的道德问题。

表4-5　网络虚拟社会有助于道德意志和道德信念的增强

		频率	百分比（%）	有效百分比（%）	累积百分比（%）
有效	完全同意	78	15.79	15.79	15.79
	比较同意	108	21.86	21.86	37.65
	比较反对	127	25.71	25.71	63.36
	完全反对	89	18.02	18.02	81.38
	不清楚	92	18.62	18.62	100.00
	合计	494	100.00	100.00	

表4-6　当您在网络虚拟社会中面对众多诱惑时，常常表现出

		频率	百分比（%）	有效百分比（%）	累积百分比（%）
有效	坚决抵制，参与治理	80	16.19	16.19	16.19
	适当围观，但不制止	257	52.02	52.02	68.21
	顺其自然，来者不拒	103	20.85	20.85	89.06
	设法参与，心存侥幸	34	6.88	6.89	95.95
	不清楚，无所谓	20	4.05	4.05	100.00
合计		494	100.00	100.00	

　　第三，网络虚拟社会中的道德情感出现道德问题。道德主体的道德意识活动，不仅体现为理性的认识活动，还表现为情感的体验活动，亦即道德情感活动。道德情感与道德认识、道德信念密切相关，但不能将二者简单等同，前者强调的是道德主体在展开道德实践时所产生的同情、信任、憎恶、爱慕等较为稳定且持久的内心体验；而这样的内心体验，又是建立在道德认知的基础上。从这一意义上讲，道德情感与道德认识、道德信念交织一起，共同构成道德主体展开道德实践或发生道德问题的内在动力。诚然，道德情感虽然表现为一种内心体验，但仍然受到社会环境、历史条件等客观因素的影响。就网络虚拟社会中的道德问题来看，部分道德问题的发生就是缘于道德主体的道德情感的变化，而这样的变化，又与网络虚拟社会的形成与发展密切相关。从我们调研的结果看，有97人"完全同意"网络虚拟社会有助于培养其道德情感，持"比较同意"观点的为196人。与之相对应的是，有63人"完全反对"网络虚拟社会有助于培养其道德情感，持"比较反对"观点的为91人。从"网络虚拟社会中道德主体的情感行为及相应表现"问题中看出，有29.57%的人浏览过网络黄色信息，并不感到羞愧；有26.38%的人不自觉地参与造谣传谣，并认为很正常；有14.57%的人通过网络窥探他人隐私，并认为无所谓；即使是通过网络剽窃过他人论文等涉及知识产权的问题，也有9.45%

的人认为无所谓。从这些数据看出，生活于网络虚拟社会条件下的道德主体，道德情感变得更加冷漠，并由此引发出一系列破坏社会秩序的道德问题。

表 4 - 7　　　　　　　　网络虚拟社会有助于道德情感的培养

		频率	百分比（％）	有效百分比（％）	累积百分比（％）
有效	完全同意	97	19.64	19.64	19.64
	比较同意	196	39.68	39.68	59.32
	比较反对	91	18.42	18.42	77.74
	完全反对	63	12.75	12.75	90.49
	不清楚	47	9.51	9.51	100.00
合计		494	100.00	100.00	

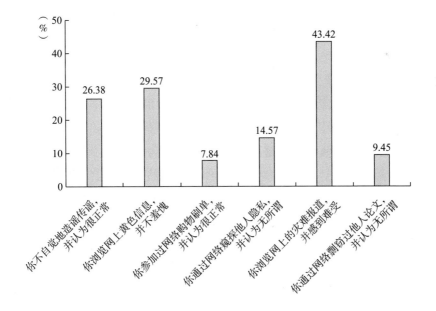

图 4 - 5　网络虚拟社会中道德主体的情感行为及相应表现

（二）网络虚拟社会中的虚拟性实践行为领域出现道德问题

以马克思主义基本观点看，实践是人类存在与发展的基本方式。这一基本观点，不会受历史发展变化、社会制度更替的影响。这就是说，虚拟性实践依然是人类在网络虚拟社会中得以存在与发展的基本方式。对这一基本方式，可简单划分为以衣食住行等为基本内容的生存行为，以人与人之间沟通、交流等为基本内容的交往行为，以及以学习、休闲等为基本内容的发展行为。相应地，在网络虚拟社会中虚拟性实践行为领域出现的道德问题，分别表现为生存行为、交往行为和发展行为等。

第一，网络虚拟社会中的衣食住行等生存行为出现道德问题。人类生存和发展的第一要务，即解决衣食住行等生存问题。正如马克思在《德意志意识形态》里所说的："一切人类生存的第一个前提，也就是一切历史的第一个前提，这个前提是：人们为了能够'创造历史'，必须能够生活。但是为了生活，首先就需要吃喝住穿以及其他一些东西。"① 同样，在全新的网络虚拟社会场域中，衣食住行等问题仍然是人们赖以生存和发展的基本问题。与之相应，基于网络虚拟社会而展开的衣食住行等行为，仍然是人们虚拟性活动的基本类型，比如网络购物、网约车、旅行预订、网络外卖等。诚然，在如此多的生存活动行为中，道德问题发生的概率也比较高。在回答"网络虚拟社会有助于衣食住行等生存问题的解决"问题中，有 264 人选择"完全同意"，占有效样本总数的 53.44%；而选择"完全反对"的仅有 7 人，占有效样本总数的 1.42%。由此看来，网络虚拟社会的形成与发展，确实有助于人们衣食住行等生存问题的解决，但同时也会带来一系列道德问题。调查显示，有 59.45% 的人在网络购物中遭遇过假货、虚拟广告等方面的道德问题，有 48.47% 的人在网络旅行预订中遭遇过熟客提价、宣传与实际不符等道德问题，有 37.62% 的人在网约车过程中遭遇过服务态度差、强行加费等道德问题，有 30.84% 的人在网络外卖中遭遇过送货不守时、货品有出入等道德问题。

_____

① 《马克思恩格斯文集》（第 1 卷），人民出版社 2009 年版，第 531 页。

表4-8　网络虚拟社会有助于衣食住行等生存问题的解决

		频率	百分比（%）	有效百分比（%）	累积百分比（%）
有效	完全同意	264	53.44	53.44	53.44
	比较同意	105	21.26	21.26	74.70
	比较反对	81	16.41	16.41	91.11
	完全反对	7	1.42	1.42	92.53
	不清楚	37	7.49	7.49	100.00
合计		494	100.00	100.00	

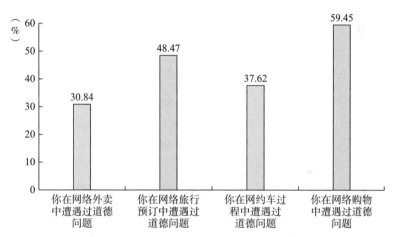

图4-6　有效调研样本在衣食住行中遭遇各类道德问题的比例

第二，网络虚拟社会中的社会沟通、交流等交往行为出现道德问题。网络虚拟社会是依赖现代科技发展起来的，本身具有良好的沟通、交流功能，并在实践过程中不断重塑着人类已有的沟通、交流模式。确实，从近年网络虚拟社会的发展现状看，各类即时通信、社交应用等依然是网络虚拟社会中运用比例最高的基础应用。以我国为例，截至2020年3月，即时通信用户规模高达8.96亿，较2018年年底增长1.04亿，占网民整体的99.2%。[1] 并且随着用户规模和普及率的进一步提升，

① 中国互联网络信息中心：《第45次〈中国互联网络发展状况统计报告〉》，http://www.cnnic.net.cn/NMediaFile/old_attach/P020210205506603631479.pdf，2021年2月5日。

即时通信产品逐渐从沟通平台向服务平台拓展,在个人用户方面演化为数字化生活的基础平台,在企业方面演化为企业信息化转型的得力助手。调查结果显示:有324人"完全同意"网络虚拟社会有助于社会交往的展开,占有效样本总数的65.59%;持"比较同意"观点的也有116人,占有效样本总数的23.48%。然而,在以即时通信、社交应用等平台为基础的虚拟性沟通、交流中,不断生发出内容不同、形式各样的道德问题。从调查结果看,有40.17%的人在网络社交中遭遇过造谣传谣的经历,分别有三分之一以上的人在网络社交中遭遇过账号被盗、个人信息泄露、诈骗以及虚假、色情信息困扰等问题。由此看出,网络虚拟社会中社会沟通、交流等交往行为出现的道德问题是较为普遍的,应在治理过程中予以重视。

第三,网络虚拟社会中的学习、休闲等发展行为出现道德问题。在网络虚拟社会的推动下,人类的学习、休闲等发展行为业已发生了翻天覆地的变化,网络学习、在线教育、虚拟休闲、网络游戏、网络音乐、网络直播等,已成为人们获得发展的重要行为方式,正如马惠娣所预言:"尤其近一、二十年,随着信息时代的来临,我们正进入普遍有闲的社会。"[①] 据中国互联网络信息中心的《2019年全国未成年人互联网使用情况研究报告》显示,我国未成年网民经常利用互联网进行学习的比例达到89.6%。[②] 尤其是2020年年初受新冠疫情影响,国内许多教育活动改至线上,直接推动在线教育的快速增长。同时,以网络游戏、网络音乐、网络直播以及网络视频等为内容的虚拟性休闲,也随着近年来智能终端的普及而得到迅猛发展。根据我们调查,有231人"完全同意"网络虚拟社会有助于学习、休闲等活动的展开,占有效样本总数的46.76%;持"比较同意"观点的也有103人,占有效样本总数的20.85%。诚然,无论是网络虚拟社会条件下的学习还是网络虚拟社会条件下的休闲,如此迅猛的发展态势必然伴随着诸多道德问题。从调查结果看,有47.89%的人在网络游戏中遭遇过色情、暴力等信息的侵

---

① 马惠娣:《走向人文关怀的休闲经济》,中国经济出版社2004年版,第2页。

② 中国互联网络信息中心:《2019年全国未成年人互联网使用情况研究报告》,http://www.cnnic.net.cn/hlwfzyj/hlwxzbg/qsnbg/202005/P020200513370410784435.pdf,2020年5月13日。

蚀，有 43.44% 的人在网络直播中遭遇过欺骗、诈骗等经历，有32.54% 的人在网络学习中遭遇到不良信息的干扰，有28.21% 的人在享受网络音乐中遭遇过侵权、市场垄断等问题。

表4-9　　　　　　　网络虚拟社会有助于社会交往的展开

		频率	百分比（%）	有效百分比（%）	累积百分比（%）
有效	完全同意	324	65.59	65.59	65.59
	比较同意	116	23.48	23.48	89.07
	比较反对	23	4.66	4.66	93.73
	完全反对	7	1.42	1.42	95.15
	不清楚	24	4.86	4.86	100.00
合计		494	100.00	100.00	

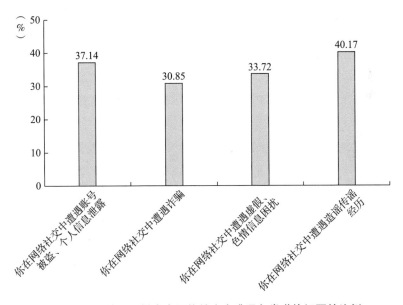

图4-7　有效调研样本在网络社交中遭遇各类道德问题的比例

表 4 - 10　　　　　　　网络虚拟社会有助于学习、休闲的展开

		频率	百分比（%）	有效百分比（%）	累积百分比（%）
有效	完全同意	231	46.76	46.76	46.76
	比较同意	103	20.85	20.85	67.61
	比较反对	95	19.23	19.23	86.84
	完全反对	28	5.67	5.67	92.51
	不清楚	37	7.49	7.49	100.00
合计		494	100.00	100.00	

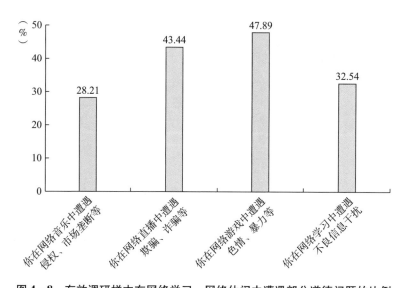

图 4 - 8　有效调研样本在网络学习、网络休闲中遭遇部分道德问题的比例

（三）网络虚拟社会中的社会场域出现道德问题

接下来我们从社会生态、社会文化和社会结构三个维度，讨论网络虚拟社会中的社会场域出现的道德问题。

第一，网络虚拟社会中的社会生态出现道德问题。生态学主要讨论的是生物有机体及其与周边环境的相互关系问题。后来，生态学相关理论和研究方法被运用到社会学科，成为学界分析社会现象、解决社会问题的重要理论和方法。同传统的现实社会一样，经过多年发展，网络虚

拟社会也逐渐形成了相对独立的社会生态系统，"正如人与自然环境构成了生物生态系统，网络与网络生态环境构成了网络生态系统"①。相应地，网络生态系统主要由网民、互联网企业（平台）、各类社会主体以及相关网络信息等要素构成。各要素之间的相互作用，以及彼此间的平衡关系，是衡量网络生态系统是否和谐的重要标志之一，而如何维护网络生态系统的友好协调与发展，成为世界各国维护网络安全、促进网络虚拟社会发展的重要内容。从调查的结果看，有 164 人"完全同意"网络虚拟社会已形成相对独立的网络生态系统，占有效样本总数的33.20%，而"完全反对"的仅有 37 人，占有效样本总数的 7.49%。这就表明，大部分的网民都认为网络虚拟社会业已拥有相对独立的网络生态系统。然而，相对独立的网络生态却存在大量的道德问题，在回答"网络虚拟社会生态中存在的部分道德问题"的选项时，有 79.12% 的人认为"网络虚拟社会受到大量不良信息的污染"，有 51.24% 的人认为"网络安全和信息安全面临重大挑战"，有 33.32% 的人认为"网络虚拟社会中的国家安全和民族利益受到威胁"，有 29.80% 的人认为"网络虚拟社会的构成要素不够协调和和谐"。正因为网络虚拟社会面临如此严峻的社会生态问题，所以我国在 2019 年年底通过《网络信息内容生态治理规定》，并于 2020 年 3 月起施行。

表 4 - 11　　网络虚拟社会已形成相对独立的网络生态系统

		频率	百分比（%）	有效百分比（%）	累积百分比（%）
有效	完全同意	164	33.20	33.20	33.20
	比较同意	143	28.95	28.95	62.15
	比较反对	86	17.40	17.40	79.55
	完全反对	37	7.49	7.49	87.04
	不清楚	64	12.96	12.96	100.00
合计		494	100.00	100.00	

① 张庆峰：《网络生态论》，《软件世界》1998 年第 2 期。

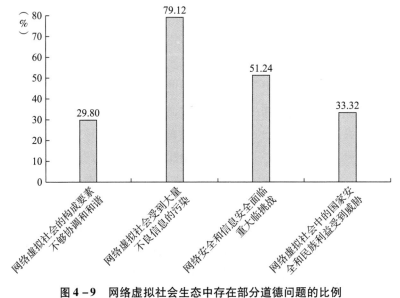

图 4 - 9 网络虚拟社会生态中存在部分道德问题的比例

第二，网络虚拟社会中的社会文化出现道德问题。随着人们虚拟性活动的不断发展，在网络虚拟社会条件下会逐渐形成相应的社会文化，亦即网络虚拟文化。网络虚拟文化是网络虚拟社会生态的重要组成部分，对人们在网络虚拟社会中的虚拟性生存发挥着重要的导向、教化和整合作用，有利于网络虚拟社会秩序的长期稳定和健康发展。在关于"网络虚拟社会已形成相应的社会文化"这一问题的回答中，有 136 人选择了"完全同意"，有 130 人选择了"比较同意"，分别占有效样本总数的 27.53% 和 26.32%，超过一半的人认为在网络虚拟社会中已形成相应的社会文化。然而，在如上社会文化中，由于各种历史条件和原因，亦存在着一系列违反道德规范、破坏社会秩序的道德问题，影响着人们的虚拟性生存和网络化发展。根据我们调查的结果，发现有 42.44% 的人认为网络文化中存在崇尚消费、过度娱乐的价值取向，有 38.55% 的人认为网络文化存在大量低俗化、戏谑化的发展趋势，有 33.32% 的人认为网络文化存在大量的功利主义、历史虚无主义等内容，有 23.72% 的人认为网络文化夹杂着大量的西方文化。从结果上看，网络虚拟社会文化中存在着这些价值取向、发展趋势以及相应内容，一部分发展为网络虚拟社会中道德问题发生的原因，一部分演化为网络虚拟社会中道德问题的基本内容。

表 4 - 12　　　　　　　网络虚拟社会已形成相应的社会文化

		频率	百分比（%）	有效百分比（%）	累积百分比（%）
有效	完全同意	136	27.53	27.53	27.53
	比较同意	130	26.32	26.32	53.85
	比较反对	76	15.39	15.39	69.24
	完全反对	56	11.34	11.34	80.58
	不清楚	96	19.42	19.48	100.00
合计		494	100.00	100.00	

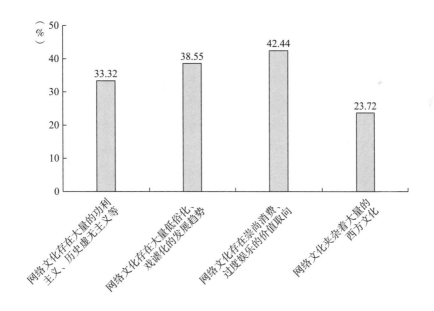

图 4 - 10　网络虚拟文化中存在部分道德问题的比例

表 4 – 13　　　　　　网络虚拟社会已形成相应的社会结构

		频率	百分比 （%）	有效百分比 （%）	累积百分比 （%）
有效	完全同意	117	23.68	23.68	23.68
	比较同意	107	21.66	21.66	45.34
	比较反对	105	21.26	21.26	66.60
	完全反对	96	19.43	19.43	86.03
	不清楚	69	13.97	13.97	100.00
合计		494	100.00	100.00	

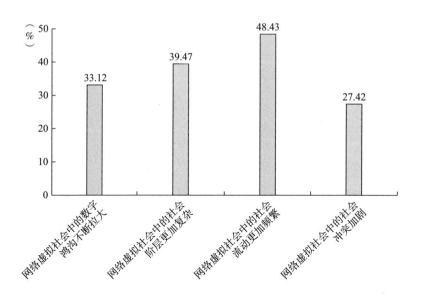

图 4 – 11　网络虚拟社会结构中存在部分道德问题的比例

第三，网络虚拟社会中的社会结构出现道德问题。社会结构是社会各要素、各环节在发展过程中形成的较为持久、相对稳定的相互作用模式。正是因为这些互动模式，使得不同时空场域下存在着相当类似的社会实践和生活方式，并赋予其以"系统性"的形式。具体来看，社会主体在社会中的地位、角色，以及彼此间所形成的社会群体、社区、层级和制度等，都是社会结构关注的基本内容。而对社会结构的重视，其根本目的在于协调以上基本内容的关系，以确保社会正常运行，以及相关要素功能的正常发挥。作为一种全新的社会场域，网络虚拟社会经过多年的发展其自身的社会结构形成了吗？在回答"网络虚拟社会已形成相应的社会结构"问题时，有 117 人选择了"完全同意"，占有效样本总数的 23.68%；有 107 人选择了"比较同意"，占有效样本总数的 21.66%；有 105 人选择了"比较反对"，占有效样本总数的 21.26%；有 96 人选择了"完全反对"，占有效样本总数的 19.43%。由此看出，大部分的人都认为网络虚拟社会业已形成了相应的社会结构。然而，与传统现实社会中的社会结构相比，基于网络虚拟社会条件下所形成的社会结构却变得更加复杂和多元，具体表现在发展规模扩大、内容庞杂和形式虚拟等方面，从而为社会结构的转型带来了许多发展机遇，同时也包含着诸多挑战。这些机遇和挑战耦合在一起，又会造成诸多道德问题的发生。从调查结果来看，有 48.43% 的人认为网络虚拟社会中的社会流动比传统现实社会更加频繁，有 39.47% 的人认为网络虚拟社会中的社会阶层比传统现实社会更加复杂，有 33.12% 的人认为网络虚拟社会中的数字鸿沟存在不断拉大的现象，有 27.42% 的人认为网络虚拟社会中的社会冲突加剧。由此表明，网络虚拟社会中的社会结构出现了诸多道德问题，影响着人们的虚拟性生产生活和网络虚拟社会的健康发展。

二　网络虚拟社会中道德问题发展的基本结论

本次调研使用了 SPSS23.0 软件为材料汇总和数据分析的工具，采用描述性分析法对调研样本进行了处理，采用相关性分析法对所有因变量和自变量之间的关系进行了分析，对假设命题予以了合理化的论证。通过以上论证，我们可作出以下基本结论。

假设一：网络虚拟社会中的观念领域出现道德问题。

在马克思主义看来，社会存在决定社会意识，社会存在的变化发展，必然引起社会意识的变化发展。但在具体的社会实践中，前者的变化发展与后者的变化发展并非同步和一致，往往是后者滞后于前者。而这样的滞后现象，往往又会引发诸多社会问题。相应地，人们"入驻"

全新的网络虚拟社会场域，必然也会带来社会意识的变化发展。但我们经过调研发现，生活于网络虚拟社会中的道德主体的社会意识，尤其是道德文化知识、道德意志和道德信念、道德情感等，都受到虚拟性生存方式的影响，不同程度地存在这样或那样的道德问题。就道德文化方面看，当如此众多的道德文化知识在网络虚拟社会中汇集在一起的时候，由于没有经过必要的筛选和审查，在内容上"泥沙俱下"，在形式上"良莠不齐"，从而造成道德主体在道德认识上出现偏差、在道德知识上出现窄化的现象，进而造成道德主体的虚拟性活动行为无所适从，甚至是盲目跟从。就道德意志、道德信念方面看，网络虚拟社会在帮助道德主体增强道德意志、道德信念的同时，也在一定程度上制约着其道德意志、道德信念的提升，甚至造成意志薄弱、信念紊乱等极端现象，从而导致部分道德主体心存侥幸作出草率行事的极端行为。就道德情感方面看，网络虚拟社会在帮助道德主体培养道德情感的同时，也在一定程度上造成其情感冷落、内心彷徨等现象，从而导致部分道德主体出现造谣传谣、窥探他人隐私、侵犯他人知识产权等道德失范行为。

总而言之，违反道德规范、破坏社会秩序的道德问题，普遍存在于网络虚拟社会中的观念领域，具体体现在道德认识、道德知识以及道德信念中。根据上文建构的"NMV"理论模型所提出的假设命题"网络虚拟社会中的观念领域出现道德问题"成立。

假设二：网络虚拟社会中的虚拟性实践行为领域出现道德问题。

虚拟性实践行为是人们在网络虚拟社会条件下的基本存在方式。人们基本需要的满足、自我价值的实现等，都要通过实践方式来予以实现，所以马克思曾说："一切存在物，一切生活在地上和水中的东西，只是由于某种活动才得以存在、生活的。"[①] 这就意味着，人们在网络虚拟社会中的生存与发展、需要与价值，也需要虚拟性实践方式来予以实现。确实，从网络购物到在线学习、从网络社交到网络支付、从网络游戏到网络直播等，无不展现着人们在虚拟性社会场域中的生存方式和实践样态。但我们经过调研发现，在虚拟性实践行为领域也存在着大量

---

① 《马克思恩格斯文集》（第 1 卷），人民出版社 2009 年版，第 632 页。

的道德问题。就生存行为方面看，有一半以上的人完全同意网络虚拟社会有助于衣食住行等生存问题的便利与解决，但三分之一以上的人都曾遭遇过假货、虚拟广告、熟客提价、服务态度差等道德问题。就交往行为方面看，基于现代科技发展起来的网络虚拟社会通过即时通信、社交应用等改变了人们的社会交往方式，但有三分之一以上的人在网络社交中遭遇过账号被盗、个人信息泄露、诈骗以及虚假、色情信息困扰等问题。就发展行为方面看，人们的学习、休闲等发展行为在网络虚拟社会的影响下发生了翻天覆地的变化，网络学习、在线教育、虚拟休闲、网络游戏、网络音乐、网络直播等成为人们获得发展的重要行为方式，但有近半数的人在网络游戏中遭遇过色情、暴力等信息的侵蚀，在网络直播中遭遇过欺骗、诈骗等经历，有三分之一左右的人在网络学习中遭遇到不良信息的干扰，在享受网络音乐服务时遭遇过侵权、市场垄断等问题。

综上所述，违反道德规范、破坏社会秩序的道德问题，普遍存在于网络虚拟社会中的虚拟性实践行为领域，具体体现在生存行为、交往行为和发展行为中。根据上文建构的"NMV"理论模型所提出的假设命题"网络虚拟社会中的虚拟性实践行为领域出现道德问题"成立。

假设三：网络虚拟社会中的社会场域出现道德问题。

人是社会的人，社会是人的社会。离开了人，社会也就无所谓社会，离开了社会人也无法生存与发展。人与社会的相互依存关系，决定了社会场域在人类发展历程中的重要性。信息时代，作为新型社会场域的网络虚拟社会，在人们生存与发展历程中同样扮演着不可或缺的重要作用，从日用常行到社会政治经济，都离不开网络空间、网络虚拟社会而独立存在。但我们经过调研发现，在社会领域同样存在着大量的道德问题。就社会生态方面看，网络虚拟社会经过多年的发展之后，逐步形成了由网民、互联网企业（平台）、各类社会主体以及相关网络信息等为基本要素的社会生态，但有近百分之八十的人遭受过不良信息的污染和非道德行为的干扰，有一半以上的人认为网络安全和信息安全面临重大挑战，有三分之一以上的人认为国家安全和民族利益受到威胁。就社会文化方面看，伴随着人们虚拟性实践活动而发展起来的网络虚拟社会文化，通过导向、教化、整合等功能的发挥维护着网络虚拟社会的健康发展，但网络虚拟社会文化中存在着崇尚消费、过度娱乐的价值取向，存在着低俗化、戏谑化的发展趋向，存在着大量的功利主义、历史虚无主义、西方文化等内容，制约了主流文化在网络虚拟社会中的正常传播与功能发挥。就社会结构方面看，网络虚拟社会经过多年的发展之后，逐步形成了内容更复杂、结构更多元的社会结构，但同时也存在社会流动频繁、社会阶层复杂、社会冲突加剧以及数字鸿沟拉大等现象，从而影响着人们的虚拟性生产生活和网络虚拟社会的健康发展。

由此看出，违反道德规范、破坏社会秩序的道德问题，普遍存在于网络虚拟社会中的社会领域，具体体现在社会生态、社会文化和社会结构中。因此，根据上文建构的"NMV"理论模型所提出的假设命题"网络虚拟社会中的社会领域出现道德问题"成立。

第五章　网络虚拟社会中道德问题的表现

　　道德问题的本质，在于道德主体以善的面目掩盖真实的目的，凭借道德性的行为或方式实现作恶之实，从而形成侵犯他人利益、破坏社会秩序甚至危及社会稳定的事实。在传统的现实社会场域中，道德问题一般是针对个体或特定范围的人群，破坏程度有限，影响范围有限，而在网络虚拟社会中，道德问题不但体现在社交行为、消费行为、娱乐行为、学习行为和服务行为中，而且还表现在经济领域、政治领域、文化领域、社会领域和生态领域之中。较之于传统现实社会道德问题，网络虚拟社会中的道德问题体现出普遍性、复杂性、国际性和长期性等特征。这意味着道德问题业已发展成为网络虚拟社会中客观存在的社会性问题。对于如此显性的社会性问题，需要我们予以及时的关注和合理的治理，以确保人们虚拟性生产生活的开展和清朗网络空间的建设。

　　前文通过对网络虚拟社会中道德问题发展现状的考察，发现道德问题不仅存在于网络虚拟社会中的观念领域，而且存在于虚拟性实践行为领域和社会场域领域。这是上一章实证分析的基本结论。在此基础上，本章拟以摆事实的方式讨论道德问题在不同活动行为、不同社会领域中的表现。

第一节　网络虚拟社会中道德问题的主要表现

　　作为一种特殊的社会意识形态，道德作用的发挥只有通过道德实践、道德活动、道德评价等方式来实现。换言之，只有通过人的日用常行，以及相应的社会实践才能察觉道德主体的道德认知和道德水平。这就意味着，与道德相应的道德问题，也需要通过道德主体的一系列道德活动，以及相应的社会实践表现出来。因此，我们就网络虚拟社会中道德问题的主要表现，通过对不同类型的虚拟性行为、不同内容的社会领域的考察来予以展开。

一　道德问题在不同虚拟性行为中的表现

之所以将依赖互联网、计算机、大数据以及云计算等现代科技而构建的数字化场域称为"社会"，其根本原因在于在这个全新社会场域中，产生了与人类现实社会中一样的活动行为，以及人与人之间的相互关系。这样的活动行为是人为了满足自身的需要而在虚拟世界中进行的有意识、有目的地制造和使用符号或数字等中介工具系统并创造性地作用于对象物的自觉活动，亦即虚拟性行为或虚拟性活动。较之于传统的现实性行为，虚拟性行为具有虚拟与客观的辩证统一性、智能与智慧的辩证统一性、超越与创新的辩证统一性、即时与交互的辩证统一性、自由与开放的辩证统一性等特征。[①] 不过，虚拟性行为与传统的现实性行为之间始终存在着相互促进、共同发展的辩证关系，虚拟性行为是对现实性行为的拓展与延伸，而现实性行为又是虚拟性行为的前提和基础。在传统的现实性行为中，存在着各种各样违反道德规范、破坏社会秩序的现象，亦即道德问题。同样，在虚拟性行为中亦存在着各种各样的道德问题，而且表现得更为严重。

根据人们在网络虚拟社会中展开行为的现实，以及行为涉及内容的差异，我们将人在网络虚拟社会中的虚拟性行为划分为社交行为、消费行为、娱乐行为、学习行为和服务行为五种类型。其中，社交行为涉及即时通信、微博微信、邮件论坛等内容，消费行为涉及网络购物、支付理财等内容，娱乐行为涉及网络游戏、网络音乐、网络视频等内容，学习行为涉及网络阅读、网络教育、网络文学等内容，服务行为包括网络外卖、网络理财、网络办公等内容。相应地，不同类型的虚拟性行为也就会带来不同类型的道德问题，甚至一些虚拟性行为直接演变成了违反

---

① 黄河：《网络虚拟社会与伦理道德研究——基于大学生群体的调查》，科学出版社2017年版，第164页。

道德规范、破坏社会秩序的道德问题。

（一）道德问题在虚拟性社交行为中的表现

　　早期互联网的形成与发展，是基于通信目的、解决信息传递问题而发展起来的，从而也就决定了互联网具有先天的社交基因。随着互联网的进一步发展，以及各类程序软件的嵌入，使这种先天性的社交基因得到了最大程度的发挥。从邮件到空间，从 ICQ 到 QQ，从 MSN 到 Skype，从 Facebook 到 Twitter，从微博到微信，无不是以社交为基本架构。作为全球最大的社交软件，Facebook 日活跃用户达 14 亿，月活跃用户高达 20 亿。据《2018 微信年度数据报告》显示：微信月活跃用户 10.8 亿，每天有 450 亿条消息被发送，有 410 万次音视频呼叫成功。截至 2020 年 3 月，我国即时通信用户规模达 8.96 亿，意味着 99.2% 的网民都在使用。[①] 而且，目前许多社交软件在原有沟通、交往的基础上增置了娱乐、购物、理财等功能，围绕人们的虚拟性社交行为打造了一个庞大的网络生态，在个人用户方面演化为数字化生活的基础平台，在企业方面演化为企业信息化转型的得力助手。

　　社交是人类生存与发展的基本方式，并随着社会的进步而不断发生变化。而网络虚拟社会的崛起，彻底改变了以往人们的交往方式，无论是交往的手段、形式，还是交往的内容、效率，都发生了巨大变化。而如此巨大的变化，以及相关规则的缺失，使庞大的网络社交生态成为道德问题频发的"重灾区"。造谣传谣是通过社交软件或平台而制造、传播没有事实依据的虚拟性行为。这种行为一方面扰乱视听，影响了网民对新闻信息的正确判断和辨别，并逐渐产生依赖、热衷"好奇信息""超级爆料"的心理；另一方面则严重污染网络虚拟社会环境，扰乱公共秩序和败坏社会风气，造成公共利益的损害；同时，对于涉及的当事人，其个人声誉、身心都会受到损害，有时还导致自残、自杀等极端事件，最终让网络谣言升级为网络暴力。淫秽色情信息的制造和传播也是网络社交中的典型道德问题。以往的社交以语言、文字为主，而网络社

---

　　① 中国互联网络信息中心：《第 45 次〈中国互联网络发展状况统计报告〉》，http://www.cnnic.net.cn/NMediaFile/old_attach/P020210205505603631479.pdf，2021 年 2 月 5 日。

交则增置了视频、图片以及动画等形式以及转发、共享等模式,方便了淫秽、色情、低俗等信息的制造与传播,尤其是对青少年的影响最为严重,"儿童和青少年的心理健康问题正在上升,越来越多的证据表明社交媒体在其中起到了一定的负面影响"①。诽谤谩骂也是网络社交经常出现的社会性问题,由于网络虚拟社会的匿名性、开放性和共享性等特点,一些网民打着言论自由、民主开放的幌子,行诽谤谩骂他人之事,包括诋毁、侮辱、嘲笑、指责、谩骂等行为。网络社交中的道德问题,还表现为道德主体对社交软件的滥用,比如一些偏向于交友、婚介等功能的社交软件,却在运用过程中演变成了许多人的"约炮"利器。

(二) 道德问题在虚拟性购物行为中的表现

电子商务是随着计算机、互联网、网络通信以及支付识别等技术而发展起来的新型商业形态,其最大的特点是实现了交易过程的电子化、数字化和网络化,其主要类型包括企业间电子商务(B2B)、企业与消费者间电子商务(B2C)、消费者间电子商务(C2C)等。而我们所讨论的虚拟性购物行为,主要是包含企业与消费者间的电子商务和消费者间的电子商务。与传统的现实性购物行为相比较,虚拟性购物行为的洽谈、确认、签约、支付以及收货信息等交易过程都可以在网络上完成,从而打破了消费对时间、空间以及货物数量的依赖,在经营规模、货物选取、交易成本以及资源配置等方面,具有不可比拟的优势。据商务部大数据显示:2018 年我国电子商务交易规模为 31.63 万亿元,其中网上零售额 9.01 万亿元,同比增长 23.9%;B2C 零售额占比 62.8%,同比增长 43.6%,增速高于 C2C 零售额 22.1 个百分点。② 在用户规模方面,截至 2020 年 3 月,我国网络购物用户规模达 7.10 亿,占网民整体的 78.6%。③ 由此看出,基于网络虚拟社会而展开的虚拟性购物成为当

---

① Media Com:《2019 年联网儿童报告》,http://www.199it.com/archives/948224.html,2021 年 2 月 5 日。

② 商务部电子商务和信息化司:《中国电子商务报告 2018》,中国商务出版社 2019 年版,第 1—2 页。

③ 中国互联网络信息中心:《第 45 次〈中国互联网络发展状况统计报告〉》,http://www.cnnic.net.cn/NMediaFile/old_attach/P020210205505603631479.pdf,2021 年 2 月 5 日。

今人们的主要消费方式，电子商务已成为社会经济发展的重要组成部分。

作为一种新型的商务活动，虚拟性购物行为包括买卖双方（企业经营者和消费者）、商品或服务、支付结算以及物流渠道等要素环节，而其中所涉及的道德问题也表现在不同的要素或环节之中。一些企业经营者为了提高自身在市场中的信用和交易数量，或制造虚假交易金额，或索取好评星级，或低价诱惑，或美化商品图片和信息，或违规广告促销，从而造成诚信缺失、信息造假等道德问题。比如，在一些著名购物平台上常见刷单行为，亦即卖家雇用职业的个人或组织在不产生实际交易的情况下空卖空买，营造不真实或虚假交易现象，通过提高自身的信用度和影响力来提升在购物平台上的排名。这样的刷单行为，不仅破坏交易秩序、违反公平原则，而且还涉嫌商业欺诈、非法经营等犯罪行为。一些消费者在虚拟性购物行为过程中，利用网购平台的规则和漏洞，经常出现肆意点评、恶意退换货、延迟支付等现象，不但影响了市场效率的提高，而且还造成诚信危机的蔓延。就商品或服务维度看，在虚拟性购物中经常出现货物品质失真、服务水平降级、以次充好等现象，尤其是网购市场发展初期，"淘宝"被称作销售"假冒伪劣商品"的天堂，近年来相关部门虽然进行了严格的监督和管理，但在食品、药品、电子产品、汽车配件、家具家装、服装鞋帽、儿童用品以及日用品等领域仍然存在大量假冒伪劣商品。由于虚拟性购物行为本身的特殊性与局限性，决定其支付结算方式只能通过支付宝、Apple Pay、微信支付、银联云闪付等网络支付结算平台来完成，而这样的方式是以电子现金、电子钱包等为基础，关联银行借记卡、信用卡以及支票等。由于网络支付结算方式自身的匿名性和数字化，导致网银诈骗、钓鱼网站和盗刷盗用银行卡等案件时有发生，威胁着网民的财产安全。物流渠道是商品从卖家转移到买家的过程，在虚拟性购物过程中占有举足轻重的作用。但在实际运输过程中，经常出现"快递"如"蜗递"、霸王条款、暴力运输、随意签收、送货不到位等突出问题，服务质量堪忧，服务人员素质整体低下，并有个别快递企业与卖家勾结建设虚拟海外物流查询系统，掩盖真实发货地点，帮助售卖山寨劣质商品。

（三）道德问题在虚拟性娱乐行为中的表现

虚拟性娱乐行为是人们在网络虚拟社会中的重要行为之一，一般是指人们根据日常放松、愉悦等发展需求，通过数字化产品或休闲性服务来展开的休闲活动，以及在此过程中实现的身心愉悦体验。就网络虚拟社会场域来看，主要涉及网络游戏、网络音乐、网络视频等内容。近年来，我国提出"互联网＋""泛娱乐"概念，全力支持文化事业和文化产业在网络虚拟社会中的全面发展，在网络游戏、网络音乐、网络视频以及网络影视等传统业态上获得精细化发展，截至 2019 年 6 月，我国网络游戏用户规模达 5.32 亿，网络音乐用户规模达 6.35 亿，网络视频（含短视频）用户规模达 8.50 亿，而网络直播等新业态异军突起，网络直播用户规模达 5.60 亿。[①] 我国网络娱乐取得的发展成就，一方面标志着虚拟性娱乐内容生态逐步构建起来，朝着专业化、精细化、科学化的方向发展；另一方面则意味着虚拟性娱乐行为已成为人们在网络虚拟社会中的主要行为，"娱乐至上"成为人们的主要娱乐理念。

道德问题在虚拟性娱乐行为中的表现分别体现在网络游戏、网络音乐、网络视频和网络影视中。就网络游戏看，一些游戏企业或平台一味追求经济效益，在游戏开发中携带暴力、血腥、歧视、色情以及诱惑等内容，夹带占卜、算卦、风水等迷信思想，喜欢在道德和法律的边缘打"擦边球"。而游戏玩家也不顾及身心发展，常常沉溺其中而无法自拔，甚至有人还会将暴力游戏的情节带入现实生活，制造骇人听闻的暴力事件。就网络音乐看，一些歌手或音乐企业喜欢把恶俗当魅力，把粗鄙当噱头，将低俗、媚欲与旋律粗暴糅合，游走在淫秽、教唆、暴力的灰色地带，以迎合网民在虚拟空间释放负面情绪的需求和猎奇心理，从而获得关注、名气和经济利益。对于一些受众来说，经常利用数字化音乐的特点随意传播、拷贝、改编音乐作品，不注重音乐版权问题，或未经思考而任意转发、共享音乐作品，成为"三俗"音乐的传播者。就网络视频和网络影视看，一些企业或平台经常以炫富、低俗、色情、恶作剧

① 中国互联网络信息中心：《第 45 次〈中国互联网络发展状况统计报告〉》，http://www.cnnic.net.cn/NMediaFile/old_attach/P020210205505603631479.pdf，2021 年 2 月 5 日。

等辣眼睛、毁三观的内容和盗用他人素材、制造标题等噱头来拼流量、赚眼球，并以广告、带货等形式公然售卖假货，即使是较为正规的网络影视作品，也经常出现内容扭曲失实、媚俗，运营不规范、侵犯版权等道德现象。在这里，我们重点讨论近年来不断升温的网络直播问题。兴起于2015年的网络直播，利用娱乐性强、内容丰富、方式灵活、互动及时等特点，一跃成为网络娱乐中的娱乐王，并迅速与社交软件、购物平台有机结合，创造了"网红经济"。然而，纵观整个网络直播模式，可以发现，部分网络主播素质堪忧，某些直播内容低俗、恶俗，甚至涉黄和涉嫌违法，直播相关数据造假，尤其是直播盈利所依赖的"打赏"模式具有很强的诱导性，不但给很多网民的财务状况带来灾难，而且催生了很多职务性犯罪。

（四）道德问题在虚拟性学习行为中的表现

得益于计算机、互联网、物联网、大数据以及云计算等现代科技的迅速发展，现代教育得到了极大发展，从桌面学习到网络互联，再到移动虚拟，为人们的学习提供了多元化的发展途径和学习场景，让虚拟性学习行为成了终身教育理念普及的实践形式，以及人们重要的学习生活方式。截至2020年3月，我国在线教育用户规模达4.23亿，占网民整体的46.8%。[①] 由于科技持续发展的原因以及政府提出的"互联网＋教育""AI＋教育"等模式，进一步促进了优质资源的共享，虚拟性学习方式层出不穷，包括文字直播、音频直播、视频教学以及虚拟体验等在近年来获得了一部分网民的青睐，即使是传统意义上的非教育资源平台也通过听书、知识分享等方式受到知识青年们的追捧。而从虚拟性学习的成果——网络文学来看，其发展更为迅速。截至2020年3月，我国网络文学用户规模达4.55亿，占网络整体的50.4%，[②] 意味着有一半以上的网民都是网络文学的受益者或爱好者，而且在内容创作、产业链接、市场营销等方面都取得较好成绩。虚拟性学习行为的蓬勃发展，还

---

① 中国互联网络信息中心：《第45次〈中国互联网络发展状况统计报告〉》，http://www.cnnic.net.cn/NMediaFile/old_attach/P020210205505603631479.pdf，2021年2月5日。

② 中国互联网络信息中心：《第45次〈中国互联网络发展状况统计报告〉》，http://www.cnnic.net.cn/NMediaFile/old_attach/P020210205505603631479.pdf，2021年2月5日。

可以从网民使用搜索引擎的场景看出来。据《2019年中国网民搜索引擎使用情况研究报告》显示：用户在工作、学习场景下使用搜索引擎的比例高达76.5%，比排在第二的"查询医疗/法律等专业知识"高出五个百分点。①

较之于以往的学习方式，虚拟性学习主要是在非聚集性、非封闭性、非独占性、非线性的网络虚拟社会中进行，教学双方、教学内容、教育方式都被抽象为文字、图片或视频的形式，失去教育学习应有的教育与被教育、监督与被监督、示范与被感化等功能，容易造成教而无育、学而无感的现象，甚至一些网络教育培训仅仅是形式主义，相互之间走走过场。而且，现代通信技术的发展以及移动互联网的普及，在方便人们任意搜索知识、随时随地学习的同时，也把人们的时间碎片化了，即时刻都有被打扰被切断的可能。从本质上看，碎片化的时间是反学习的。学习的目的是丰富自己的知识、改善自己的认知与行为，而通过短暂的碎片化时间只能了解某些信息资讯，达不到沉浸学习的场景。信息资讯代替了知识，系统的学习被异化为浅尝辄止的行为。同时，基于无边界的互联网而聚集的知识、信息和技术，一方面为学习主体提供了更多选择的可能，但另一方面也被浩瀚的知识和信息所湮没，不知自己所需，不知如何去找，不知如何选择……从而导致一部分人总被泥沙俱下的网络知识所侵害。因虚拟世界而形成的虚拟性学习虽然突破了时空的限制，提供了更为便捷的学习渠道和方式，不过，单独通过文字、图片和视频来建构教师与学生、教育者与受教育者间的学习关系，显得较为单一和枯燥，缺乏彼此间的亲切互动、教学相长和温情培养，因为"教育"本身不仅包含着要用"教"来传授知识，而且还应以"育"来促进受教育者的成长。虚拟性学习与以往学习方式的最大区别，在于依赖计算机、互联网、物联网、大数据以及云计算等现代科技。而对这些科技的拥有以及运用，需要具备一定的经济条件和知识储备，但现实中的每一个人、每一个家庭或每一个地区都是不可能平等地、及时地享用

---

① 中国互联网络信息中心：《2019年中国网民搜索引擎使用情况研究报告》，http://www.cnnic.net.cn/NMediaFile/old_attach/P020191025506904765613.pdf，2021年2月8日。

这样的经济条件和知识储备。这就意味着不同个体、家庭以及地区的经济、知识的差异导致在虚拟性学习方面获得机会、条件和效果的差异。美国著名的未来学家阿尔文·托夫勒（Alvin Toffler）在《权利的转移》中提出"信息沟壑"①，亦即在拥有现代信息技术、产品和服务的人群与那些未拥有现代信息技术、产品和服务的人群间形成的差距。在虚拟性学习中，数字鸿沟同样存在，比如东部沿海发达地区与西部欠发达地区之间、城市与乡村之间以及富裕家庭与贫穷家庭的学生之间等。所以，教育领域里"数字鸿沟"的存在不仅制约了虚拟性学习的普及和发展，而且有可能造成更大范围的文化隔阂和贫富差距。

（五）道德问题在虚拟性生活行为中的表现

现代科技的迅猛发展推动了服务业与数字化、信息化的融合，促进了服务业的升级改造，许多与人们日常生产生活密切相关的餐饮、出行以及旅游等生活行为都发生了翻天覆地的变化。尤其是近年来网络预订、网络外卖、共享单车、共享汽车等消费模式的兴起，以及美团、饿了么、滴滴、携程、去哪儿等超级网络服务平台的崛起，打通了线上信息与线下实体，不断将生活场景数字化、信息化和网络化，将网络虚拟社会生活化、日常化。生活网络化与网络生活化，成了网络虚拟社会当下发展的重要特征。截至 2020 年 3 月，我国网上外卖用户规模达 3.98 亿，占网民整体的 44.0%；网约出租车用户规模达 3.62 亿，占网民整体的 40.1%；在线旅行预订用户规模达 3.73 亿，占网民整体的 41.3%。② 从根源上看，近年来虚拟性服务业在网络虚拟社会中的异军突起，与年轻化的消费群体、快速进步的科技以及不断进行资源聚合的网络平台有着密切的关联性，而且在未来一段时间内将继续成为左右市场发展的重要力量。

道德问题在虚拟性生活行为中的表现，我们主要从餐饮、出行和旅游三个方面来讨论。餐饮业是生活服务的重要内容，也是人们虚拟性生

①　［美］阿尔文·托夫勒：《权利的转移》，刘红等译，中共中央党校出版社 1991 年版，第 438 页。

②　中国互联网络信息中心：《第 45 次〈中国互联网络发展状况统计报告〉》，http://www.cnnic.net.cn/NMediaFile/old_attach/P020210205505603631479.pdf，2021 年 2 月 5 日。

活行为的基本起点。网络对人们日常生活的影响，最早发生在餐饮业领域，既包括传统的到店就餐，也包括未到店就餐而衍生出的外卖服务。而道德问题在虚拟性餐饮行为中的表现，既有餐饮企业的虚假网络宣传、卫生条件差、购买水军刷好评等，又包括外卖快递员随意破坏食品、延迟配送，以及消费者随意取消订单、恶意点评等。2017 年 10 月，有网友在社交平台上爆料，一名外卖送餐员途中打开客人饭菜，吃了两口又吐在里面，随后又正常派送。而这样的偷食新闻，在外卖行业里时有发生，侵犯了消费者权益，严重违反了基本的职业道德。出行是近年来随着移动互联网的广泛运用而迅速发展起来的新兴消费市场，主要包括网约车、共享单车、共享汽车等。由于行业高速发展，许多管理制度、治理措施尚未跟上，导致诸多道德问题在网约车、共享单车领域时有发生。就网络平台端看，经常发生不诚信经营、违反商业条约、破坏公共秩序等现象，如 ofo 共享单车违约，押金超期不退还等热点事件；就消费者端看，经常出现延迟付款、破坏设备等现象，比如一些消费者在使用完共享单车后随意停放，甚至抛弃在荒郊野外等；就参与的相关职业人员看，经常出现违反职业操守、僭越等现象。滴滴打车在 2018 年发生的两起案件最为典型。2018 年 5 月，郑州一位空姐乘坐滴滴网约车遇害，同年 8 月，温州一名女孩乘坐滴滴顺风车被司机强奸并杀害。这样的案件不仅仅是网络平台、司机的道德问题，而且已涉及违法犯罪，反映出在企业准入门槛和实时监管等方面存在着问题。旅游是美好生活的重要组成部分。道德问题在虚拟性旅游生活中的表现，主要体现在酒店、机票和旅游度假产品预订等方面。我国是一个酒店极为分散的国家，而网络的出现确实对整个产业产生了重要影响，不过，在网络预订酒店和机票的过程中，经常出现酒店违约、退票成本高、平台操纵价格等现象，甚至有些平台还经常出现利用算法来"杀熟"的现象。而在旅游度假产品的预订过程中，会出现随意更改产品内容、降低顾客体验质量等道德现象，严重影响了我国旅游行业的正常发展。

二 道德问题在网络虚拟社会中不同领域的表现

与传统的现实社会一样，网络虚拟社会在横向上也由不同的领域来构成，包括经济、政治、文化、社会、生态等。道德问题在网络虚拟社会中不同领域的表现，我们拟从经济、政治、文化、社会和生态五个领域展开。

（一）道德问题在网络虚拟社会中经济领域的表现

毋庸置疑，以计算机、互联网、大数据、云计算等为代表的现代科技群，对经济发展产生了全面而又深刻的影响。一方面，现代科技群本身的发展成为新经济发展的引擎、内容，比如信息服务、电子商务、大数据、云计算、互联网金融等，创造了新的经济发展模式和产业集群；另一方面，现代科技群对传统的经济模式和产业进行革新、改造，比如传统的教育、物流、金融、交通、旅游等产业，通过"互联网＋"等模式形成新经济产业生态，充分发挥现代科技群在社会资源配置中的优化和集成作用。网络虚拟社会是一种新型的人类社会场域，而与此相联系的经济现象、产业发展也是一种新的经济形态和产业模式，对于人类社会的进步和经济整体发展具有不可替代的作用。较之于传统的实体经济，依赖于网络虚拟社会而展开的经济活动更具创造性、复杂性和全球性，使之与传统的实体经济一道成为人类经济社会发展的重要经济形态。

经过几十年的发展，以网络虚拟社会为基础的新经济发展已取得明显成就，尤其是对互联网、计算机、大数据以及云计算等现代科技的全面应用，提高了资源配置效率，改革了经济发展模式；但同时，也使许多利益矛盾和竞争冲突进一步加剧。以道德视域看，一些企业或平台为了赚取更多的利润和市场，不惜使用虚假广告宣传、劣质商品等来欺骗消费者，比如每一年的"双十一""六一八"购物节，一些网站明显地将原来的价格提高后再打折；还有部分企业或平台为了提高自己的竞争力，任意设置市场壁垒来垄断市场，压制后来者的加入和发展，比如百度与360的"3Q大战"，淘宝与京东的"二选一"政策等；而有个别企业或个人，充分利用网络虚拟社会非封闭性、非独占性、非线性的特点，设置"钓鱼网站"或诈骗木马来盗取消费者的账户密码和钱财，或投机炒作，非法经营，赚取不正当利润。网络虚拟社会中经济领域的如上道德失范行为，一方面发生在由现代科技群构建的新经济产业中，另一方面也发生在现代科技群对传统经济改造、革新的过程中。因此，这样的道德问题无论是在种类上还是在规模上，与实体经济旗鼓相当，并呈现出无限蔓延的趋势，直接影响了网络虚拟社会的正常秩序和经济的正常发展。

（二）道德问题在网络虚拟社会中政治领域的表现

网络虚拟社会的形成与发展，确实给政治带来了开放、包容等发展条件，包括开辟舆论监督的新途径、提高电子政务的效率等，以及有利于民主、平等等思想的传播和践行，让更多的人能够通过网络参与到政治事务之中，从而推动协商民主的进程。可以说，网络虚拟社会对政治的影响是全面而又深刻的，从政治体制到政治权力，从国家主权到政府管理，从政治参与到政治议政，都发生了巨大变化。而这样的影响和变化，从实质性层面反映了网络虚拟社会发展与政治之间的密切关系，正如马克·斯劳卡（Mark Slouka）在其著作《大冲突——赛博空间和高科技对现实的威胁》中所言："虚拟现实的政治——是指那些有可能永远地模糊真实和虚幻之间的界限的技术，将给政治带来的影响"，因为"数字革命在它的深层核心，是与权力相关的"。①

然而，网络虚拟社会在促进政治发展的同时，也不可避免地带来了诸多负面价值。从个人角度看，任何个体都可以在虚拟空间发布、传播信息，这就为一些居心叵测的不法之徒散布虚假信息、制造政治舆论提供了便利。比如2007年的厦门PX项目、2011年的"郭美美"事件等，都与虚假信息、网络谣言等的传播有着密不可分的关系；从组织角度看，非封闭性的网络虚拟社会在给相关职能部门带来较大舆论压力、推动政治问题解决的同时，也容易被某些政治组织或政党所利用，制造虚假网络政治舆论，挑唆一些缺乏判断力的网民聚集，导致恶性群体性事件的发生。从国家角度看，一些敌对势力或组织经常利用网络来宣扬民族仇恨、民族歧视，从事危害国家安全、荣誉和民族利益等活动，甚至煽动网民分裂国家、破坏国家统一。同时，网络虚拟社会的形成与发展

---

① ［美］马克·斯劳卡：《大冲突——赛博空间和高科技对现实的威胁》，黄锫坚译，江西教育出版社1999年版，第59页。

所依赖的现代科技，也被一些敌对势力作为窃取国家机密、赚取大额经济利益的重要手段，比如黑客、木马等都是许多敌对势力获得情报、侵入对方数据系统的惯用方法。网络虚拟社会中的政治问题，还表现为一些西方发达国家利用自身的技术优势来传播、宣扬自己的政治理念，以达到遏制发展中国家或欠发达地区的目的。因此，网络空间的政治问题是目前一切政治议题关注的核心，而争取更多的网络空间话语权是许多国家未来的发展战略之一。总而言之，网络虚拟社会的形成与发展，加速了政治冲突事件的传播和渲染，也为个体意识迅速汇集并转化为集体行动提供了可能。而由此产生的一系列道德问题，深化成了网络虚拟社会中政治领域的道德困境。

（三）道德问题在网络虚拟社会中文化领域的表现

文化是人类在长期的社会生活中产生且逐渐积累起来，并随着生产生活方式的转变而发生变化的历史产物。同样，当人们开展虚拟性生产生活且建构起网络虚拟社会之后，也会产生与之相应的文化——网络虚拟社会文化。网络虚拟社会文化既是对人类虚拟化生产生活的描述与记录，还是对传统现实性文化的继承与创新。作为一种全新的社会形态，网络虚拟社会的形成与发展使文化获得了前所未有的发展条件，无论是内在的内容、结构还是外在的发展速度、形式样态，所受到的影响都表现得极为明显。从文化本身来看，具有非独立性、非封闭性、非中心性等特征的网络虚拟社会，使人类世界变成了名副其实的"地球村"，各种文化在这里交流、碰撞、融合和发展，各类文化资源得到更为合理的配置和开发，彼此之间的融合，相互之间的竞争，从整体上提升了文化的创新能力和竞争实力，比如二次元文化、网络亚文化等新文化样态的盛行，就是网络虚拟社会促进文化发展的结果。而且，由于全球化市场的形成，让文化的需求、生产、消费以及分配等都呈现出形式多样、内容多元的趋势，在拓宽文化流通渠道、加快文化发展的同时，也为文化共同体的形成提供了可能。

也应注意到，网络虚拟社会在促进文化发展的同时，也产生了一定的负面影响。其中涉及的道德问题，就是其负面影响的典型。在传播上，网络虚拟社会所依赖的现代科技，能够在宽度和深度上让文化传播得更广、更远,让每一位网民都拥有学习、体验不同文化和知识的机会,但这种传播方式在消解文化独立性和个体性的同时,更容易导致文化自生性的枯竭和文化学习者的懒惰,缺失了发展的源生动力和传承上的道德体验。在内容上,网络虚拟社会中的文化发展,基本上是与虚拟性生产生活密切相关的内容,而虚拟性生产生活又主要集中在购物、交往、休闲等领域,从而决定了其内容的娱乐性主旨。不过,在娱乐性主旨的影响下,许多网络平台或企业在发展文化时往往是想方设法地"创新""创异",以持续地吸引眼球和增加流量,无底线、无原则的娱乐和低俗,以抓住受众的碎片化时间……而这种娱乐至上的大众文化模式,容易造成文化发展的庸俗化和简单化,缺失了文化的温度和内容上的伦理关怀。比如近期流行的"网红文化",虽然为许多"草根"的逆袭提供了途径,却成为一部分人搞怪、逗乐、炫富,甚至泄露隐私、传播色情的方式。在交流上,网络虚拟社会让每一种文化都拥有了展示自身魅力的平台,并能够与其他文化相互学习与交流,但在交融过程中往往呈现出强者越强、弱者越弱的竞争态势,表面上是多元并存、共同发展,实质上是由强势文化主导,弱肉强食,甚至有可能形成新的"文化霸权主义"。比如一些西方国家就经常利用网络来传播自己的"普世价值"和"消费文化",导致异己文化尤其是处于弱势的文化的没落,甚至是被淘汰。在形式上,网络虚拟社会中的文化主要通过文字、声音、图像以及视频等形式呈现出来,能够让人们全面沉浸其中,然而这种立体性的形式往往让网民沉浸其中而无法自拔,尤其是面对网络游戏、网络虚拟体验时,表现得更为明显。众所周知,文化是人们生产生活的生机和灵魂,是维系各种社会关系的重要纽带。而在网络虚拟社会中文化领域出现的道德问题,则是文化在新的社会场域中的异化,有悖于文化的发展本质,有悖于传统道德文化的要求,在一定程度上导致了网络虚拟社会的混乱!

(四)道德问题在网络虚拟社会中生态领域的表现

既然网络空间是一个完整的社会场域,那么也就意味着这个场域是由不同文明要素组成的生态系统,亦即网络虚拟社会中的生态系统,简称网络生态系统。一般来说,网络生态系统的要素包括网民、互联网企业(平台)、各类社会组织以及网络信息等。如果这些基本要素功能正常，且彼此间平衡协调，那么就表明该系统运行正常，反之则说明系统失衡，需要予以纠正或调整。伴随着网络空间与现实空间的密切互动，以及网络虚拟社会与传统现实社会的虚实相生，人们越来越认识到，必须要把网络虚拟社会中的生态系统治理好，才能确保网络空间的健康发展。

作为一个依赖于现代科技而形成的生态系统，网络虚拟社会打破了传统的有形界限，改善了人们对资源的利用、对信息的沟通以及对行为的展开，但因为其中的信息数据具有多种类、可复制、远传播等特点，以及行为活动具有虚拟性、匿名性、不可确定性等特征，从而造成网络生态系统各要素出现失衡现象，导致信息污染、资源失衡、安全危机等一系列道德问题。网络虚拟社会本质上是一个信息社会，由不同的信息、数据以及图片等构成，而由于人们的随意性让一些无用信息、劣质信息以及有害信息渗透其中，从而干扰了人们对信息资源的收集、开放和利用，甚至受到色情、暴力、蛊惑等有害信息的侵害。并且，网络虚拟社会是一个依赖现代科技而兴起的技术型场域，一方面需要有技术力量的支撑，另一方面要求行为主体拥有相应的知识和素质，然而这样的条件却往往将一些人排斥在外，造成不同人群、不同地区以及不同国家或民族对信息资源的拥有、利用存在较大差距，形成数据资源失衡、"数字鸿沟"频发等现象。如同空气、电力和水等基础资源一样，网络虚拟社会成为继陆地、海洋、太空之后我们生产生活不可或缺的社会场域。然而在如此重要的社会场域中，却存在着科技本身安全的隐患，以及对其中个人、组织、国家和社会的安全造成威胁的隐患，前者包括破坏计算机、网络的程序病毒以及无法确定的暗网等，后者包括盗取他人密码的网络黑客、利用网络聚众闹事的不法分子以及进行颠覆渗透活动的特务等。实践证明，网络生态系统的失衡是客观存在的，而由此所引发的网络虚拟社会中的道德问题也是不可避免的。正是基于这样的背景，我国分别在2017年和2019年出台了《网络安全法》和《网络生态治理规定（征求意见稿）》，一方面体现了网络安全、网络生态对我们生产生活的重要性，另一方面反映了我国建设清朗网络空间、治理网络虚拟社会的决心。

第二节　网络虚拟社会中道德问题的基本特点

网络虚拟社会中的道德问题，业已是客观存在的历史事实。自人的行为在网络虚拟社会中出现的那天起，道德问题就伴随着人的虚拟化生存而存在。道德问题不会消失，但会伴随着网络虚拟社会的进化和人的虚拟性活动而不断发生变化，并在未来相当长的时期内成为道德领域的显性问题。这样的道德问题与传统现实社会中的道德问题相比较，有着自身与众不同的特点。归纳起来，这些特点主要体现为普遍性、复杂性、国际性和长期性四个方面。

一　网络虚拟社会中道德问题呈现出普遍性的特点

网络虚拟社会中道德问题呈现出的普遍性特点，可以从人类社会发展始终存在道德问题、社会场域转型期道德问题的凸显两个方面来考察。

（一）人类社会发展始终存在道德问题

关于道德问题的普遍性问题，涉及"道德是否存在普遍性"问题。而对于"道德是否存在普遍性"这一问题的回答，一直是伦理思想史讨论的重要议题。如果道德存在普遍性，那么道德的阶段性、发展性无法解释；如果道德不存在普遍性，那么道德变成了权宜之计，其历史性和客观性都会受到挑战。而在我们看来，道德是普遍性与特殊性的辩证统一，比如公正、勇敢、诚实等始终是人人都应该遵守的，普遍适用于一切民族或国家社会的道德，又如三从四德、三纲五常等是特殊历史条件下人们应该遵守的道德，具有典型的历史性或特殊性。既然承认道德是普遍性与特殊性的辩证统一，那么就表明存在某些道德适用于一切人类社会，同时，也存在某些道德不适用于某些特殊社会。而且，随着人类观念的不断变化、阶层的持续流动，道德的普遍性与特殊性有可能出现相互交替、演化的现象。道德的这种不适用现象，以及在普遍性与特殊性相互交替的过程中，经常会出现不符合道德规范的历史现象，亦即道德问题的产生。换言之，在人类的任何历史时期，都会存在这样或那样的问题。道德问题是存在的，只是问题的内容、形式可能会因为历史条件的差异而不同。比如在网络虚拟社会场域中，经常出现知识产权被侵犯的问题。这样的道德问题虽然也会出现在其他社会条件下，但没有今天这样明显和突出。这与网络虚拟社会的特征、人们对知识的重视等有着密切的关系。

我们提出"人类社会发展始终存在道德问题"的判断，不是标新立异、"哗众取宠"，更不是否认道德本身应有的意义，而是强调道德发展历史的曲折性、长期性，以及道德问题自身的开放性及其正面价值。在人类历史向前发展的道路上，道德问题始终相伴相生。而对每一个道德问题的妥善解决，却又是推动社会向前发展的关键步骤。由此我们欣慰地看到，网络虚拟社会中出现的道德问题，确实是目前我们构建清朗网络空间、推动人的虚拟性生存的最大障碍，但对这一系列道德问题的妥善解决，却又能推进网络虚拟社会的进一步发展。如何将这样的道德危机转化为道德机遇，是需要我们放平心态、端正态度来解决的首要问题。

（二）社会场域转型期道德问题的凸显

人类社会发展始终存在道德问题的历史事实，表明在人类历史上既不存在无道德的社会，也不存在无社会的道德。道德发展与社会发展之间，始终存在相互依存、相互促进的辩证关系，但从总体上看，道德发展与社会发展并非同步进行，经常出现道德发展滞后于社会发展的事实。美国社会学家奥格本（Willian Fielding Ogburn）在分析社会文化时指出，文化在发生变化时各部分变化的速度往往是不同步的，有的部分变化慢，有的部分变化快，从而在各部分各要素之间出现不平衡现象，产生差距、错位等问题，进而引发一系列的社会问题。文化在奥格本这里被划分为物质文化和非物质文化两大类，发生变化快的往往是物质文化，而非物质文化的变化常常滞后于物质文化的发展。在非物质文化内部也存在变化不一致的现象，发生变化较快的是制度文化，接着是风俗文化和道德文化，最后才是价值观念文化。因此，只要社会继续向前发展，道德也必将随之向前发展。然而，道德发展与社会发展的不同步性，导致在每一次社会转型、变革时期都会出现这样或那样的道德问题，比如我国实行改革开放的初期，建立市场经济体制的初期，等等，都是道德问题不断频发、不断凸显的特殊时期。目前，随着现代科技的迅猛发展，使我国经济发展出现了虚拟化的发展态势，从而不可避免地出现一系列的道德问题。

毫无疑问，作为一种意识形态的道德属于社会文化的范畴，也可以运用奥格本的"文化堕距"理论来阐释当前网络虚拟社会中的道德问题。在计算机、互联网、大数据等现代科技尚未出现前，人们只能局限于传统的现实社会来生产生活，只能依靠现实性行为来满足自身生存和发展的需要，而随着现代科技的发展，人们的活动场域由以往单一的现实性社会发展为两大部分，即传统的现实社会和新型的网络虚拟社会。无论是宏观的政治、经济、教育等领域，还是微观的消费、娱乐、学习等领域，都与网络虚拟社会发生着这样或那样的联系，网络虚拟社会俨然成为人类生存的第二社会场域。这就意味着人们赖以生存的社会场域从现实拓展到虚拟，人类社会正经历着剧烈的变革时期。而且在几十年的高速发展过程中，我国的网络虚拟社会发展主要集中在基础设施、资源配置以及产业集群等领域，但在文化、道德等领域存在发展不充分不平衡等现象，并逐渐演化为各类社会性问题，成为制约我国网络虚拟社会进一步健康发展的重要障碍。所以，在人类社会场域由单一的传统现实社会向网络虚拟社会、传统现实社会二重化的转化时期，必然导致一系列道德问题的凸显。

总而言之，网络虚拟社会中道德问题呈现出来的普遍性特点，反映出当代人类发展已陷入一场深刻的道德危机之中。从文化到科技，从思想到行为，从生产到生活，从传统的现实社会到新型的网络虚拟社会，从东方到西方，从发达国家到发展中国家……都在不断地产生这样或那样的道德问题。这一道德危机的凸显，既是人们虚拟化生存危机的集中反映，又是整个人类现代性危机的缩影。对网络虚拟社会的治理，及其道德问题的解决，既关乎网络虚拟社会的健康发展，又关乎整个人类未来的持续发展。面对网络虚拟社会中的诸多道德问题，唯有共同携手，从维护人类共同利益出发来展开治理。

二 网络虚拟社会中道德问题呈现出复杂性的特点

网络虚拟社会中道德问题呈现出的复杂性特点，可以从各个社会领域的道德问题相互交汇、现实性道德问题与虚拟性道德问题相互交织两个方面来考察。

（一）各个社会领域的道德问题相互交汇

同传统的现实社会一样，网络虚拟社会亦为一个较为完整的社会场域，包括人类生存与发展所需要的一切领域。按照对传统现实社会场域分类的惯例，我们将网络虚拟社会划分为经济、政治、文化、生态等主要领域。根据上文的论述，在不同的网络虚拟社会领域里，存在着不同的道德问题。比如在经济领域存在商业欺诈、劣质商品、虚拟广告以及投机倒把等现象，在政治领域存在政治舆论垄断、政治霸权等现象，在文化领域存在侵犯知识产权、娱乐至上、文化霸权等现象，在生态领域存在信息污染、资源失衡、安全危机等现象。这些道德问题看似独立存在，分属于不同的社会领域，但若回到具体的道德问题本身，就会发现这些问题总是相互交汇，表现在内容上相似相近，顺序上前后继起，形式上彼此关联，甚至某些问题互为因果、交叉重叠。比如"政治霸权"虽然表现为政治领域的道德问题，但实质上却是发达国家对发展中国家、欠发达地区的资源掠夺和经济剥削；而文化领域里的"娱乐至上"现象，最容易导致生态领域里的"信息污染"，或者说网络虚拟社会中许多有害信息、冗余信息是由于娱乐、消费等虚拟性休闲行为所导致的。正是因为这种相互交汇、重叠的现象，使网络虚拟社会中的道德问题显得异常的错综复杂。

根据唯物辩证法的基本观点，世间的万事万物是相互联系、交互作用的，交互性、联系性是诸多事物和各类活动所具有的内在的、固有的属性，也是事物得以存在、活动得以发展的必要条件。[1] 而网络虚拟社会的出现与发展，就是基于事物相互联系、交互作用的普遍规律而发展

---

[1] 黄河：《马克思主义哲学视阈下的互联网思维及其运用》，《上海师范大学学报》（哲学社会科学版）2018 年第 3 期。

起来的，并且将这种相互性、连通性提高到了更高水平。网络虚拟社会条件下各个社会领域的道德问题呈现出相互交汇的特征，实际上是这种相互性、连通性的具体展现。没有严格的界限区分，也没有绝对的领域划定，从而增加了网络虚拟社会中道德问题治理的困难度。

（二）现实性道德问题与虚拟性道德问题相互交织

在网络虚拟社会尚未出现以前，人们只能依靠唯一的现实社会来生存与发展，所面临的问题也都是现实性的道德问题，无论是日用常行、吃穿住行，还是思想观念、伦理道德，都由人的现实性活动来满足，都与现实性社会密切相关。然而，随着现代科技的迅猛发展，人们生存和发展的社会场域由原来单一的现实社会拓展为网络虚拟社会与现实社会共同构成的二元场域。网络虚拟社会俨然成了人们不可或缺的生活空间。既然都是人赖以生存和发展社会场域，那么在不同的社会场域也都需要道德来规范人们的生产生活行为。既然有道德、有人的行为，那么也就意味着人的行为存在不符合道德规范的现象，亦即道德问题。而这样的道德问题既存在于传统的现实社会中，又存在于新型的网络虚拟社会里。这就意味着只要有人的生存与发展，就有道德问题的产生，就需要道德来予以规范。通过上述的分析发现，网络虚拟社会中的道德问题实际上不仅单独存在于网络空间中，而且与现实社会产生了这样或那样的联系。包括在虚拟性行为中的主体，虽然表现为抽象的符号或图片，但事实上还是由现实存在的感性的人发动、控制以及受益的。同样，发生在网络虚拟社会中的道德问题，也会延伸到现实社会，对人们现实的生产生活产生影响。反之，人们在现实社会中的一些习惯、行为以及想法，也会通过虚拟性行为展现出来，造成虚拟性道德问题的发生。

众所周知，早期互联网的形成与发展是基于信息传输、语义连通等需要而产生的，后来随着人们虚拟性生存需要的增加又出现了以移动互联网为基础的物物联接的网络平台，并在全球范围内实现信息的自由流通和资源共享。目前，又增加了物联网、大数据等技术，实现了"虚拟"与"现实"、"实物"与"数据"之间的互联互通，真正完成了人与人、人与物、物与物之间的实时感知、全面联系。由此而引发的各类道德问题，实际上也与现实世界中的万事万物存在联系，许多道德问题的频发都是囿于人的各类欲求和放纵心理。而网络虚拟社会中各类道德问题的发生，在影响网络虚拟社会和谐稳定的同时，也会波及现实社会，以及人们日常的生产生活。比如网络中发生的"人肉搜索"，多次造成当事人的抑郁甚至自杀。所以，网络虚拟社会中的道德问题不仅是网络空间中的问题，而且是整个人类社会所面临着的问题，其影响和迫害常常超出了网络的范畴。这也是我们坚决治理道德问题的根本原因。

总之，网络虚拟社会中各领域道德问题相互交汇、现实性道德问题与虚拟性道德问题相互交织的事实，实际上是由互联网互联互通的本质所决定的，体现了道德问题的复杂性。而在更广泛的意义上，这种复杂性的特征一方面表明道德问题在网络虚拟社会中已成为普遍现象，并影响了人们正常的虚拟化生存；另一方面则表明道德问题在内容上呈现出极其庞杂、在形式上呈现出极其多样的态势。如此复杂的特征，不但增加了我们认识道德问题的难度，而且为下一步的治理带来了极大的挑战。

三　网络虚拟社会中道德问题呈现出国际性的特点

网络虚拟社会中道德问题呈现出的国际性特点，可以从各种道德文化的相互交融、各类道德主体的相互交往两个方面来考察。

（一）各种道德文化的相互交融

如前文所述，网络虚拟社会是一个相对开放、自由的社会场域。其所依赖的现代科技突破了物理时空的限制，能够让信息、知识以及资源等自由沟通、交流、交换。而作为人类文明伟大成果的文化，也在网络虚拟社会中发生了巨大的变化，其中最为显著的就是彼此间的碰撞、交流、融汇更加便捷且频繁了。道德文化是各民族社会历史、生活现状以及信仰心理的总体文化特征，在传统的现实社会中往往局限于一定的时间区域和地理范围，而网络虚拟社会的形成与发展，则打破了这种局限性，让来自不同民族、国家的道德文化得以碰撞、交流和互鉴，进而得到融合和发展，形成新的道德文化。正如习近平同志在联合国教科文组织总部发表演讲时所强调:"文明因交流而多彩,文明因互鉴而丰富。"① 人类在漫长的历史长河中所创造和发展起来的文化,都是在人类相互尊重、相互交流、相互学习和相互借鉴中共同成长起来的,在形式上越来越多元、内容上越来越丰富。尤其是网络虚拟社会的形成与发展,更加方便了文化的交流、互鉴,把人类文化包括道德文化推到了一个新高度。

诚然,在这种碰撞、交流、融合和发展过程中,必然会造成诸多的道德问题,包括道德信仰的碰撞、道德理念的摩擦、道德规范的冲突等,并且由其所衍生出来的道德问题也会得到迅速传播、扩散,造成更大范围的影响。一个在日常生活中司空见惯的名人道德绑架事件,经过网络的传播、扩散让更多的人知晓和参与,甚至还会演化为一个国际性的道德问题。因此,各种道德文化的相互交织现象,一方面促进了各民族道德文化的交流、互鉴、融合和发展,形成新的道德文化;另一方面也会衍生出更多的道德问题,并让道德问题产生更深远的负面影响。

(二) 各类道德主体的相互交往

网络虚拟社会的形成与发展,最初是缘于人们交流、沟通的需要而出现的。这样的发展起源表明:网络虚拟社会具有先天的通信属性,为人们的交流、沟通提供方便是其本质。实践证明,网络虚拟社会一旦形成之后,确实对人类的交流方式、沟通内容产生了深刻的影响。就道德领域来看,网络虚拟社会除了有利于各类道德文化的交流、融合、发展之外,还为各类道德主体的相互交往提供了便利。尤其是在电子邮箱、空间论坛、社交软件等各类分享平台的推动下,实现了跨空间、超时间的自由交往。而道德主体自身的道德观念、道德意志、道德取向以及道德行为等,也会在这种便捷的交往中相互借鉴、相互学习。即使是来自不同国家、不同语系的道德主体,都有可能在网络虚拟社会中成为无话不说的好朋友,并在一定条件的允许下形成稳定的社会交往关系。

但是,各类道德主体在网络虚拟社会中的相互交往,却在另一层面为各类道德问题的发生、传播以及影响提供了某种"便利"。尤其是在

---

① 习近平:《在联合国教科文组织总部的演讲》,《人民日报》2014年3月28日第3版。

社交网络、分享软件等平台上，一些道德问题一旦发生就被道德主体转发、分享于各大媒体，无论是传播的速度还是涉及的领域都比传统社会更快、更广。而且在这种转发、分享过程中又有可能通过删减或添油加醋从而扭曲了问题本身的内容和宗旨，在舆论的助推下出现变异和形成不良影响，进而造成道德问题的次发生。

综上所述，人们对国际性问题的关注，伊始于中世纪新大陆的发现，但真正将全球变成村庄，却是近年来以互联网、计算机、虚拟现实等现代科技兴起之后的事。网络虚拟社会尚未形成之前的国际性交往贸易，主要依赖于传统的交通、通信以及书信往来等现实性方式，所涉及的时间、规模以及内容等受到很大的限制。而网络虚拟社会的崛起，则完全改变了这种传统的交往形式。只要拥有一台电脑，以及能与之相连接的网线，就能够实现全球性的沟通、交流以及消费等。地球变成了名副其实的"地球村"。当然，这种"你中有我，我中有你"的国际互联方式，也容易带来全球性的问题，亦即一旦出现问题，就会涉及其他国家或地区，从而演变成一个全球性的问题。网络虚拟社会中的道德问题，实质上就是一个世界各国、各民族共同存在的或面临的，能够危及整个人类生存和发展的社会问题。因为一个司空见惯的道德事件，在网络媒介的传播、扩散之后，会逐渐放大为一个全国甚至是国际性的事件，其速度之快、影响面之广让许多管理部门始料未及。所以，网络虚拟社会所导致的道德问题，不仅关涉本地区、本民族应当如何更好地虚拟化生存，而且还涉及整个人类如何展开虚拟化生活等问题。换言之，网络虚拟社会中的道德问题，业已是超越国别限制的国际性问题。因此，我国在治理网络虚拟社会中始终倡导"网络命运共同体"理念，联合全世界共同维护网络空间的安全、促进网络虚拟社会的发展。

四　网络虚拟社会中道德问题呈现出长期性的特点

网络虚拟社会中道德问题呈现出的长期性特点，可以从传统道德对网络虚拟社会的持续性影响、网络虚拟道德在日新月异的发展演化两个方面来考察。

（一）传统道德对网络虚拟社会的持续性影响

从发生学的角度看，网络虚拟社会是从传统的现实社会发展而来的，其所依赖的物质条件、机器设备以及充斥其中的行为、理论等都与现实社会存在着这样或那样的关系。从表面上看，人们在网络虚拟社会中发生的虚拟性活动，无论是主导活动的主体还是被作用的客观对象都是一些符号或图像，一切被抽象化、虚拟化了，但事实上，网络虚拟社会中的活动主体仍然是现实存在的人，虚拟性活动也是由现实的感性的人来发起、控制和约束的，由虚拟性活动而产生的各种存在与关系，其逻辑演绎和运行仍然以客观存在的物质为基础、以现实生活中的存在与关系为原型。所以，无论人的活动和人类社会如何发展变化，都是以人为中心，以现实性为源泉，以客观存在为基础。虽然网络虚拟社会、虚拟性活动超越了传统的物理世界而存在，但我们所讲的虚拟并不是虚幻、虚无，而是对现实性、现实社会的拓展和创造。

作为一种特殊的社会意识形态，道德是人们共同生活及其行为的准则和规范，在任何社会场域中发生着不可替代的作用。在传统现实社会中形成和发展起来的传统道德，是人们在传统现实中进行生产生活和展开行为活动的准则和规范。而依赖于现实社会、现实性活动发展起来的网络虚拟社会、虚拟性活动，必然也会受到传统道德的影响和制约，尤其是在网络虚拟社会刚刚形成、网络虚拟道德尚未健全的初始阶段，这种影响和制约极为明显。传统道德对网络虚拟社会、虚拟性活动的影响和制约，根本原因在于网络虚拟社会不能完全脱离传统现实社会而独立存在和运行，始终与现实存在、现实社会存在着千丝万缕的联系。并且，这种影响和制约不仅存在于当下，而且还将伴随着网络虚拟社会的未来发展，不离不弃。就道德问题来看，传统道德对网络虚拟社会的持续性影响，是其呈现出长期性特点的重要原因之一。因此，对于网络虚拟社会中道德问题的治理，我们不能仅仅从网络虚拟社会场域出发，还应该考虑对传统现实社会及其感性的人进行必要的治理和教育。多管齐下，才是治理网络虚拟社会中道德问题的最佳选择。

（二）网络虚拟道德在日新月异的发展演化

以互联网为代表的现代科技彻底改变了人类生存和发展的方式，并催生出继陆地、海洋、太空之后人类生产不可或缺的社会空间场域——网络虚拟社会。而以善恶评价方式来调节人们活动行为、实现自我完善的道德，也随着人的虚拟性活动"入驻"网络虚拟社会，并形成与之相适应的道德体系——网络虚拟道德。在内涵上，网络虚拟道德是指人们在网络虚拟社会中为了调节各类关系、共同维护社会和谐稳定而自觉形成的行为准则和社会规范。在本质上，网络虚拟道德仍然属于一种特殊的社会意识形态，是人类在网络虚拟社会中所特有的一种精神生活。历史地看，以互联网为代表的现代科技的迅猛发展和广泛应用，为网络虚拟道德的生成奠定了技术基础，依赖互联网、计算机、虚拟现实等现代科技形成与发展起来的网络虚拟社会，为网络虚拟道德的生存提供了崭新的社会场域，基于网络虚拟社会所兴起的虚拟性活动行为和虚拟化生存方式，为网络虚拟道德的生存创设了实践载体。网络虚拟道德的生成是社会发展之必然，网络虚拟社会的演化是人类发展之必须，因为作为时代精神的道德，必然时刻保持与社会存在发展相一致，因为"每一个时代的理论思维，包括我们这个时代的理论思维，都是一种历史的产物，它在不同的时代具有完全不同的形式，同时具有完全不同的内容"①。

网络虚拟道德的生成、演化发展，反映了作为意识形态的道德始终依赖于社会生产力变革、社会形态更替和人类活动形式发展的事实，亦即任何道德的形成与发展不仅依赖于社会客观条件，而且还依赖于主体以及主体存在方式的活动行为。毋庸置疑，随着人的需要的不断深化、生产力的持续提高，现代科技的发展将更加迅猛，而依赖于此的网络虚拟社会、虚拟性活动的发展也会更加迅速、精彩。这就意味着网络虚拟道德的发展脚步不会停止，而与之相涉的道德问题又会不断出现新的内容、特征和后果。比如在早期的网络虚拟社会生活中，没有直播、视频等虚拟性行为，而近年来随着网速的提升和直播平台的兴起，产生了诸多与直播、视频等相关的道德问题。

总而言之，作为人类在网络虚拟社会中所特有的一种精神生活，网

---

① 《马克思恩格斯选集》（第 3 卷），人民出版社 2012 年版，第 873 页。

络虚拟道德的形成与发展是人类虚拟化生存的应然，也是人类社会发展的必然。网络虚拟道德既是人们虚拟化生存的基本内容，又是网络虚拟社会得以清朗发展的基本规范。人们虚拟化生存的不断发展，网络虚拟社会的持续进步，也就决定了网络虚拟道德的发展将会更加迅速，而与之相涉的行为、思想等又会出现新的失范现象和扭曲类型，导致新的道德问题的产生。这样的历史发展趋势表明：对网络虚拟社会中道德问题的治理将是一个长期且漫长的艰巨任务。

第六章 网络虚拟社会中道德 问题的表征

网络虚拟社会中的道德问题，是指在网络虚拟社会这一新型的社会场域中造成各类矛盾、影响个体发展和社会秩序的道德现象，简言之即不符合道德规范的异常现象。从这一定义可以看出，道德问题的发生主要集中在思想观念领域、实践行为领域和社会场域领域，比如在观念领域出现道德认识、道德信念、道德情感等问题，在实践行为领域出现道德行为失范、道德交往失信等问题，在社会场域出现道德生态恶化、道德文化庸俗、社会结构异化等问题。在不同的社会领域里，道德问题所呈现出来的内容、方式、影响都会有所不同，并较之于其他形态的道德问题，体现出普遍性、复杂性、国际性和长期性等特点。而关于这些内容，前文业已进行了分析。

作为人们调节各类关系、规范各种活动、维护社会安定而自觉形成的道德，在其本质上就决定了内隐的观念性和外显的实践性，亦即道德既内在地表现为一种心理或意识现象，又外在地体现为一种行为规范。就个人层面看，个体道德的形成与发展过程实质上是道德主体对外界事物认知了解的过程，是社会道德的"准则和规范"在其思想上内化及在其实践中外显的过程；就社会层面看，社会道德的形成与发展过程实质上是人们共同凝结成准则和规范，形成特别的意识形态来导引人们活动行为的过程。内在与外在的统一、观念与行为的沟通，确保了道德在社会发展中的重要性，以及与其他社会意识形态的差异。因此，我们在考察网络虚拟社会中道德问题时，除了前文所分析的表现、特征之外，还可以从内隐的观念性和外显的实践性两个表征维度来展开。

第一节　网络虚拟社会中道德问题的内隐表征

毋庸置疑，网络虚拟社会在今天业已发展成为人们生产生活的重要场域，深刻影响着人们的思想和行为。而随着网络虚拟社会的日渐完善和虚拟性生活的逐渐深入，作为一种特殊意识形态的道德也在网络空间中落地、生根、成长。而与此同时，一些违反道德规范的现象也会产生，亦即道德问题的出现。而这些道德问题以何种形式在意识或心理中呈现，并对道德行为产生了怎样的影响，是我们进一步了解网络虚拟社会中道德问题的本质需要。

一　真与假——网络虚拟社会中道德问题的事实表征

对事实的追求，对真相的确定，始终是人的本性使然，即使是在虚拟化的生存过程中，也不例外。不过，在全新的网络虚拟社会中追求事实、确定真相，比在传统的现实社会中显得更加艰难。原因在于：网络虚拟社会是一个不同于传统现实社会的场域，所有的静态要素或发展过程都必须转化为抽象的符号、数字、图片形式，包括作用于、指向于客体的主体也体现为一个简单的符号或图片，形式上不具备现实社会中主体的生理特征，而客观的存在或被改造的过程也只能通过符号或数字的形式来识别和接受，即使是在网络空间中所形成的活动结果也需要通过虚拟的形式来表达。从社会场景、活动演变、街道建筑、人物形象等，甚至人的思想观念、感情感觉都被用高度抽象的符号、图形、数字、颜色、声音来虚拟化表达。同时，具有非聚集性、非独占性、非封闭性、非确定性等特征的网络虚拟社会，使发生于其间的活动、事件以及人物等处于完全开放、流动的状态，缺少了物理条件下确定时空的标注，而彼此之间的这种自由沟通、交流、互助状态，往往又给人们造成真假难辨、真相难明的道德困境。比如网络社交的双方往往都是在匿名的状态下进行，彼此间的姓名、性别、相貌等特征，不像传统的现实社交那样一目了然，而且对于交往过程中的行为以及产生的后果都存在侥幸心理，许多人在交往过程中就会出现撒谎、造谣、欺骗等行为。甚至有人还戏谑：在网络社交中"你永远不知道网络的对面是一个人还是一条狗！"形象地表达了网络虚拟社会中真假难辨、真相难明的困境。

何为假？何为真？假是真的真，还是真的假？真是假的假，还是假的真？这一系列的"真假"问题，成为网络虚拟社会中道德问题的事实表征。而这种事实表征的出现，一方面体现为人们在虚拟化生存过程中，经常面临网络虚拟社会中的事件、活动以及人物等对象真假难辨、真相难明的伦理难题；另一方面是基于网络虚拟社会以及虚拟性活动所具备的特殊性，人们在虚拟化生存中出现的自我矛盾、人格分裂的道德问题。虚拟化生存中出现的真假难辨问题，实际上是主体囿于各种虚拟化条件而难以指向对象、认识对象的难题，最终导致的结果就是不明真相、不分真假的道德问题。比如网络中经常出现的"滴水筹"公益，由于监管的缺位和利益的驱使，往往成为某些人用来谋取利益的方式，而对于抱着爱心的捐赠人来说，却区分不清事件真相以及公益款项的去向，"捐"与"不捐"成了道德选择难题。虚拟化生存中出现的自我矛盾问题，往往是主体囿于虚实交替的生存环境，难以区分出何为现实社会、何为网络虚拟社会，何时是真实自我、何时是虚拟化自我，从而导致自我认识的模糊、真实自我与虚拟化自我的转化困难。而且，道德主体在网络空间中又常常放松了对自我的约束和管理，把自我最为真实的一面展示了出来，不过这种真实性又容易成为一些网络不法分子猎取的目标，造成网络诈骗、隐私泄露等事件。比如在网络虚拟社会中的合成语音软件，就经常被不怀好意的人用来误导人们，制造欺骗认证系统以及伪造音频记录。据呼叫中心软件制造商 Pindrop 的一项研究显示：仅2017 年一年，语音欺诈就给拥有呼叫中心的美国企业造成了 140 亿美元的损失。[①] 所以，网络虚拟社会中许多道德问题的发生，与网络虚拟社会以及发生于其间的虚拟性活动有着密切关系，但从更为内隐的维度看，均源于真假难辨、真相难明的事实表征。

---

① Future Today Insitute：《2020 年媒体和技术趋势报告》，http://www.199it.com/archives/959014.html，2021 年 3 月 8 日。

二　善与恶——网络虚拟社会中道德问题的价值表征

在社会生活中，我们之所以将某类言行界定为道德的或非道德的，是因为作出这样的言行对他人、对社会具有极其重要的意义，忽视或妨碍这些言行则会对他人或社会造成侵害，或者相反。那么，以什么样的标准来评判言行呢？一般情况下，善与恶，是我们经常用来评判道德言行的最一般范畴，亦即用来对人的某种言行的肯定、赞扬或否定、谴责，以及对人的言行有无道德价值的评判，如果符合一定社会或阶级的道德原则和规范就是善，反之则是恶。倡导道德的终极目的，是要关乎别人、关乎社会。虽然在不同的社会条件下，对何为善、何为恶有着不同的理解，但对于人类整体利益的关注和保护，始终是道德要求或规定的最低层级，我们不能随意突破或任意践踏。遗憾的是，在新型的网络虚拟社会场域中，由于道德文化的多元性和社会交往的开放性，道德相对主义、个人主义、自由主义以及虚无主义等滋生蔓延，影响了人们在虚拟性活动中道德观念和道德评判标准的正确形成。当新出现的道德价值观念与已有的道德价值观念发生冲突时，当传统社会中的道德评判标准与网络虚拟社会中的言行发展发生矛盾时，道德主体往往就处于评判标准的自我矛盾中。而在道德标准不清、善恶不分的状况下作出的虚拟性言行，有可能损害他人和社会的利益，导致道德问题的发生。

当然，网络虚拟社会中善恶不分的道德评判标准，还与真假难辨、真相难明的事实表征相关。如上文所述，网络虚拟社会与传统现实社会的最大区别在于，网络虚拟社会中的言行摆脱了物理时空条件的限制，主体与主体间通过即时便捷的交往工具自由地沟通、交流，各类思想文化通过网站、APP 等方式轮番登场，相互碰撞、交融发展，各类信息琳琅满目但也泥沙俱下。而这种纷繁复杂的场域里所呈现出来的言行、事实往往让道德主体雾里看花，摸不着真相，再加上部分不法分子利用高科技手段瞒天过海、掩盖真相，从而增加了道德主体辨别善恶、评判道德的难度，甚至最终做出一些非道德的言行来。比如经常在社交网络中出现的谣言，是一些别有用心的不法分子炮制、编制出来的，为了增加信息的"可信度"还常常添加照片、视频佐证，而不明真相的网民信以为真，帮助转发、分享，造成民众的恐慌，影响了社会的正常秩序。这种不明真相的扩散行为就是传谣，在道德上就是一种"作恶"行为。

总而言之，网络虚拟社会中发生的许多道德问题，折射出善恶不分的价值表征。长此以往，不但在个体层面上容易造成道德主体观念扭曲、人格分裂等道德乱象，而且在社会层面上容易造成颠倒黑白、指鹿为马的价值混乱。

三　美与丑——网络虚拟社会中道德问题的情感表征

美与丑，是人们对外在事物的感受。美者，让人产生愉悦之感；丑者，让人产生厌恶之感。爱美厌丑是人的本性使然。但在日常生活中，美与丑的界限并非如此清晰，在一定条件下是相互联系、相互转化的。不过，网络虚拟社会的形成与发展在丰富人们生活的同时，也对一些情感上的美丑进行肆意的解构、转化，不但造成人们审美情趣的低俗化、庸俗化，而且还造成道德问题的频发，影响了网络虚拟社会的正常秩序。在网络虚拟社会中出现的许多新闻讯息、知识文化和图片视频，总喜欢以感性、好玩的方式出现，并被贴上"好听""好看""好玩"等刺激感官的标签来吸引眼球，经典转化为笑谈、优秀变成娱乐、高尚要求低俗才能得到人们的喜爱和认可，"那些经典的道德文化就在这样的'娱乐化'审美情趣的引导下被肢解得支离破碎，那些优秀的伦理故事就在这样的'无厘头'文化表现的带领下被冲击得遍体鳞伤"[①]。情感被调动起来了，价值理性、人文关怀、责任职责和审美情操却被拒于"网"外，这种看似充满美感的"娱乐化"倾向，事实上是对美的肆意解构和转化，丑态毕露。比如"恶搞"文化，在今天的网络虚拟社会中正愈演愈烈。从滑稽的"一个馒头引发的血案"到无厘头的"中国法治报道"，从穿"虎皮裙"的孙悟空到有"初恋"的雷锋……"恶搞"原本为一种新型的传播方式，具有独特的

---

① 黄河：《网络虚拟社会与伦理道德——基于对大学生群体的调查》，科学出版社 2017 年版，第 341 页。

审美趣味和喜剧精神，反映了人们对游戏精神的追求和对"好玩"方式的执着，然而却被一部分人过度恶搞，不仅混淆了真善美和假恶丑，而且还亵渎了大众情感，误解社会价值观，成为诸多道德问题频发的原因之一。

"以丑为美"、将"庸俗"奉为"高尚"的文化氛围并非网络虚拟社会所特有，但较之于其他社会形态，网络虚拟社会将这种畸形的文化氛围推送到更加凸显的境地。形成这些现象的原因，一方面是资本追逐的结果。基于网络虚拟社会而形成和发展的虚拟经济，实质上是靠增加点击率、提高网络流量的眼球经济，唯有不择手段地吸引眼球，才能获取更大的经济利益。我们在浏览网页或社交聊天中经常会有"漂浮""点击"等广告按钮，其目的就是增加点击率。另一方面是网络虚拟社会自身所具备的特征造成的后果。与以往的社会场域相比，网络虚拟社会最大的特征就是非聚集性、非独占性和非封闭性等，而这些特征在让道德主体释放本性的同时，也为许多"放纵"的行为提供了可能。比如近段时间兴起的视频直播，其形象越搞怪、内容越离谱，越能得到人们的疯狂点击和刷屏。而对于上传视频、开直播的人来说，在获得一定经济利益的同时，实际上又是对道德规范、社会伦理的挑战。最终的结果是造成"劣币驱逐良币"现象，道德问题也就成了普遍性的社会问题。

何为美？何为丑？如何化丑为美？始终是美学关注的基本问题。而对这些基本问题的回答，还得回归到人们日常的审美活动。换言之，如果人们的审美活动出现了问题，相应地，对美与丑的理解也会发生问题。在网络虚拟社会中充斥着的"以丑为美"现象，反映了虚拟化的审美活动业已不符合常规审美规则，对于道德主体的情感，以及整个社会文化都会造成负面影响。其中，一部分就转化成了典型的社会性道德问题。

四　公与私——网络虚拟社会中道德问题的空间表征

作为社会化的人，其存在与发展都离不开空间，因为"空间不是社会的反映，而是社会的表现"①。空间本身就是社会。这就意味着由互

---

① 包亚明：《现代性与空间的生产》，上海教育出版社2003年版，第48页。

联网、计算机、大数据以及云计算等现代科技所建构起来的网络空间，"暗示着一种由计算机生成的维度，在这里我们把信息移来移去，我们围绕数据寻找出路。网络空间表示一种再现的或人工的世界，一个由我们的系统所产生的信息和我们反馈到系统中的信息所构成的世界"①。网络空间即社会场域。哈贝马斯曾将传统的社会场域划分为公共领域和私人领域，前者是"从文学公共领域中产生出来的；以公众舆论为媒介对国家和社会的需求加以调节"②，开放性和公共性是其固有的本质属性；后者是指"包括狭义上的市民社会，亦即商品交换和社会劳动领域；家庭以及其中的私生活也包括在其中"③，独立性、自律性和不受控制性是其固有的本质属性。相应地，我们也可以将网络虚拟社会划分为公共领域和私人领域。但是，网络虚拟社会却未将二者完全对立起来，而是通过对各种技术的运用和交往方式的转变，促使网络虚拟社会中的公共领域与私人领域呈现出相互交融的发展态势。一方面，公共领域私人化。网络虚拟社会模糊了公私之间的界限，私密话题、个人生活等充斥着各类网页、贴吧、论坛以及朋友圈等，原本属于公共场域的网络空间已经被私人化的信息和行为占据了。比如个人博客、空间日记等文字信息原本属于私人场域，但由于链接、转载、分享等功能的存在，变成了以公开的方式在传播。另一方面，私人领域公共化。网络虚拟社会中存在的许多私人行为、私人空间由于社交媒体、自媒体的互通互联、点赞分享等功能，方便了他人和社会的关注，隐私被窥探，生活受影响，导致私人领域变成了公共领域，许多私人事件变成了公共事件。最为常见就是一些明星名人的私人信息，总是充斥着整个网络新闻。网络虚拟社会中公与私之间的融合发展，既与网络空间开放性、自由性以及模糊性等特征相关，而且还受虚拟性生活理念、现代科技发展水平密切相关。

---

① ［美］迈克尔·海姆：《从界面到网络空间：虚拟实在的形而上学》，金吾伦、刘钢译，上海科技教育出版社2000年版，第79页。
② ［德］哈贝马斯：《公共领域的结构转型》，曹卫东等译，学林出版社1999年版，第35页。
③ ［德］哈贝马斯：《公共领域的结构转型》，曹卫东等译，学林出版社1999年版，第35页。

当然，网络虚拟社会中公与私空间的融合发展也会造成一系列的负面结果。在个人层面容易造成私人生活的"透明化"，许多纯私人性的生活、交往以及工作等都被暴露在大众面前，个人私密性被弱化了，亦即梅罗维茨所说的"私人情境并入公众情境"①，在为公众舆论干涉个人生活、评判个人道德提供了可能性的同时，也在社会中制造了大量的"伪公共场域"，即本来不具有公共性的私人话题和信息侵占公共场域，导致公共场域出现异化现象。从社会层面看，无论是"化公为私"还是"以私充公"现象，实质上都反映了社会场域界限的混乱。而这种混乱总是伴随着社会生产生活的游离、紊乱，从而导致社会伦理的失序和道德问题的频发。

五 义与利——网络虚拟社会中道德问题的是非表征

义和利，涉及道德原则与物质利益的关系，集中反映了人们的价值取向和道德选择面向。比如在传统的社会价值观念中，"逐利"为人所唾弃，逐利的商人居于社会等级"士农工商"的末端。反之，看重他人利益、关注公共利益的行为，则被视作"义"。义利之辩在中国传统文化中占有重要位置，尤其是在儒家思想中，"义利之说，乃儒者第一义"②。义与利之间的取舍，不仅指向个人内在的道德观念，而且关乎社会如何平衡、如何维护的问题。因为一个社会如果没有"义"，利益就会泛化，社会风气就会败坏，道德就会沦丧。反观网络虚拟社会中的道德问题，或多或少地都牵涉到经济利益问题，因为"人们奋斗所争取的一切，都同他们的利益有关"③，而"'经济—伦理''历史—道德'是当代人最为敏感最为现实的问题"④。比如某些网络大V，通过微博撰文方式揭露娱乐明星的情感、生活以及隐私等内容，吸引他人眼球来增加点击量，以提高自身知名度来获取巨额经济利益。作为新型的社会

① J. Meyrowitz, *No Sense of Place*, New York：Oxford University Press, 1985, p.40.
② 朱熹：《朱子全书》第二十册，朱人杰等主编，上海古籍出版社、安徽教育出版社2010年版，第1082页。
③ 《马克思恩格斯全集》（第1卷），人民出版社1995年版，第187页。
④ 曾振宇：《儒家伦理思想研究》，中华书局2003年版，第25页。

场域，网络虚拟社会也受现代市场经济的影响，到处充满着"利益至上"的气息，而义总被遗弃，似乎一文不值。许多人只顾一味追求自身价值、经济利益，而置他人利益、集体利益于不顾，或见利忘义，或以义取利，对二者的合理关系缺乏科学的认识。

历史地看，这种见利忘义、以利害义的取财之道，在任何社会场域中都是不受提倡和尊敬的，"邦有道，贫且贱焉，耻也；邦无道，富且贵焉，耻也"（《论语·泰伯》）。不过，我们并不是完全否定"利"在人们生活中的作用和价值，而是强调在义的原则下合理取"利"、见利思义。利是人们赖以生存和发展的条件，在社会生产生活中具有基础性的作用。但在被利益泛化的网络虚拟社会中，利被无限放大和突出了，而义却被利益所抑制，造成义利矛盾的凸显，不但影响了社会的正常秩序，而且还导致各类道德问题的频发。因为这种见利忘义、以利害义的思想，在网络虚拟社会中常常表现出不择手段，置国家利益和他人利益于不顾，只要是对自己有利的事情就可以不考虑任何道德因素和对社会他人造成的影响。① 义和利本身就是一对相辅相成的范畴，对任何一边的偏离都有可能形成道德困境、造成社会问题。在网络虚拟社会中提倡科学的义利观，对于解决各类道德问题具有重要意义。

在网络虚拟社会中之所以出现见利忘义、以利害义的现象，既与社会场域的特殊性、相关规章制度的不完善、资本喜好逐利等外在因素相关，又与道德主体意识淡薄、重利轻义思想盛行等内在因素相关，但归根结底都与人的本性有关。一些人将"利益""金钱"视作一切行为的标准，而将正直、诚实、信仰等同于落后、迂腐，为了逐利而不择手段，比如售卖假货、坑蒙拐骗等行为在网络虚拟社会中时有发生。逐利过度、取利无底线，亦即"为人臣者，怀利以事其君；为人子者，怀利以事其父；为人弟者，怀利以事其兄，是君臣、父子、兄弟终去仁义，怀利以相接"，最终是"然而不亡者，未之有也"（《孟子·告子下》）。从这一意义上看，网络虚拟社会中道德问题的频发，和义与利关系的失衡有着密切关系。可以说，这是网络虚拟社会中道德问题的表征。

---

① 黄少华、魏淑娟：《论网络交往伦理》，《科学技术与辩证法》2003 年第 2 期。

按唯物史观，世界的万事万物是一个矛盾统一体，既对立又统一，二者之间既相互排斥又密不可分。这就表明社会中的存在，总是有好有坏、有富有穷、有高有矮、有真有假……它们之间在相互对立的同时又彼此相连，共同构建起这个复杂多变、五彩缤纷的人类世界。而上文所讨论的真与假、善与恶、美与丑、公与私、义和利等问题，实质上也是对立统一关系在道德思想领域的面相，反映了人们在社会生活中面临复杂情境里的道德选择困境。而这样的道德困境，亦存在于全新的网络虚拟社会中，困扰着人们的虚拟化生活。并且，囿于社会场域的转化、生活方式的改变以及相关规章制度的缺失，道德困境演变成了影响社会正常秩序、人们正常生产生活的道德问题。

第二节 网络虚拟社会中道德问题的外显表征

道德的形成与发展，是道德内化与外显的统一过程。道德内化的形式、内容以及强度决定了道德主体的道德水平，道德外显的方式、表现以及效果影响了道德主体的道德行为。而作为道德特殊状况的道德问题，其发生既关涉道德内化又涉及道德外显。如果说道德内隐表征是外界琐碎"信息摄入""内容读取"的思维转化过程，那么道德外显表征则是信息被转化、内容被消化后的实践展开过程。外显表征是道德知识在人脑里的部分投射，亦即道德知识经过思维转化后在道德主体思想中留下的模式以及行动指南。就道德问题孕育、发生和发展的过程看，外显表征与道德问题的关系更为亲近和密切，对于进一步分析道德问题的现状具有重要价值。

网络虚拟社会中道德问题的内隐表征，包括真与假、善与恶、美与丑、公与私、义和利等方面。相应地，我们认为网络虚拟社会中道德问题的外显表征，主要包括亲近与疏离、狂欢与孤独、协作与竞争、自主与从众等方面。

一 亲近与疏离——网络虚拟社会中道德问题的关系表征

基于信息传输、语义沟通的目的而发展起来的网络虚拟社会，日渐成为人们进行社会交往的重要场域，以往的社会关系也因此而发生巨大变化。现代科技的普遍性运用，以及各类程序软件的创造性应用，使网络虚拟社会中的交往能够跨越物理空间的距离、聚集全球范围内的各类人群参与其中，效率更高、范围更广、途径更多、内容更杂是网络社交区别于以往社交的特征。但在事实上，虚拟性社交在革新人类沟通、交流的同时，也产生了一定的负面影响。现代美国心理学家雪莉·特克尔曾在 TED 上作《社交时代的孤独》的演讲，认为当代科技的发展确实改变了自我知识、改善了人们的生活，并带给我们有无限憧憬的未来，但可能也将我们带入歧途，过度依赖科技手段和虚拟化生活的我们，偏离了"人"本来的社会圈子。比如，虚拟性社交在使彼此双方更加亲近的同时，也产生了疏离彼此情感的负面效应，让人们在社交时代变得更加孤独。

网络虚拟社会中的沟通、交流，早已不再取决于物理时空上的距离，而是取决于我们使用的技术，以及使用技术的方法。网络虚拟社会让每一位网民都可以跨越空间、时间进行远距离、高效率的交流，沟通变得越来越简单、交流变得越来越便捷。在效率、形式和内容等维度上，人与人之间从未如此亲近过。但如果用这种虚拟的人际关系来完全取代人与人之间的交往，未必能达到全部的交往目的。因为如此亲近的人际关系似乎并未让人们走进彼此的内心、真正了解对方，而是让大家变得更加陌生和疏离。毕竟，基于网络虚拟社会而展开的虚拟性社交，始终无法复制复杂的、多变的、充满温度的面对面沟通，非语言沟通方式的重要性在交往中被弱化或忽视了。发生在现代社会的网络社交看似越来越多，但人与人之间却变得越来越疏离，熟悉的陌生人和陌生的熟人，成为虚拟性社交的真实面向。并且，这样的疏离感还会延伸到现实，影响到许多人的生活。经常会发生这样的情境：朝思暮想的恋人、血浓于水的亲人以及肝胆相照的朋友突然见了面，却面临彼此无话可说、无法沟通的尴尬，只好又各自拿起手机联系下一次想见面的人。因网络而产生疏离的人际关系，还有可能导致生活在现实社会中的人的交往能力、社会适应能力下降，经常出现情绪低落、思维迟缓、焦虑孤独和身体功能紊乱等症状，亦即"网瘾症"。更为重要的是，经常处于既亲近又疏离的矛盾人际关系中的道德主体，放松了自我约束，责任感、自律性都在减弱，再加上外界自由思想、不良信息的影响，极易出现一系列的道德问题。

所以，若即若离的虚拟性社交，经常让人们处于既亲近又疏离的矛盾人际关系中。而这种矛盾不仅影响人们的情感、心理和思想，而且还会影响人们的行为、实践，在道德维度上表现为一种道德困境。

二 狂欢与孤独——网络虚拟社会中道德问题的群己表征

狂欢，最早是哈伊尔·巴赫金（МихаилМихайловичБахтин）提出的文学概念，其"意指仪式性的混合的游戏即一切狂欢节式的庆贺、礼仪、形式的总和。狂欢式转化为文学的言语表达的就是我们所谓的狂欢化"①。狂欢具有全民性、娱乐性和仪式性等特征，比如中世纪的狂欢节，就是一种具有游戏成分的全民参与的活动，"是人民大众以诙谐因素组成的第二种生活"②。依此来看，传统社会中的狂欢节、复活节以及春节、元宵节等，都具有"狂欢"意味。网络虚拟社会的形成与发展，使"一种新的狂欢形式——网络狂欢开始出现，并逐渐成为人们'第二生活'的内容之一"③。与传统的现实社会狂欢相比，网络狂欢更加突出了内容多元化、形式虚拟化、表达符号化等特征。从网络购物、网络理财、网络社交等生活日常到网络游戏、视频分享、网络阅读等休闲享受，都带有显著的狂欢属性。

作为人们虚拟性生活重要表征的狂欢，其兴起有着深刻的时代背景。历史地看，网络虚拟社会的形成与发展，实际上是一个赋权大众的过程，从早期的公告栏、BBS、空间论坛到后来的微博微信、直播视频，都为网民参与公共活动、发表个人看法提供了场域和形式，而现代传播媒介技术的广泛运用、网络速度的不断提高以及移动终端功能的日

---

① ［俄］巴赫金：《陀思妥耶夫斯基诗学问题》，白春仁、顾亚铃译，生活·读书·新知三联书店1988年版，第175页。

② ［俄］巴赫金：《巴赫金全集》第六卷，李兆林、夏忠宪等译，河北教育出版社1998年版，第11页。

③ 张荣：《从网络狂欢看互联网时代的个人、共同体和社会》，《福建论坛》（社科版）2015年第12期。

益改进，又为人们聚集讨论网络事件、传播网络流行语等创造了技术条件。网络虚拟社会场域与其他社会场域的最大区别，在于聚集的便捷性、边界的无限性，无论是聚集的速度还是聚集的人数，都是传统狂欢难以想象的。比如一年一度的天猫"双十一"购物狂欢节，在2019年达到2684亿元人民币的规模。这是传统销售方式无法企及的销售额。这样的购物狂欢只能发生在网络虚拟社会中，也唯有网民才能享有。然而在"第二种生活"的狂欢过程中，由于狂欢主体的缺场性、行为方式的虚拟性以及涉及内容的多样性，网民经常回归到"本真"放纵自我，出现宣泄情绪、恣意恶搞、人肉搜索、网站跟帖等行为，成为许多道德问题的导火索，因为"群体中的个人不再是他自己，他变成了一个不受自己意志支配的玩偶。孤立的他可能是个有教养的个人，但在群体中他却变成了野蛮人——即一个行为受本能支配的动物，他表现得身不由己，残暴而狂热"①。

在虚实结合、五彩纷呈的网络虚拟社会中，确实聚集了无数的网民，沉浸在数字化的狂欢中。而构成无数网民的个体却常常像一叶孤舟，漫无目的地飘荡在熙熙攘攘的狂欢事件中，一场又一场相逢，一次又一次狂欢，但一旦关掉网页、合上屏幕回到现实，又是孑然一身，热闹消失后常常显得失落、无力。因此，狂欢中孤单、孤单中狂欢的表征，成了解释人们为何在虚拟化生存中显得如此脆弱、如此感性、如此冲动的重要原因。从更深沉的层次看，这样的网民群己生存景象，已是导致道德问题不断发生的重要根源之一。

三 协作与竞争——网络虚拟社会中道德问题的机制表征

相互协作，是人区别于其他动物的重要特征之一。从原始狩猎生活到现代信息生活，从自给自足的自然经济到注重交换的市场经济，从家庭作坊到现代规模化流水线作业，无不体现了协作在人类生产生活中的重要性。而以互联网、计算机、大数据、物联网、云计算以及虚拟现实

---

① ［法］古斯塔夫·勒庞：《乌合之众》，冯克利译，广西师范大学出版社2001年版，第56页。

等为代表的现代科技的发展，则将协作能力推到更高水平，尤其是以互联网、移动网为基础的连接物与物的社会化网络平台的出现，整合全球范围内的信息和资源，在更高效、更便捷的空间场域内实现自由流转、整合和互通，既在协作中发展又在发展中协作。这种基于协作而衍化出的流通与共享行为，正是网络虚拟社会的根本目的，亦即"网络的本质在于互联，信息的价值在于互通"①。目前，大力倡导发展的物联网、大数据以及区块链等技术，又逐步实现了"虚拟"与"现实"、"数据"与"实物"的互联与共享，人与人、人与物、物与物之间的实时感知和全面互通似乎不是梦想。但事实上，在非独立性、非封闭性、非聚集性等的网络虚拟社会中，不同的伦理体系以及不同的地域性的道德观念之间都会存在着冲突，而这种冲突经常性地被付诸行动，成为许多社会性问题的根源。比如，网络恐怖主义的产生，在本质上就源于主流价值观念与部分群体价值观念的冲突。

不过，人类社会的进步与发展不可能仅靠这种协作保持和谐的状态，原因在于具有自私基因的人类，总有对利益最大化占有、对需求不断升级的欲望，尤其是自工业社会以来，这种共同理想与个体利益的悖论，常常成为许多社会矛盾的根源。在竞争机制的调整下，经常置一些人或组织于极其不利的地位，而网络虚拟社会的形成与发展，更以社会层级差别的形式将这些人和组织有效区分开来。比如前面我们提到的"数字鸿沟""网络霸权"等现象，实质上是网络虚拟社会倡导"积极"竞争的结果。

总而言之，当我们在网络虚拟社会中追求相互协作、共同发展时，如果不自觉地对竞争的社会机制加以调整、变革，那就无法达至目标，至多也只是获得形式上的平等和暂时性的协作，归根结底会导致竞争的进一步加剧和社会不平等的进一步拉大，最终演化为一系列的道德问题，影响人类社会的正常发展。

---

① 习近平：《在第二届世界互联网大会开幕式上的讲话》，《人民日报》2015 年 12 月 17 日第 2 版。

四　自主与从众——网络虚拟社会中道德问题的行为表征

自主是主体区别于他人而体现出来的个体特性，亦即作为主体的人在生产生活中不依赖于他人而展现出来的个体能力或行为特征。比如我们日常提及的主见、自立以及主动性、独立性等，都属于自主的范畴。与自主对应的则是从众，亦即作为主体的人在日常生产生活中模仿他人、跟从大众的心理趋向或依赖行为。无论是人的自主特征还是从众心理，既有先天的遗传又有后天的原因。先天的因素是通过父辈遗传、变异下来的，后天的因素是通过教育、实践等方式形成的。正因为有先天和后天二重因素的影响，从而决定了人的行为的复杂性和多样性。而基于后天因素，我们可以推论出：人的自主特征或从众心理一方面依托于一定的空间场域——社会，另一方面依赖于一定的行为载体——人的活动。

依赖现代科技而发展起来的网络虚拟社会，拥有非聚集性、非封闭性、非独占性等特征，从而为道德主体自主特性的养成、发挥提供了更好的空间场域，使其不受他人的支配，遇事能对自己的行为负责。并且，基于网络虚拟社会所形成和发展的虚拟性行为，把主体从单一的枯燥的物理时空中拖拽出来、从繁重的生产劳作中解放出来，在时间里增加了闲暇时间，在空间上拓展了活动范围，在内容上丰富了行为的自由度，从而为主体的自主特征提供了更多元、更丰富的承担载体。同时，网络虚拟社会也为道德主体的从众心理及其行为的形成提供了便利。一方面是媒体尤其是自媒体在网络虚拟社会中的大肆渲染，让一部分自主能力弱的人往往放弃自我而随波逐流；另一方面是社会场域自身刻意遮蔽或隐瞒事实，让那部分不明真相的人盲目跟从。所以，明星带货、直播销售、视频广告等网红经济成了网络时代最令人瞩目的经济形态。

但我们也应注意到：推崇个性化、多元化的网络虚拟社会，在促使网民个性需求得到满足、个性特长得到彰显，分化出越来越多社会集群的同时，也加剧了社会组织的个体化、去中心化发展，在一定意义上重构了人与人、人与组织、组织与组织之间的互动模式和影响机制。网络虚拟社会在一定意义上抹平了传统社会中不同等级之间的差距，即使是处于最底层的人也有发表自己意见的机会，处于最边缘的人也有参与各类社会活动的可能。而这种自主化的社会舆论机制，却为群体性社会问题的发生埋下了隐患。比如，当部分人的利益诉求得不到及时回应时，或某类网络谣言得不到及时澄清时，就会连带引发他人的盲目跟从、聚集，从而导致一系列的道德问题，甚至酿成社会冲突或对抗活动。所以，基于网络虚拟社会场域而出现的自主特征和从众心理，以及由此而引发的行为活动，是网络虚拟社会中道德问题的行为表征。

第三部分

网络虚拟社会中道德问题的发因

违反道德规范、破坏社会秩序的道德问题，是人类社会发展历程中长期存在的客观现象。人类社会始终是人与人相互联系、相互交往、相互作用而构建的社会有机体，始终存在着人与人之间的道德关系，也始终存在着特定的道德问题。历史已证明，自人类社会产生，道德问题就随之出现，无论是早期的渔猎社会、农业社会，还是后来的工业社会、信息社会，以及目前方兴未艾的网络虚拟社会，总有不同形式、不同内容的道德问题在发生，影响着社会的稳定和发展。可以说，迄今为止，层出不穷的道德问题，伴随了人类社会发展的整个历程，而人类对遭遇到的道德问题的回应和解决，也造就了一部具体而生动的人类道德发展史。当然，在不同的社会历史条件下，道德问题的发因也会有所不同，从而也就决定了对于各类道德问题的解决，必须要以客观辩证地分析导致道德问题发生的原因即"发因"作为前提。

作为在一定社会条件下经济、文化、科技以及人的行为活动等综合作用的产物，网络虚拟社会中的道德问题本质上体现为一种违反道德规范、破坏社会秩序的现象，其产生会受到主体意识、社会场域、经济条件、文化教育、科技发展等多种因素的影响。换言之，与虚拟性生活、网络虚拟道德相关的一切主观因素、客观条件，都有可能在一定程度上、从不同维度上导致道德问题的产生。因此，一种社会现象或社会问题的产生往往是多种因素共同作用的结果，而网络虚拟社会中道德问题的发因也不例外。从内外维度看，造成网络虚拟社会中道德问题的发因既有内在的因素又有外在的因素；从社会领域看，有经济的因素、政治的因素、文化的因素，还有技术的因素、教育的因素；从影响程度看，有源发性的因素、继发性的因素和诱发性的因素；从影响宽度看，有微观的因素、中观的因素，还有宏观的因素……在本部分中，我们将根据辩证唯物主义关于内因和外因的基本原则，主要从内外两个维度来剖析网络虚拟社会中道德问题的发因，同时兼顾考虑社会场域、经济发展、文化发展以及科技发展等因素，以揭示网络虚拟社会中道德问题发生的逻辑，从而为网络虚拟社会中道德问题的治理提供依据。

第七章　网络虚拟社会中道德问题的内发因素

在辩证唯物主义看来，任何事物的产生、变化和发展，都有其内因和外因。内因一般是指事物得以变化发展的内在原因或内部矛盾，相应地，外因是指事物得以变化发展的外部原因或外部条件。而对于事物变化发展的影响，内因与外因所起的作用也有所不同，内因是事物变化发展的根本原因，外因则是事物变化发展的外部条件，正如毛泽东同志在《矛盾论》中所强调的："外因是变化的条件，内因是变化的根据，外因通过内因而起作用。"① 由此，作为事物自身变化发展的内因，不但是该事物得以存在发展的基础，而且还规定着事物变化发展的基本方向。而作为外部条件的外因，则是通过内因而起作用，亦即通过对事物内在原因的某一方面影响的增强或削弱而加速或延缓事物的变化发展。内因与外因是相对存在的，某一矛盾或因素在一种联系中可能体现为内因，在另一联系中又可能体现为外因。反之亦然，内外因可相互转化。对于内因和外因在事物变化发展中的作用和性质，既不可盲目地"各说各话"，又不可"眉毛胡子一把抓"。因此，对于任何事物变化发展的分析，既要注重其内在根据的内因，又要注重其外部条件的外因。只有准确揭示出事物变化发展的内在原因和外部条件，正确认识二者的辩证关系，才能全面深刻地把握住事物的变化现状以及未来发展趋势。

根据辩证唯物主义关于内因和外因的基本观点，我们对网络虚拟社会中的道德问题发因的分析，拟从内外两个维度来展开。其中，内发因素主要包括道德主体维度的内发因素以及道德体系维度的内发因素，外发因素主要包括社会场域、经济发展、文化发展以及科技发展等。需要

---

① 《毛泽东选集》（第1卷），人民出版社1991年版，第322页。

强调的是，以上诸多因素固然是导致网络虚拟社会中道德问题发生的因子，但内发因素始终是占主导地位的，是导致网络虚拟社会中道德问题发生的主要矛盾，决定其根本性质和发展方向，而外发因素是网络虚拟社会中道德问题发生的重要条件，通过内发因素影响道德问题的发生。并且，除了以上诸多因素，还存在宗教信仰、意识形态、生活习俗等其他因素，在此就不一一展开赘述。

第一节　道德主体维度的内发因素

就客观存在的道德而言，道德本身尚不能构成主体或具备主体性，而唯有与道德发生关系的有意识、有目的、有行为的人或人格化了的组织（团体）或阶层，方能成为道德主体。换言之，所谓道德主体，是指在道德实践过程中与道德客体形成了道德关系并成为道德行为主导者、发出者的人或人格化了的组织（团体）或阶层。道德主体是道德实践的发起者、控制者和受益者。没有主体的存在与作用发挥，道德也就不可能成为具体的活动行为，不可能产生道德本身所具有的价值和意义。因此，从亚里士多德到康德，再到黑格尔和费尔巴哈等哲学家，皆把道德主体作为重要的哲学范畴予以考察。马克思在继承前人观点的基础上，批判性地指出不能将道德主体简单地"精神化"或"类化"，而应该从动态的实践过程中、从人类社会阶层的适当划分中具体地予以确证，才能更深刻地理解道德主体的特征和价值。

根据规模的大小，我们可以将道德主体划分为个体性道德主体、组织性道德主体和社会性道德主体。不同类型的道德主体，都是道德实践的发起者、控制者和受益者。同样，在网络虚拟社会场域中，道德实践的形成、发展由不同类型的道德主体来发起、控制。相应地，与之相关的道德问题的发生也与不同类型的道德主体相关，或者说，不同类型的道德主体是网络虚拟社会中道德问题的主要发生因素之一。

一　道德主体的基本类型

无论社会场域如何变化、道德发展如何高级，社会始终是属人的社会，道德始终是为人的道德，即使是虚实相生的网络虚拟社会，其主体依然是现实存在的感性的人，与之相应的网络虚拟道德，亦是由人而生、因人而在。离开了社会实践、离开了主体的日用常行，网络虚拟社会必将不复存在，网络虚拟道德也就失去了存在的价值和意义。由此来看，网络虚拟社会中道德问题的发生，归根结底与作为道德主体的人密切相关，与生活在网络虚拟社会中的网民密切相关。由此决定了从内在维度来分析网络虚拟社会中道德问题的发生，必须从道德主体维度入手展开。而这样的分析，又要建立在对道德主体合理划分的基础之上。

众所周知，无论是在传统的现实社会中，还是在方兴未艾的网络虚拟社会场域里，由于道德主体是多样地、现实地参与道德实践的人，从而也就决定了道德主体存在着多种不同类型。根据规模的大小，可将道德主体划分为三种基本类型，即个体性道德主体、组织性道德主体和社会性道德主体。比较而言，第一种基本类型即个体性道德主体，是道德主体中规模最小、力量相对薄弱的类型，主要表现为以个体或个别形式参与道德实践并在此过程中与道德对象形成主客体关系的主体，亦即单独从事道德实践的个人。个体性道德主体是构成道德主体的基本单位，是人类道德活动得以开展的前提和基础，离开个体性道德主体来讨论道德主体，如同撇开树木讨论森林问题，极易造成抽象的空洞的伪命题。第二种基本类型即组织性道德主体，是指以群体的形式参与道德实践并在此过程中与道德对象形成主客体关系的主体形态，比如常见的企业、军队、政党以及各种社会团体等都可算作组织性道德主体的具体表现形式。这些组织为了共同的目的或利益，以群体性的相应契约方式自觉地组织起来开展各种道德活动。组织性道德主体在早期的人类社会中是自发的、松散的团体，规模较小，力量也很薄弱。随着社会的进步和科技的进一步发展，人类积累了丰富的组织经验，掌握了更先进更高效的组织手段，组织性道德主体的发展变得越来越紧密，规模越来越大，逐渐发展成为道德主体的主导类型，其所带来的问题是组织内部道德实践难度系数增大。第三种基本类型即社会性道德主体，一般是指某一具体条件下以社会性的或全人类性的形式参加一定的道德实践并在实践过程中与道德对象形成主客体关系的主体形态。社会性道德主体具有历史性特征，在不同的历史时期和不同的社会场域具有不同的本质和外延。社会性道德主体通常情况下可分为两种具体形式：一是在某一历史阶段的某一区域内的所有的道德主体的总和，即社会历史性道德主体；二是指包括地球上的各个国家各个民族的所有的一切人类道德主体的总称，即人类性道德主体。在科技尚欠发达的人类社会初期，社会历史性道德主体居于社会性道德主体的主导地位，随着科技的迅速发展和全球人类历史的形成，尤其是互通互联的互联网络的广泛运用，人类性道德主体超越了社会历史区域的限制而发展成为主导的道德主体。人类性道德主体的典型特征就是全球性和统一性，特别是在当代科技革命的影响下和在网络虚拟社会主导的场域中，人类性道德主体在道德实践中的主导地位表现得更为显著。

诚然，以上关于道德主体类型的划分，都是相对而言的，事实上三者之间既有区别又有联系，总体上呈现为辩证统一关系。个体性道德主体是组织性道德主体和社会性道德主体的基本构成单位，离开了个体性道德主体的存在和发展，也就无所谓组织性道德主体和社会性道德主体，但个体性道德主体得以存在和发展又必须依赖于组织性道德主体和社会性道德主体这个大"背景"。从积极的角度看，在这个大"背景"下个体性道德主体的局限性才能得以克服，才能更好地发挥自有的积极性和创造性，才能发挥超强的威力攻克一个又一个比自身强大的道德难题。组织性道德主体，既是个体性道德主体的群体构成模式，又是社会性道德主体的重要组成单位。组织性道德主体一方面要把个体性道德主体的力量、能力有机地组织统一起来，超越个体性道德主体，形成更强的合力以解决更艰巨的道德问题，实现共同的道德目的；另一方面又要把自身的实践与社会性道德实践有机地结合统一起来，使其符合绝大多数人的根本利益，顺利地、有力地推动整个人类道德的发展。对于社会性道德主体而言，要从整个社会和人类的大局出发，从总体上引导和调控人类道德活动的发展，使之既维护个体性道德主体和组织性道德主体的利益，又能把握住整个社会和人类的道德发展方向。因此，由众多个体性道德主体和组织性道德主体所共同有机构成的社会性道德主体，既离不开个体性道德主体和组织性道德主体，又必须超越个体性道德主体和组织性道德主体，体现出无限性和超越性的特点和优势。总而言之，个体性道德主体、组织性道德主体和社会性道德主体三者相互作用、辩证统一，共同构成了现代人类完整意义上的道德主体。相应地，在网络虚拟社会场域中，道德主体也可按此原则划分为个体性道德主体、组织性道德主体和社会性道德主体。而不同类型的道德主体，在具体的道德问题发生过程中，发挥着不尽相同的作用或功能。

二　不同类型的道德主体对网络虚拟社会中道德问题的影响

既然不同类型的道德主体在具体的道德问题发生过程中，发挥着不尽相同的作用或价值。那么，从道德主体维度来讨论网络虚拟社会中道德问题的发因，也可从个体性道德主体、组织性道德主体和社会性道德主体三个维度展开。

（一）个体性道德主体维度

作为一种特殊的社会意识形态，道德在个体身上往往表现出相对稳定的、类似的特征或倾向，而这种特征或倾向主要与道德主体的道德信念、道德认识以及道德情感等主观因素相关。网络虚拟社会的兴起与发展，让主体超越了时间、空间等物理条件的限制而获得了更多的自主权，在思想和行为上涌现出许多与众不同的个性化特征，在获取知识和信息的方法方式上也更加多元，但同时也容易出现对自我行为约束的放松，容易受到不同道德文化的影响。换言之，网络虚拟社会中五彩缤纷的生活方式的诱惑、不同道德文化的碰撞与摩擦以及虚拟性生活的逍遥自由，都会影响道德主体的道德观念，进而导致各类道德问题的发生。因此，网络虚拟社会中道德问题的频发，从总体上看是内在因素与外在条件共同导致的结果，而在内在维度上，主要与个体性道德主体的道德认识水平、道德情感差异以及道德意志强弱等相关，亦即作为网络虚拟社会场域中的个体性道德主体，由于生产生活、社会交往方式的转换，其道德信念、道德认识以及道德情感等都会受到不同程度的影响，从而演化成不同道德问题的主观诱因。

首先，网络虚拟社会中的部分个体性道德主体存在道德信念紊乱的现象。在日常生活中，道德主体之所以能够锲而不舍、一以贯之地躬行道德实践，关键在于其自身拥有的道德信念。道德信念既不是对社会现象的一般了解和对事物的好恶态度，更不是毅力的外在表现，而是深刻的道德认识、炽热的道德情感和正确的道德实践的内在有机统一。所以，道德信念是道德动机或目的的较高形式，道德主体一旦确立起牢固的道德信念，就能坚定不移地依照自己的理解和认识来展开道德实践，也能依据自己的信念来辨别社会中的善与恶。对于个体性道德主体而言，道德信念是一种强大的力量。诚然，道德信念如果不够坚定和统一，不但会影响道德主体的思想观念，而且还会影响道德实践的正常展开。

较之于传统的现实社会，网络虚拟社会具有非聚集性、非封闭性、非独占性等特征，能够消退森严等级的中心化，能够消除物理时空上的距离，能够分享五湖四海的商品服务，从而导致部分道德主体总是沉迷其中，不知道德为何物，不知信念在何处，只顾眼前享受，只爱吃喝玩乐，往往通过无端消费来表达自己的存在，用炫酷的在线游戏来消磨自己的时光，以阅读良莠不齐的碎片化信息来占据自己的生活……于是，琳琅满目的商品，无时不塞满自己的网络购物车，二次元的娱乐消遣，无时不在线相互厮杀，晒自己、窥别人的微博微信，机械式的上传点刷。虚拟性的生活，终究需要消耗大量的金钱和时间，尔后部分道德主体在缺钱的状态下唯有铤而走险，做出许多违反道德规范的行为。同时，开放包容的网络虚拟社会，允许来自不同国度、民族的道德文化相互交流、相互学习，但对于一些别有用心的政治集团来说，正好利用这样的便利宣传自己不为人知的目的，那些自律性较弱的道德主体就在这种难以分辨的道德文化面前，失去了自己固有的理想和信念，做出了一些违背社会秩序的行为。网络虚拟社会中部分道德主体道德信念紊乱，还与当代社会发展的多元化和复杂化发展特征密切相关，以往人们经历苦难和奋斗所树立起来的高尚的、笃定的、统一的社会价值观，在新的历史阶段繁荣和平的环境里往往被消极的、失落的、悲观的、浮躁的、背信弃义的、争名夺利的思想所冲击。处于观念走偏、信仰失重、心理失衡状态下的主体，作出失范的道德行为也就不足为怪了。在我们的调研过程中，总是有人会问："为什么一个直播带货，一年就能轻松过亿，而我们几十人辛辛苦苦一年未必能够实现？""那些网红一夜成名，我们为什么不可以？""许多网络平台的兴起，早期都是通过色情来带动流量的。政府为什么不作出惩罚？"确实，这样的责问值得我们去反思，但从另一侧面，则反映了生活在网络时代的人们，其道德信念受到了前所未有的冲击。这不仅是网络虚拟社会发展中，也是整个社会发展中遭遇到的重要现实问题。

其次，网络虚拟社会中的部分个体性道德主体存在道德认识不足的现象。对于个体性道德主体而言，其对道德的理解、接受和认可，都是通过道德认识（或道德认知）来达至的。所谓道德认识，是人们对社会各类道德关系以及与此相关的理论、原则、规范和准则的感知、理解和接受。因此，道德认识通常包括三个层次，亦即对道德感知的积累与反映、对道德概念的理解和掌握、对是非善恶的评价和判断。道德感知是道德主体与认识对象发生一定关系后形成的最初感觉，一般通过人的实践活动、社会交往而表现出来。但道德感知还不是对道德规范本质的、系统的反映，还需要经过对道德概念的学习，才能理解道德的本质，形成正确的道德判断。因此，对道德概念的理解和掌握反映的是道德主体应当具有什么样的行为，核心是形成知识性的道德概念。而对是非善恶的评价和判断，涉及的则是对道德知识的具体运用，亦即道德主体如何将业已理解和掌握的理论知识，运用于指导自身日常的道德实践。具体到网络虚拟社会中道德问题的发因，实际上都与个体性道德主体存在道德认识不足的现象有关，涉及道德感知的积累与反映、道德概念的理解和掌握、是非善恶的评价和判断这三个环节。

对于生活在网络虚拟社会中的道德主体而言，其道德感知的积累与反映主要发生于虚拟空间。网络虚拟社会与传统现实社会的最大差异，就在于它极大地改变了人们的生产生活、社会交往方式，改变了主体认识对象、改造对象的途径，其中包括道德主体作用于对象的道德活动。道德主体对客体的最初印象，在网络虚拟社会条件下业已变成了数字化、符号化的形式。对道德知识的获取，也比传统的现实社会更加多元。而在这种虚拟性的感知过程中，许多客观的事实往往被遮蔽，让主体得不到真实的印象，容易产生错觉，导致道德主体出现误判、错判等现象。比如我们常见的网络谣言，就是最好的例子。真相被造谣者或传播渠道掩盖了，许多传谣的人都是盲目地跟从。网络虚拟社会对学习方式产生了革命性的影响。道德主体能够通过多元化的方式或渠道学习各类道德知识、获取各类道德概念，但在增加自身道德知识量和扩大理论知识面的同时，又往往对现实人情疏远、冷漠，久而久之变成性格孤僻的人，从而造成主体思维的窄化——局限于片面的、偶然的视域中，进而容易在道德实践中出现为了一己之欲而强加于他人的道德现象。比如网络评论中经常出现的"键盘侠"，本质上就是一种道德绑架，违反了中国儒家一向倡导的"己所不欲，勿施于人"的道德原则。是与非、善与恶等道德判断，在网络虚拟社会中往往被一些不法分子颠倒过来——是非不分、善恶混淆，从而影响了道德主体道德观念的正确形成，并在此基础上，让一部分道德主体在道德实践中经常造成"指鹿为马""张冠李戴""识龟成鳖"的笑话。同时，还有部分道德主体的道德知识与道德实践存在脱节现象，在虚拟空间中的发言讲得"头头是道"，但回到道德实践、回到现实社会中，却处处违背自己的道德信念、违反日常的道德规范。究其根本原因，在于其所形成的仍然为知识性的道德概念，并未内化为自己内在性的道德知识要求。

最后，网络虚拟社会中的部分个体性道德主体存在道德情感异化的现象。个体性道德主体的意识活动不仅表现为理性的认识活动，而且还表现为情感融入的体验活动，而其中所融入的情感，通常包括爱憎、好恶、喜怒等。这些情感不但是人的情绪表现之一，而且也是人的道德品质的重要内容。一般而言，道德情感是指个体性道德主体基于一定的利益关系，对包括他人活动、社会现象、自我思想等客观存在的作用而形成的一种情感体验。在这个意义上，道德情感在本质上是道德主体对外界的体验和对自身情绪的掌控而形成的一种高级别情感，常常以爱憎、好恶和喜怒等形式表现出来。需要说明的是，这种高级别的道德情感，与人一般的情绪又有所区别，前者更强调与个体性道德主体的世界观、人生观、价值观相统一，表现为道德主体长期固有的、相对稳定的一种偏向于对道德现象的情绪反应。因此，将道德情感概括起来，一般包括指向自身的道德情感和指向他人或社会的道德情感两种主要形式，前者包括羞耻、荣辱、自尊等，后者包括同情、怜悯、尊重等。

　　网络虚拟社会的发生逻辑，是为了解决人们的通信问题，然而在随后的发展过程中，被不断广泛应用于社会的各个领域和层面，彻底改变了人们生产生活、人际交往、娱乐休闲等方式。其中，网络社交的兴起最具代表性，互联互通的网络平台让人们达到各种交往目的、获得各种情感体验的同时，又使人们拥有了多元化的情感表达方式。不过，这样的情感体验和情感表达在具体的生产生活中，又往往成为诸多道德问题的根源之一。比如，由于虚拟性生存的匿名性，一些道德主体为了逃避现实，隐蔽于虚拟的网络空间来"独善其身"——对现实不管不问，对情感冷漠回避；另一些道德主体在网络跟帖中经常辱骂他人、发泄对社会或政府的不满。而如此众多的道德问题现象，归根结底都是道德主体对道德情感认识不足而导致。在网络虚拟社会中，道德情感在个体性道德主体那里，两种极端态度往往占据主流。一种是对道德情感的低估、无视和否定，认为网络是冷冰冰的虚拟世界，不需要人与人之间的温情，不需要他人情感的参与，从而形成"情感压抑""情感枯竭""情感危机"等现象，成为道德问题的根源之一；另一种是对道德情感的高估、夸大，认为网络产生的目的就是加强联系、联络感情，从而形成"情感泛滥""情感至上"等现象，这也是道德问题的根源之一。无论是哪一种态度，事实上都是道德情感在网络虚拟社会场域中的异化，违背了道德情感"普遍性与个体性相统一""理性与非理性相统一"的本质内涵。

　　（二）组织性道德主体维度

　　如前文所述，在早期较为封闭的社会场域中，社会结构往往呈现为一种自给自足的状态，与之相适应的道德体系也主要表现为个体性道德，亦即个体性道德主体占了绝大部分。而随着社会的进步和科技的发展，这种自给自足的社会结构逐渐被打破，取而代之的是既有合作又有分工的交换经济，并在此基础上逐步出现以实现统一目标而共同行动的联合体，即组织（集团）。而这样的组织（集团）为了在社会竞争中稳住脚跟，提升竞争力，必然要对内形成统一的经营目标，确定高度一致的经营理念，执行规范化的管理，对外衔接各类社会资源，整合竞争力量，以获取更大的经济利益或树立起绝对的权威性。因此，较之于其他类型的道德主体，组织性道德主体具有群体性、一致性、规模性和严肃性等特征。当这样的组织（集团）涉及道德活动时，总体上要求其成员服从其管理理念、规章制度以及经营活动。在传统的现实社会中，人与人之间的交往主要是面对面的交往，在此基础上形成的社会关系往往是"有个'己'作为中心，各个网络的中心都不同"①，无论是亲属关系还是地缘关系皆是如此。与此相应的道德关系重在分别，"在《礼记·祭统》里所讲的十伦：鬼神、君臣、父子、贵贱、爵赏、夫妇、政事、长幼、上下，都是指差等；'不失其伦'是在别父子、远近、亲疏。伦是有差等的次序"②，亦即"差序格局"。但是，这种以"己"为中心的差序格局，在现代科技和市场经济的冲击下，逐渐被以利益为纽带的现代社会格局所代替，与之相应的道德关系重在"公"与"私"的分野。根据共同生活的需要而形成的社会公德，是维系公众利益、社会秩序的重要原则，包括遵守秩序、讲究文明、诚实守信等。与公德相对应的则是私德，主要用于处理人与人、人与社会之间的关系。而对于如何保障"公"和"私"的正当实施，以及二者之间的适当划分，理应成为现代社会道德关注的核心问题。而以企业形式出现的大规模组织性道德主体，对于调和现代社会道德中"公"与"私"之间的矛盾、推动当代社会道德的发展起着关键性的作用。或者说，组织性道德主体在道德实践中的所作所为，直接关系着整个社会道德的发展水平。

通过以上的分析可以看出，在不同的时代背景下，必然会形成不同的社会组织，以及与之相适应的道德关系，而"以互联网为代表的现代信息技术带来的社会经济的变化，是信息社会来临时道德变革最为深沉的经济动因；但也不能因此忽略，社会组织变革给道德变革带来的巨大影响"③。其中最为显著的就是"道德主体自主性增强"和"道德内容开放性增强"，亦即匿名性的虚拟交往让道德主体能够更加自主地进行

---

① 费孝通：《乡土中国 生育制度 乡土重建》，商务印书馆 2015 年版，第 28 页。
② 费孝通：《乡土中国 生育制度 乡土重建》，商务印书馆 2015 年版，第 29 页。
③ 李扬、孙伟平：《互联网＋与信息社会道德变革》，《湖南科技大学学报》（社会科学版）2019 年第 2 期。

道德选择，因为扁平化的企业组织灵活多变，在制度结构上以"项目制"取代了以往层级分明的"科层制"，在管理上以"柔性管理"取代了以往大规模的"标准管理"，从而削弱了组织对个体的道德约束力。但是，在与社会和他人相关的层面，诞生并成长于网络虚拟社会背景下的组织，更容易利用现代科技带来的便利作"恶"：在经济领域涌现出欺诈、投机等行迹，提供假冒伪劣商品或服务等；在政治领域出现信息鸿沟、霸权主义；在文化领域出现剽窃、媚外等现象，传播色情、暴力等信息；在生态领域出现浪费、污染的现象；在生活领域出现炫富、奢靡等问题；而在人与人的情感方面则是持冷淡、漠视等态度。在近年来的一些对社会影响巨大的网络事件中，其背后那些要么编织、要么抹杀、要么混淆的推手，往往可以发现诸多似曾相识的组织痕迹。因此，网络虚拟社会中道德问题的频发，与网络虚拟社会中的组织（集团）存在着密切关系。

在网络虚拟社会中，组织性道德主体主要包括营利性的组织性道德主体、非营利性的组织性道德主体，后者进一步细分为公益性的组织性道德主体和政府性的组织性道德主体。但从目前的规模性和活跃度上看，营利性的组织性道德主体在虚拟性生产生活中占了绝对优势，俨然是组织性道德主体的主力军。与之相对应的是，以营利为目的的组织性道德主体，是造成网络虚拟社会中道德问题的发因之一。基于此，我们从组织性道德主体来分析网络虚拟社会中道德问题的发因时，拟从营利性的组织性道德主体和非营利性的组织性道德主体两个方面展开。一方面，营利性的组织性道德主体得以存在和发展的根本目的，在于实现最大规模的经济利益，从而决定了其作出的许多道德行为都与利益相关。在现代社会中，"君子爱财，取之有道"的方式是值得倡导和推荐，因为唯有经济利益的驱动才能推动整个社会的发展，但问题的重点在于"取之是否有道"。在具体的虚拟性生产生活中，一部分营利性的组织性道德主体往往为了获取更多的财富，不惜违背社会道德原则和社会公众利益，比如一些网络平台通过色情、暴力等信息来增加流量，一些电子商务企业通过刷单、售卖伪劣商品来提升销量，一些公众号通过炫富、晒心灵鸡汤来吸引眼球，一些网站平台以盗版文学来获取经济利益等，直接成为道德问题的制造者。另一方面，非营利性的组织性道德主体利用网络虚拟社会隐蔽性和匿名性等特点，打着公益的名义行营利之事，比如水滴筹、轻松筹等网络募捐平台，曾多次陷入"诈捐门"，尤其是近年来通过扫楼引导患者，对员工进行提成、末位淘汰等，不但恶化了人们对网络公益的印象，而且还引发人们对营利与公益、正当与不正当等道德问题的争论与思考。诚然，大部分的非营利性的组织性道德主体，按照非营利的性质承担着自己理应承担的责任，不过，依然有一些组织性道德主体在网络世界中引起一系列的道德问题，在影响自身良好形象的同时又造成了网络虚拟社会秩序的混乱，比如中国红十字会近年来先后暴出的"郭美美事件""武汉口罩调拨事件"等，使其自身处于有史以来最为严重的"诚信危机"之中。由此看出，即使是一些由政府主导的非营利性的组织性道德主体，依然是引发道德问题的发因之一。

总之，无论是营利性的组织性道德主体还是非营利性的组织性道德主体，在成为网络虚拟社会中道德主体主要群体的同时，也可能会成为网络虚拟社会中道德问题的主要制造者。而从更深沉的层次上看，对经济利益的片面追求，对社会责任感的忽视，对行业自律的放松，都成了组织性道德主体造就道德问题的内在动因之一。

（三）社会性道德主体维度

除了前文讨论的个体性道德主体和组织性道德主体，在网络虚拟社会中还存在另外一种类型的道德主体，亦即社会性道德主体。

按马克思主义基本观点，社会是人类生活的共同体，是人们相互交往的产物，是以共同的物质生产活动为基础而相互联系的人们的有机总体，正如马克思所说："社会——不管其形式如何——是什么呢？是人们交互活动的产物。"① 社会的本质，是一切生产关系的总和。同样，无论是传统的现实社会，还是新型的网络虚拟社会，本质上都是一切社会生产关系的总和，是人与人之间相互交往、相互作用而形成的共同体。那么，构成社会共同体的这些主体，事实上都成了社会性道德主

---

① 《马克思恩格斯选集》（第 4 卷），人民出版社 2012 年版，第 408 页。

体，亦即在社会中发生的道德实践，如果是由社会共同体主导完成的，那么其就是社会性道德主体。因此，在数量和规模上，社会性道德主体包含了个体性道德主体和组织性道德主体，或者说，正是因为有了个体性道德主体和组织性道德主体，才有了社会性道德主体。根据上文论述，既然个体性道德主体和组织性道德主体都是引发网络虚拟社会中道德问题的成因，那么社会性道德主体在更广的范围上，必然是道德问题的又一成因。因为一个社会的道德水平，不仅取决于每一社会个体和每一社会组织的道德现状，而且还与整个社会成员的道德水平密切相关。

作为一种方兴未艾的社会场域，网络虚拟社会总以开放的、包容的姿态吸引着无数的人。以我国为例，截至 2020 年 3 月，网民规模业已达到 9.04 亿人，互联网普及率高达 64.5% 。但在学历结构上，初中、高中/中专/技校学历的网民群体占比分别是 41.1% 、22.2% ，受过大学专科及以上教育的网民群体占比为 19.5% 。① 由此看出，虽然构成网络虚拟社会的共同体即网民基数比较大，但整体的学历水平不高，并且来自不同的生活环境和文化传统，从而导致网民的综合素质呈现出参差不齐的现象。通常情况下对于综合素质高的群体来说，其道德涵养相应较高，而其道德选择、道德实践以及道德评价等行为也会更为理性和宽容，反之则容易感性、盲从。也就是说，当网民面对某一事件缺乏独立思考时，对信息来源真伪不辨，就容易人云亦云，而陷入某种"正义幻觉"境况。比如对事件或当事人以自认为公平的"道德标准"去评头论足、去质疑反对，去宣泄自己的不满情绪，并对网络内容随意复制转发、恶意传播，往往在网络空间形成舆论焦点而引发"蝴蝶效应"。因此，在许多网络虚拟社会中的道德事件中，一些社会性道德主体还以为自己表达的是正义、做的是道德之事，但事实上却是非正义、不道德之事。

社会性道德主体造成网络虚拟社会中道德问题的原因，我们还可以从思想和心理两个根源来看。从思想根源上看，网络虚拟社会中的社会

---

① 中国互联网络信息中心：《第 45 次〈中国互联网络发展状况统计报告〉》，http://www.cnnic.net.cn/NMediaFile/old_attach/P020210205505603631479.pdf，2021 年 2 月 5 日。

性道德主体，普遍存在极端的自由主义。顾名思义，自由主义就是一种把个人自由置于优先地位的道德取向，亦即一切道德实践从追求个人自由的目的出发，一切道德行为以保护个人自由的要求为尺度。自由主义原本是为了限制某些人、集团以及制度的特殊性而出现，在历史上有其合理性，但经社会历史洗礼过的现代自由主义却往往走向极端化，逐渐演化成一种任性主义、怀疑主义和好人主义，尤其是在网络虚拟社会中表现得更为明显。比如，一部分社会性道德主体在网络虚拟社会中总是秉持"想怎么样就怎么样"的理念，为所欲为，飞扬跋扈，恣意放纵，无视国家相关职能部门的监督管理，对相关的规章制度置若罔闻，而任性到极点的结果就是造成大量的道德问题。还有一些社会性道德主体，在网络虚拟社会中不去理性思考和寻求真相，而是在许多事件上立场含糊甚至糊涂，迟疑不决，甚至怀疑国家大政方针，以至于在重大网络事件面前是非不分。还有一部分社会性道德主体坚持好人主义，奉行明哲保身的处世哲学，对网络世界中的丑恶行为、造谣传谣等道德问题容忍避让，仿佛过着与世无争、本本分分的生活，即使面对他人的恶劣行迹也是好言软语、过分迁就，实质上却讨好卖乖，麻痹了自身的善恶、真假和美丑之心，既是对自己的放纵又是对社会、对他人的不负责任。所以，如此众多的社会性道德主体坚信如此极端的自由主义，网络虚拟社会中的道德问题频发也就成了一种必然。

从心理根源看，网络虚拟社会中的社会性道德主体，普遍存在从众心理。当某一事件经过网络放大、传播之后，整个网民就会按照"少数服从多数"的原则迅速"站队"，原因在于惧怕自己被多数意见所孤立，以规避被隐蔽和被湮没，即使是自己不知事实真相、持有怀疑的状态下，常常也会呈现出"一边倒"的从众现象，将自身行为的个性、思想上的理性完全遗落在芸芸众生之中。而这种"随波逐流""人云亦云"的从众现象，往往是道德主体尚未经过理性分析导致的行为，容易引发一系列的道德问题，比如"富人被逼捐款"的道德绑架事件，过度"人肉搜索"带来的曝光隐私侵犯人权的问题，等等。在这样的道德事件中，到底谁是帮凶？谁是主谋？都是难以直接明确和合理解决的难题，但那些"推波助澜"的社会性道德主体，难脱干系。另外，网络虚拟社会中的"大众点评""购物评论""大 V 言论"等活跃于虚拟场域，事实上都在利用从众心理来影响网民的消费选择和娱乐取向。这样的做法，在帮助网民实现更快更好地消费、娱乐的同时，也容易在消费、娱乐等领域滋生"信息茧房""杀熟"等道德问题，成为影响网络虚拟社会健康发展的干扰因素。

总而言之，无论何种类型的道德主体，都是通过承担社会道德义务或与其他人发生道德关系而得以展现、确立起来的。尤其对于社会性的道德主体，其承担的社会道德义务更重要。由于规模大、影响广的原因，社会性道德主体一旦出现破坏社会秩序的行为，带来的道德问题破坏性更大，以致产生"羊群效应"。因此，对于网络虚拟社会中道德问题的治理，社会性道德主体应是重点关注的对象。

第二节　道德体系维度的内发因素

作为一种特殊的社会意识形态，道德只有在社会中与作为道德主体的人发生关系，才能发挥其效用。但道德也有其客观存在的一面，有着自身的内部构成要素和变化规律，亦即在多数情况下不依赖于人而独立存在，独自构成社会系统的重要组成部分。这就表明，从内在维度来剖析网络虚拟社会中道德问题的成因，除上文所讨论的道德主体之外，还可以从道德体系本身来切入。相对于其他社会现象而言，道德系统有其完备的内部要素以及彼此间的结构规律，有其相对独立的有机整体，以发挥完善人际交往、稳定社会发展的重要功能作用。和谐的、完善的道德体系，不但能够推进道德自身的发展，而且还能够促进道德社会功能的正常发挥。反之，如果道德体系内部要素发生缺失、异化等变化，也会影响道德功能的正常发挥。

在本节中，我们拟先对学界关于道德体系的研究动态作一简要回顾，接着在汲取相关研究成果的基础上，提出道德体系由道德知识、道德关系和道德活动三要素构成的观点，并分析三个基本要素间的辩证关系，最后从道德知识、道德关系以及道德活动三个维度，重点讨论道德体系内部要素对网络虚拟社会中道德发展的影响，以揭示道德体系要素的变化亦是导致道德问题的成因之一。

一 道德体系的构成要素及其相互间的关系

从系统论的角度看，社会中的每一事物都是一个系统，而这一事物与其他事物的相互联系，又组成了更大的系统，以形成彼此相融、纵横交错的关系。任何系统的存在，又有其相对独立的结构体系，以区别于其他系统。那么，作为一种特殊的社会意识形态的道德，其体系又是什么呢？所谓道德体系，是指道德的各个构成要素（血肉）及构成要素间的组织架构（骨骼）所共同建构起来的系统。这就要求对道德体系的考察，着重在于两点，即道德体系由哪些要素构成和这些构成要素之间是什么关系。

（一）道德体系的构成要素

有机统一的体系是事物得以存续的基本方式，对事物的分析和认识可以从体系内部的构成要素入手。道德与其他的社会意识不同，是一个层级多样、内容复杂、功能丰富的有机整体，而道德体系的这种复杂性，引起了学界的长期论争。李宗桂将道德体系直接划分为日常社会生活道德、政治道德、经济道德、文化道德、家庭道德和职业道德。[1] 樊浩将道德体系等同于道德结构，认为道德体系是一种道德框架或伦理精神的结构，是文明体系的有机构成。[2] 江畅等人结合当代中国道德发展实情，认为道德与伦理所涉及的内容不同，相应的道德体系一般包括道德价值体系、道德情感体系、道德品质体系和道德规范体系四个方面。[3] 朱贻庭在《伦理学小辞典》中，将"道德体系"理解为"体现一定社会和阶级价值取向，具有内在一致性的、较为稳定的道德原则、规范和范畴系统"[4]。与该观点相近的有徐少锦等人主编的《伦理百科

---

[1] 李宗桂：《论道德体系与文化价值体系——兼谈新时代的道德体系建设》，《学习与探索》1996 年第 12 期。

[2] 樊浩：《道德体系与市场经济的"生态相适应"》，《江海学刊》2004 年第 4 期。

[3] 江畅等：《论当代中国道德体系的构建》，《湖北大学学报》（哲学社会科学版）2015 年第 1 期。

[4] 朱贻庭：《伦理学小辞典》，上海辞书出版社 2004 年版，第 39 页。

辞典》，该观点认为："道德体系一般都有完整体系的理论形态，有明确的道德原则、规范和范围的规定。"[①] 需要注意的是，还有部分学者立足于社会的角度，将道德体系理解为道德结构，比如李春秋等人将道德结构简要地划分为两类，即个人与个人之间的道德关系，个人与社会整体之间的关系，而每一类道德关系又包括社会道德活动现象、社会道德规范现象和社会道德意识现象。[②] 陈泽环与刘科的观点相近，都将社会道德结构划分为底线伦理、共同信念和终极关怀三个层次。[③] 唐凯麟在其著作《伦理学》中，根据道德特征决定道德内部结构的关系，认为道德内部结构由道德意识、道德关系和道德活动三个基本要素构成，并与外部的社会道德意识、社会道德关系和社会道德活动相呼应，共同形成道德结构。[④] 而唐凯麟的这种划分方法，显然受罗国杰于1989年编写的《伦理学》中的观点影响。后者对道德结构的划分是基于个人与社会整体之间的道德关系、个人与个人之间的道德关系两大关系展开。[⑤] 王海明直接将道德结构等同于道德规范的结构，认为道德是由道德规范和道德价值构成，道德规范是形式，道德价值是内容。[⑥] 根据费孝通提出的"差序格局"理论，喻丰等人提出"道德差序圈"是中国人的个体道德结构的观点。[⑦] 通过以上的梳理，我们可以看出学界关于道德体系的理解主要从两个方面展开，即道德本身所涉及的内容和所发挥的功能，并突出了其阶级性和历史价值。而这样的论争虽然看似不相一致，且有相悖的地方，但都不影响其合理的历史价值，以及对道德体系不同视角的理解。

根据研究的目的，我们拟将道德体系界定为：道德体系是指道德的各个构成要素及构成要素间的组织架构所共同建构起来的系统。具体来

---

① 徐少锦、温克勤主编：《伦理百科辞典》，中国广播电视出版社1999年版，第1069页。

② 李春秋、吴正春：《简明伦理学》，蓝天出版社1991年版，第240页。

③ 陈泽环：《道德结构与伦理学》，上海人民出版社2009年版，第172页。刘科：《从权利观到公民德性》，上海大学出版社2014年版，第167页。

④ 唐凯麟：《伦理学》，安徽文艺出版社2017年版，第58页。

⑤ 罗国杰：《伦理学》，人民出版社1989年版，第61页。

⑥ 王海明：《论道德结构》，《湖南师范大学社会科学学报》2004年第10期。

⑦ 喻丰、许丽颖：《中国人的道德结构：道德差序圈》，《南京师范大学学报》（社会科学版）2018年第6期。

看，所涉及的各个构成要素，主要包括道德理论、道德关系和道德活动。道德理论是道德的理论层面，而道德关系和道德活动则是构成道德主体社会关系和实践行为的外延方面。换言之，道德体系既包括道德的理论层面，又涵盖道德的实践层面，整体上是这两个方面及其诸要素的有机统一体。而从更深沉的层次上看，这样的有机统一体，恰好反映了人们"理论—实践""主观—客观"的认识对象方式。

道德体系中的道德理论，是指人们长期以来对道德必然性的认识，以及在此过程中所总结出来的各种判断、概念和方法。道德理论既是社会历史发展的产物，又是当下社会发展过程中经济关系反映的产物。所以，道德理论一般包括历史传承下来的道德习俗、道德知识，以及当下社会发展过程中倡导的道德原则和道德规范。当然，道德理论所包含的这两部分内容并不截然相分，而在道德实践过程中不断得以转换、批判和创新。比如当下的道德原则和道德规范，其核心思想或精神来源于历史传承下来的道德习俗或道德知识，而道德习俗或道德知识又是对以往社会发展过程中的道德原则或道德规范的总结、提炼。可以说，道德原则和道德规范是道德理论的具体体现，扮演着由道德理论转向道德实践的中间环节，而道德习俗和道德知识是对道德实践的加工和总结，是保证道德得以传承、发展的重要途径。总而言之，道德理论是保证道德稳定性与连续性相统一、理论性与实践性相统一的重要因素。

道德体系中的道德关系，是指主体在道德实践过程中相互形成的一种社会关系。从本质上看，道德关系是在主体所依赖的各种经济利益关系的基础上，按照一定的观念知识、价值标准和善恶标准而形成的，并通过各种各样的道德实践体现出来的状态。但是，这样的道德关系并不是完全由主体所决定，而是具有一定的历史客观性，亦即道德关系一旦形成，就不会轻易发生改变，因为道德关系总是反映着一定的社会发展水平、阶段利益、组织理念和个人价值。如此看来，道德关系是主观性与客观性、事实性与价值性的辩证统一。根据交往双方的不同，我们可以将道德关系划分为三类：个体性道德主体与个体性道德主体的道德关系、个体性道德主体与组织性道德主体的道德关系、组织性道德主体与组织性道德主体的道德关系。

　　道德体系中的道德活动，是指主体根据一定的道德信念，依据相关的道德原则和规范在社会中指向客体的实践行为。作为一种特殊的社会意识形态，道德本身具有极强的实践属性，或者说只有在实践过程中，道德的价值才能得以体现。所以说道德是人的社会生活的重要组成部分，而人的社会化生活又总是离不开道德。从开展的活动内容来看，道德活动包括三种基本形式，即以一定理论知识或标准来指导展开的道德选择活动、实现一定道德目标的道德建设活动、按善恶标准或原则来评判他人或社会现象的道德评价活动。根据参与道德活动的道德主体规模，也可以将道德活动划分为个体性道德主体活动、组织性道德主体活动等。以道德活动所涉及的内容看，道德活动还可以划分为经济类的道德活动、政治类的道德活动、文化类的道德活动以及艺术类的道德活动等。其实，无论以何种标准来划分，都离不开道德活动本身所涉及的内容和展开的方式。就本书所研究的内容看，我们主要采取从开展的活动内容来划分的方式，即道德选择、道德建设和道德评价三种。

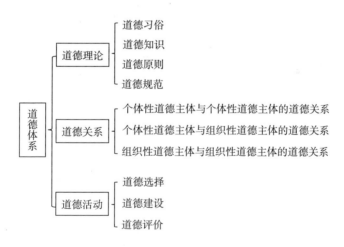

图 7 - 1　道德体系图

（二）道德体系构成要素之间的简要关系

　　从上述对道德体系构成的三个要素及其包括内容的分析中可以看出，构成道德体系的各要素虽然各自相对独立，但它们彼此之间却是相互制约、相互联系的。道德理论既是道德关系得以发生和形成的思想前提，又是道德活动得以展开的行动指南。道德关系是道德理论的具体体现，但必须要以道德活动为载体，通过道德活动展现出来。道德活动是道德理论的实践形式，是孕育道德理论并使其不断变革发展的土壤，是道德关系得以不断演化的现实条件。所以，道德理论、道德关系和道德活动在具体的社会实践过程中形成的辩证统一关系，是道德体系得以相对独立存在的关键。

正是基于这样的辩证统一关系，才能保障道德在人际关系形成过程中的作用，才能体现道德在社会发展过程中的价值。当然，一旦这些构成要素受到影响，或这样的有机统一关系遭到破坏，那么道德的发展必然也会受到影响，甚至产生或带来一系列的道德问题，成为破坏社会稳定发展的根源。

二 道德体系构成要素对网络虚拟社会中道德问题的影响

如前文所述，作为相对独立的道德体系，有着自身的构成要素以及与此相关的变化规律。作为构成道德体系的基本要素，即道德理论、道德关系和道德活动的变化，必然会制约着道德功能的正常发挥，而其中发生的缺失、变异等现象，是造成道德问题的内在根源之一。联系网络虚拟社会中的道德问题，道德理论的混乱、道德关系的弱化以及道德活动的失范，既是导致道德问题的主要成因，又是道德问题的某种行为表现。

（一）道德理论的混乱

道德理论主要来源于对历史发展的继承和当下社会经济发展的总结。同其他社会形态一样，网络虚拟社会的形成与发展，是对人类历史上其他社会形态的继承与发展，而与之相适应的道德理论，理应是对人类社会上的各类道德理论的继承，及在此基础上的发展。但实际上，从历史所继承过来的道德理论，不能有效调节和指导网络虚拟社会中的人际关系和行为活动，原因在于网络虚拟社会主要是依赖于以互联网、计算机、大数据等为代表的现代科技而发展起来的，体现出非聚集性、非独占性、非封闭性等特征，超越了物理时空的限制，从根本上改变人们的生存生活方式。比如对生产要素的界定，以往主要是指土地、人力、资本等实体性要素，而在网络虚拟社会条件下还包括信息、知识产权等非实体性要素。正是因为网络虚拟社会与传统现实社会的这种差异，导致从传统现实社会那里继承下来的诸多道德理论，难以适用于人们虚拟性的生产生活。就道德理论对当下社会经济发展的总结方面看，由于网络虚拟社会尚处于方兴未艾的初始阶段，相关的虚拟性行为、网络经济都处于不断的变化、完善过程之中。根据奥格本在《社会变迁——关于文化和先天的本质》中提出的文化堕距理论：社会文化在变迁过程中，"由相互依赖的各部分组成的文化迅速变迁，且各部分的变迁速度不一致时，就要产生问题"①。而在整个文化内部，变化速度快的往往是物质文化，非物质文化发展常常滞后。也就是说，在网络虚拟社会的形成与发展过程中，作为物质基础的经济发展较为迅速，而作为非物质文化的道德理论发展相对滞后。如此一来，道德理论在网络虚拟社会中的发展跟不上经济发展，那么，许多"领先"出现的虚拟性经济行为，也就没有相应的道德规范、道德原则来予以指导和规范。比如近期兴起的网红主播、直播带货等现象，由于相关规章制度的缺乏和道德理论的滞后，导致大量欺诈、假货等商业道德问题的发生。因此，从传统现实社会那里继承过来的道德理论不能有效适用，而根据当下虚拟性的生产生活总结出来的道德理论相对滞后，由此而成为网络虚拟社会中道德问题发生的重要原因。

在高速发展的信息时代，道德理论除了从历史继承和对现实总结之外，还可以与其他文化相互交流学习。确实，网络虚拟社会是一个开放的、共享的社会场域，许多优秀的道德文化、伦理观念超越了意识形态、宗教阻隔和地理间断，能在这里得以传播、分享、融合和发展。不过，正是这样的传播、分享、融合和发展行为，导致网络虚拟社会中与道德理论相关的道德知识、道德原则和道德规范"泥沙俱下"，从而让部分生存于其间的道德主体无所适从、无从选择，不知道该用哪一种道德知识来提升自己的道德素养，不知道按哪一种道德原则来开展道德实

① ［美］奥格本：《社会变迁——关于文化和先天的本质》，王晓毅等译，浙江人民出版社 1989 年版，第 107 页。

践，不知道依哪一种道德规范来规范自己的思想行为。于是乎，看似网络虚拟社会中的道德理论一套挨着一套、一种接着一种，但事实上却存在无道可循、无德可学的困境，正如涂尔干所说："道德也是那样的含混不清，反复无常，根本形成不了任何纪律。因此，集体生活的整个领域绝大部分都超出了任何规范的调节作用之外。"① 而且，在这些杂乱无章的道德理论中，难免存在一部分不道德、反社会、反人类的似是而非的理论知识，尤其是在一些别有用心的政治集团的传播和鼓吹下，成功"武装"了一部分信仰空虚、自律意识差的道德主体的头脑。比如在前文提到的历史虚无主义、绝对自由主义等理论，在网络虚拟社会中就颇受一部分年轻道德主体的欢迎。在这样的社会背景下，这些被非道德理论知识所"武装"的头脑，自然也就成了网络虚拟社会中道德问题的始作俑者。

网络虚拟社会中道德理论的混乱，有其历史客观原因，是现阶段人们虚拟化生存难以回避的现实问题。不过也无法否认，道德理论的混乱对生活在网络虚拟社会中的道德主体造成了生产生活上的困扰，以及由此所滋生的一系列道德问题。可以大胆试想，在无道可循、无德可学的社会境况下，人的自私之心难免会膨胀，人的价值观念难免会扭曲，人的虚拟性行为难免会走偏。如果面对的是杂乱无章、枯燥无比的一堆道德理论，人的懒惰之性自然就会暴露出来，人的取巧之心自然就会彰显出来。所以，在网络虚拟社会条件下，道德体系中道德理论的混乱是造成一系列道德问题的又一发因。

（二）道德关系的弱化

所谓道德关系，是指主体在道德实践过程中相互交往形成的一种特殊的社会关系。道德关系的建立和维系，需要两个或者两个以上相对独立的道德主体相互作用才能实现。由此看出，二者利用来相互作用的工具、手段或方式，对道德关系有着重要影响。毋庸置疑，网络虚拟社会的出现与发展，给人们的日常社交创造了高效的工具，提供了全新的手

---

① ［法］涂尔干：《社会分工论》，渠敬东译，生活·读书·新知三联书店 2017 年版，第 14 页。

段，对人类的交往产生了重要影响。首先，依赖网络虚拟社会而发生的交往，消除了传统交往中许多不平等的现象，让交往双方享有相对平等的话语权；其次，依赖网络虚拟社会而发生的交往，卸掉了传统交往中许多外在的身份特征，让交往双方能够自由地、不受外在客观限制地交往；最后，依赖网络虚拟社会而发生的交往，凭借即时互应的现代通信技术和互联互通的网络操作系统，能够跨越时间和空间的限制实现即时交互，并在更大的空间范围内建立起更有效的社会关系。所以，网络虚拟社会的形成与发展，对于人们社会关系的建立和维系具有划时代的意义。从历史发展的趋势来看，网络虚拟社会理应是强化了人们的社会关系。但具体到道德领域中，网络虚拟社会的形成与发展，却在一定程度上弱化了人们的道德关系，成为引发诸多道德问题的原因。

网络虚拟社会的形成与发展，为什么会弱化人们的道德关系，引发道德问题呢？首先，依赖网络虚拟社会而发生的交往在实现交往双方地位平等的同时，却弱化了交往双方的道德权威性，从而导致交往规则、交往礼仪的缺失。比如在传统人际交往中强调的尊老爱幼、诚实礼貌等要求或规则，在虚拟性交往中由于双方的虚拟性和符号化，则被弱化甚至是被遮蔽了。尤其是在缺少他人监督和规则规定的境况下，许多网络交往就容易变得为所欲为、随心所欲，甚至有些道德主体整天沉迷其中，减少了对现实交往的需要，造成"交往异化"的现象。其次，依赖网络虚拟社会而发生的交往在扩大交往自由的同时，弱化了交往关系的稳定性，从而导致交往感情的冷漠和交往信任的缺失。众所周知，网络交往的主体身份往往是暂时性的，且以符号化、图像化的方式呈现给对方，在达至相应的交往目的之后就会搁置来往。而这种因事而建立起来的交往，自然也会"无事而断"，无法维系交往的持续以增进交往双方的感情。通过符号化和图像化方式来实现的交往，往往也会造成交往信任的缺失，因为没有第三方的现实监督。实践证明，早期的电子商务之所以假货盛行，主要原因在于交往信任的缺失。最后，依赖网络虚拟社会而发生的交往在实现交往双方即时交互的同时，弱化了交往关系的有效性，从而导致交往内容的复杂和交往方式的多变。社交网络的发展，彻底改变了人们传统的社会交往手段和方式，但如此庞大快速的交往方式，却往往带来许多无效的交往，比如一些道德主体或为完成商品拼购、游戏对弈等任务而拉拢朋友；或在虚拟平台上虚构账号，臆造或转发非法的图片信息，传播含带色情暴力的信息；或寻找臭味相投的同类，打发无聊或发泄负面情绪或满足扭曲的欲望……面对如此"丰富"的社交信息，许多道德主体往往是"避而远之"。另外，一些网络交往还夹带有推销、洗脑等意图，背离了交往的初衷，间接性地减少了交往双方的热情。所以，网络虚拟社会的形成与发展，在道德领域弱化了人们的道德关系，是引发道德问题的重要原因之一。

网络虚拟社会得以兴起的初衷，是为了解决人们的通信交往问题。那么，对如何提高交往的效率、如何扩大交往的方式或途径、如何增加交往的内容信息等问题的解决，自然也就成了网络虚拟社会的核心功能。目前，即时通信是大部分人利用网络的根本原因。根据中国互联网络信息中心发布的历年中国互联网络发展状况统计报告来看，从 2016 年 6 月到 2020 年 3 月，手机用户都有 90% 以上的即时通信使用率，其中在 2020 年 3 月达到 99.2%。[①] 无论是个体与个体的关系、个体与组织的关系，还是组织与组织的关系，都在网络虚拟社会条件下得到了最大规模的建立和最高强度的维系。但网络虚拟社会强大的社交功能，所聚集起的大规模社交行为，却忽视了对道德关系的建设，无论是个体性道德主体与个体性道德主体的道德关系、个体性道德主体与组织性道德主体的道德关系，还是组织性道德主体与组织性道德主体的道德关系，都在不同程度上受到了弱化，从而成为许多道德问题发生的又一原因。

（三）道德活动的失范

所谓道德活动，是指主体按照一定的道德信念，依据相关的道德原则和规范在社会中指向客体的实践行为。这就意味着道德活动的展开，务必遵照一定的道德信念以及相关的道德原则和规范。如果道德信念出现问题，或者未遵守相关的道德原则和规范，那么这样的道德活动则属

---

① 中国互联网络信息中心：《第 45 次〈中国互联网络发展状况统计报告〉》，http://www.cnnic.net.cn/NMediaFile/old_attach/P020210205505603631479.pdf，2021 年 2 月 5 日。

于失范的道德活动。一个漫溢着失范行为的社会，必然是一个混乱的、糟糕的社会。涂尔干认为，现代社会失范是由分工引起的，① 但究其根本原因却是道德的匮乏，亦即缺乏被认同的道德原则和被遵守的道德规范。所以，现代社会的危机问题，在涂尔干那里被追溯为道德危机问题。实质上，网络虚拟社会中道德问题的存在，与其中道德活动的失范有着密切联系。而这种道德活动的失范，缘于两个方面的原因：一方面，网络虚拟社会中缺乏正确的、正义的道德信念供人们选择和笃信。道德只有通过外在约束过渡到内在自觉，才能发挥其功能和作用，而作为某种道德理想或道德要求形式存在的道德信念，则是指导完成这一过渡过程的力量。但在网络虚拟社会中，道德信念由于工具主义、实用主义和消费主义等思想的影响和冲击，使其显得有些失色、失时或失宜。本该作为道德活动指南的道德信念却没有存在的空间和发挥作用的可能，甚至在一部分道德主体那里显得如此不合时宜、不值一提。缺乏正确的、正义的道德信念的道德主体，自然也就不可能产生相应的道德义务上的责任感。另一方面，网络虚拟社会中缺乏相应的道德原则和道德规范约束人们的道德行为。作为道德体系重要内容的道德原则和道德规范，是人类活动的历史产物，在不同的历史时期和生产条件下有着不同的内容。网络虚拟社会的迅猛发展，使与之相适应的道德原则和道德规范尚未完全建立起来，导致人们的虚拟性活动尚未有相应的道德原则和道德规范来遵照和约束。比如目前网络上炒得火热的"直播带货"，是以往人类从未出现的社会现象，但由其所带来的售卖假货、欺骗消费者等道德问题，是现有的道德原则和道德规范尚未涉及的。所以，道德活动的失范现象，成了现阶段网络虚拟社会发展的重要特征之一。

　　道德活动的失范，确实是网络虚拟社会中客观存在的社会现象。那么，这样的道德活动失范现象，是如何导致道德问题发生的呢？道德之所以是形成社会良好秩序的规范机制，不仅在于它拥有一系列约束人的行为、调节社会关系的原则规范，更在于它强调人们内在的"自律"，

---

　　① ［法］涂尔干：《社会分工论》，渠敬东译，生活·读书·新知三联书店 2017 年版，第 328 页。

亦即"道德的基础是人类精神的自律"①，将外在规范的强制行为转化为内心自觉的自愿行为。而道德活动在网络虚拟社会条件下的展开，既要依赖于一系列外在的道德原则、道德规范，更要依赖于道德主体自身的内在"自律"。从外在的角度看，网络虚拟社会中与人们虚拟性活动相关的道德原则、道德规范存在相对滞后甚至是匮乏状态，从而导致道德主体的道德活动处于无原则可遵守、无规范可执行的状态，进而形成一系列道德失范行为，成为扰乱社会秩序的道德问题；从内在的角度看，网络虚拟社会中与人们虚拟性活动相关的道德信念、道德理想总是处于缺失状态，即使存在些许理念，又被充斥于网络的虚无主义、消费主义以及自由主义等湮没，从而导致道德主体的道德活动处于无信念、无理想的状态，随之展开的道德活动既没有对未来的正确规划又没有对现有社会的责任感，正如麦金太尔（A. MacIntyre）在分析道德实践的危机时，指出危机的产生原因之一是"个人的道德立场、道德原则和道德价值的选择，是一种没有客观依据的主观选择"②。总体来看，在缺乏道德原则、道德规范和缺失道德信念、道德理想的状态下所产生的道德活动，必然是有悖于社会秩序的失范行为，而这样的失范行为实际上就是"道德问题"的外在表现形式。

具体来看，各种类型道德活动的失范，也是成为道德问题发生的原因之一。如前文所述，根据涉及内容的差异，可以将道德活动划分为道德选择、道德建设和道德评价三种基本类型。道德选择是人特有的有目的的活动方式之一，是道德主体根据一定的道德信念，对道德行为所产生的各种可能进行取舍、抉择的一种道德活动。其中，所依据的道德信念是道德选择得以展开的思想指南，如果道德信念出现问题，那么其对道德行为所产生的各种可能进行取舍和抉择时，也会陷入不正当、邪恶等泥潭，从而成为失范的道德行为。而在网络虚拟社会中，由于道德信念的混乱和活动方式的符号化、虚拟化，更容易导致道德选择的不正当和非正义。所以，失范的道德行为，本身就是一种破坏社会秩序、影响

① 《马克思恩格斯全集》（第1卷），人民出版社1995年版，第119页。
② ［美］A. 麦金太尔：《德性之后》，龚群等译，中国社会科学出版社1995年版，第2页。

他人关系的非道德行为，亦即本书反复强调的"道德问题"。道德建设是道德主体为了实现一定的道德目标，而自觉开展的道德学习、道德教育等道德修养活动。在网络虚拟社会中，由于虚拟性生活的特殊性，致使一部分道德主体没有目标、没有规划，经常是盲目生活于其间而不能自拔。即使是有相应的道德学习、道德教育等平台或机会，但都被更精彩更入胜的网络购物、网络娱乐、网络游戏所代替。不可否认，网络虚拟社会的形成与发展，革新了人类的学习方式和学习途径，但对道德学习、道德教育的效力是值得商榷的。道德评价是道德主体对于道德行为的正当与不正当、善与恶等的价值判断活动。其中，道德评价的依据除了道德主体的信念之外，还有一定社会条件下的道德原则、道德规范，而对于网络虚拟社会来说，其中一部分主体的道德信念是混乱的，社会道德原则和道德规范是滞后甚至是缺失的。那么，此种条件下道德主体作出的道德评价不可能合乎社会主义核心价值观，而与之相伴随的道德活动也会对社会秩序、人际关系带来负面影响，即产生一系列破坏社会秩序的道德问题。总而言之，网络虚拟社会条件下的道德选择、道德建设、道德评价等道德活动，既不能内化于道德主体以形成合理的、正义的道德信念，又不能外向地指导道德主体开展理性的道德选择、有效的道德建设和合理的道德评价，在展开道德活动过程中总是缺乏相应的道德责任感，从而成为道德问题发生的缘由并通过活动的方式体现出来。

道德与人之间的密切联系是不言而喻的，从道德主体的内在维度来分析道德问题的产生，也是理所当然的。但将道德视作一个相对独立的体系，从中来剖析道德理论、道德关系和道德活动对道德问题的影响，目前在学界却鲜有涉及。从分析的结论来看，这样的分析进路既有其合理性又有其必然性。尤其是对网络虚拟社会中这种全新的道德问题现象，更有其现实探索价值和理论研究意义。一方面，这样的分析进路改变了传统的从局部出发考察道德问题的做法，对网络虚拟社会中道德问题的发生进行整体的、系统的结构性分析；另一方面，这样的分析进路改变了以往只从道德主体维度，或只从外在社会维度单一分析问题的做法，将道德视作一个完整的社会体系从多维度进行综合分析，使我们在看到道德客观存在的同时，还注意到道德与外部相关联系的张力。

第八章　网络虚拟社会中道德
问题的外发因素

道德是社会的道德，而社会也是有道德的社会。任何一种离开人的存在和社会发展的道德，是不可能获得运用、丰富和发展的。相应地，任何一种离开道德的社会，也不可能称之为社会，因为离开了道德就缺少了社会秩序的"稳定阀"和"调节剂"。这就意味着，道德在拥有相对独立性的同时，也与社会场域、经济条件、文化教育、科技发展等多种外部因素相联系。这些因素的变化，在一定程度上影响和制约着道德的发展。换言之，道德问题的发生，理应与道德的这些外部因素相关。根据辩证唯物主义的基本观点，内因在事物发展变化过程中起决定性的作用，属于第一因，外因在事物发展过程中起辅助性的作用，属于第二因。虽然外因起辅助性的作用，但不能因此而忽视外因的价值。外因通过内因发挥作用，意味着内因不能代替外因。因此，我们对于网络虚拟社会中道德问题发因的分析，在完成内在成因维度的考察之后，应将视角转向外部，考察与道德问题相关的外部发因。

基于这样的理论背景和研究思路，我们沿着上一章关于网络虚拟社会中道德问题内在成因的分析，在本章中逐一考察社会场域、经济发展、文化发展、科技发展等外部因素与道德问题的关系，以更全面深入地剖析网络虚拟社会中道德问题的发因问题。

第一节　社会场域维度的外发因素

马克思说："每一时代的理论思维，从而我们时代的理论思维，都是一种历史的产物，在不同的时代具有非常不同的形式，并因而具有非常不同的内容。"① 根据历史唯物主义关于"社会存在决定社会意识"的观点，作为一种特殊的社会意识形态，道德是一定社会关系和经济发展的集中反映，总是伴随着人类活动的发展和社会场域的变革而发生变化。同时，道德对社会发展产生反作用，规范着各种人类行为、调节着各类社会关系，引导着社会向着良好的方向发展。可以说，道德与社会之间，存在相互制约、相互促进的辩证关系。新兴的网络虚拟社会，也必然与道德存在着如上辩证关系，亦即网络虚拟社会的发展变化影响了道德的发展，而道德的变化发展又在一定程度上反作用于网络虚拟社会的发展。

道德与社会的密切联系，意味着社会的变化发展必然带来道德的变化发展，而作为道德特殊状态的道德问题的发生，也与社会场域的变化发展密切相关。就网络虚拟社会中的道德问题来看，网络虚拟社会构成基质的数字化、互动方式的虚拟化、分层变化的复杂化，是导致道德问题发生的外在原因之一。

一　网络虚拟社会构成基质的数字化

任何社会的运行与发展，必须依赖于一定的基质才能得以实现。就传统的现实社会而言，其运行与发展的基质是物理形态的原子，以及在此基础上形成的物质资料的生产和人类自身的生产。对于新兴的网络虚拟社会来说，其构成基质不再是物理形态的原子，而是基于现代科技所构成的"比特"数字。从表面上看，网络虚拟社会中的一切现象都被符号化、图像化了，但构成这些符号和图像的却是数字形式的"0"和"1"，以及运行数字的机器设备。网络虚拟社会的日常运行，以及发生于其间的虚拟性活动，本质上就是"0"和"1"按比特规定来运行的过程。较之于以往物理形态的原子，"0"和"1""没有颜色、尺寸或重量，能以光速传播"②，从而使网络虚拟社会明显区别于传统的现实社会。从构成环境上看，以数字呈现出来的网络虚拟社会减少了对物质

---

① 《马克思恩格斯选集》（第 3 卷），人民出版社 2012 年版，第 873 页。
② ［美］尼古拉·尼葛洛庞帝：《数字化生存》，胡泳、范海燕等译，海南出版社 1997年版，第 24 页。

基础的依赖，能够形成相对独立的社会场域，承载人们的虚拟性生产生活；从运行方式上看，以数字呈现出来的网络虚拟社会能够通过一些数字模型、图形软件模拟现实社会的方式，完成生产、分配、交换和消费等环节；从生产工具上看，以数字呈现出来的网络虚拟社会，拥有相对独立的数字化生产手段，尤其是对现代科技的大量应用，极大提高了社会生产效率。可以说，构成基质的数字，是网络虚拟社会与其他社会形态的本质区别，正如卡斯特（Manue Castells）所说："网络建构了我们社会的新社会形态，而网络化逻辑的扩散实质地改变了生产、经验、权力与文化过程中的操作与结果。虽然社会组织的网络形式已经存在于其他时空中，新信息技术范式却为其渗透扩张遍及整个社会结构提供了物质基础。"① 网络虚拟社会凭此而生发出来的诸多优势，给人类的生产生活带来了革命性的变化。

值得注意的是，以数字化方式呈现出来的网络虚拟社会，在给人类的生产生活带来诸多好处的同时，也影响了人们思想观念的变化，成为一些道德问题生发的成因。首先，网络虚拟社会构成基质的数字化，是道德情感冷漠化的重要原因。无论是客观存在的道德主体，还是层出不穷的道德活动，在网络虚拟社会条件下都变成了数字化的形式，人与人之间、人与社会之间的互动与交往可以通过冷冰冰的数字实现，原来彼此间的心有灵犀、嘘寒问暖变成了一串串字符形式。道德情感冷漠化的结果，是造就更多自闭的、单向度的道德主体，以及压抑的、孤独的虚拟世界。其次，网络虚拟社会构成基质的数字化，是道德主体二重化的重要原因。以往的道德主体只能生存于唯一的现实社会中，而网络虚拟社会的出现则将生存的社会场域扩展为现实社会与网络虚拟社会相结合的二元场域。这就意味着目前的道德主体不能仅生活在某一社会场域中，而是在两种场域中不停地切换和穿越。现实与虚拟的交错，物理时空与数字时空的并行，让主体常常不知道何为真实、何为虚拟。而这种频繁的角色切换，容易导致道德主体二重化的性格和心理现象，更有甚

---

① ［美］曼纽尔·卡斯特：《网络社会的崛起》，夏铸九等译，社会科学文献出版社2001年版，第569页。

者是人格分裂。最后，网络虚拟社会构成基质的数字化，是道德监管真空化的重要原因。网络虚拟社会是人们在现代科技革命的背景下，追求更好的生产生活方式而创建起来的一种新型社会形态。如前文所述，网络虚拟社会与传统现实社会的关系，并非"谁代替谁""谁消灭谁"的"你死我活"关系，而是虚实相生、相互促进的辩证统一关系，并共同构建起现代人类多元化的社会场域。然而，网络虚拟社会毕竟方兴未艾，其竞争能力不能完全与传统的现实社会相抗衡，需要经过一场漫长且艰辛的较量才有可能达至良好的均衡状态。与之相应的是，传统道德因受到新社会场域的冲击，其效力不断减弱，而新兴道德仍然处于在建状态，一时又难以发生相应的约束效力。此时，在道德领域中就容易造成新旧道德观念、道德规范的"更替真空"——或出现双重道德良莠并存状态，或出现道德的暂时真空状态，从而导致人们或出现道德无法选择的困境，或出现无德可依、无规可循的彷徨现象。

总而言之，网络虚拟社会构成基质的数字化，既是其得以形成和持续发展的关键，又是其区别于传统现实社会的基础。而这样一种数字化的构成基质，在为人类生存与发展带来好处的同时，也导致了道德情感冷漠化、道德主体二重化、道德监管真空化的现象，从而衍生出一系列道德问题。

二　网络虚拟社会互动方式的虚拟化

在马克思看来，社会"是人们交互活动的产物"[①]，没有社会互动就没有交往、没有社会，更没有人的存在与发展。社会互动对于个人和社会来说，有着极其重要的意义。就个人维度看，人的价值观念的形成、人格特征的养成都是在与他人、与社会的互动中完成的，社会互动过程就是人的社会化过程；就社会维度看，社会生成、社会运行和社会结构等都是在人与人、人与社会的互动中完成和维系的，社会互动是社会得以形成和发展的条件。那么，何为社会互动呢？顾名思义，社会互动就是社会相互作用，亦即个人与个人、个人与社会之间借助一定的手

---

① 《马克思恩格斯文集》（第10卷），人民出版社2009年版，第42页。

段或方式实现相互作用而形成的社会交往活动。手段或方式的差异，决定了不同社会互动之间的不同。比如农业时代主要借助于动作、语言和文字等手段或方式来实现社会互动，形成的是血缘关系；工业时代主要借助于语言、文字和通信工具等手段或方式实现社会互动，与之相应的是业缘关系。而在当今网络时代，人们除了以上的手段或方式之外，还大量借助互联网所提供的聊天工具、微博微信、自媒体等手段来完成社会互动，无论是互动的双方还是借助的手段或方式都超越了以往的物理限制，社会互动完全可以通过数字化、符号化的形式来完成，一切都被虚拟化了。可以说，网络时代对人类社会互动的影响更为深刻、更为全面。一方面，网络虚拟社会互动方式的虚拟化，改变了传统社会中面对面、以语言和文字为主要手段的互动方式，在一定程度上突破了地域、职业、宗教、年龄、性别等各种现实社会中地位和身份的限制，弱化了基于血缘、地缘而建立起来的熟人社会关系，逐渐构建起以"趣缘"等为内容的陌生人社会关系。另一方面，网络虚拟社会互动方式的虚拟化，改变了传统社会中互动方式的现实性和物理性，广泛应用以互联网为代表的现代通信技术，使人与人、人与社会之间的互动超越了传统的时空界限，将社会互动的范围拓展到世界任何角落，交互作用的范围更广、速度更快、效率更高，体现出即时性的特征。

诚然，依赖于网络虚拟社会而产生的即时互动性，在对社会互动带来诸多积极影响的同时，也会产生新的社会问题，尤其是在道德领域，成为诸多道德问题的社会根源。首先，依赖于网络虚拟社会而产生的社会互动，并没有创造人与人、地区与地区、国家与国家之间平等的、自由的社会互动平台和机会，反而因为经济发展水平、科技利用程度的原因，使不同群体、不同地区、不同国家之间的社会互动呈现出分化趋势，亦即"数字鸿沟"。其次，依赖于网络虚拟社会而产生的社会互动，并没有真正实现信息公开、言论自由、社会公平，反而因为网络虚拟社会的非聚集性、非独占性、非封闭性等特征，出现即时过度的"人肉搜索"而曝光个人隐私，通过"算法"推送的讯息言论窄化了个人选择权利，让更多的人生活在"数字铁笼"里。最后，依赖于网络虚拟社会而产生的社会互动，并没有提高人与人、人与社会之间的信任度和亲近感，反而因为便捷性、即时性的交互特点使人们失去了身历其境、感同身受的机会，直接缩短了互动双方相互接触、理解、认可的过程，导致人与人之间失去了特有的信任感、亲近感，"网络给了我们联系，却未必给我们交流；拉近了我们的距离，却未必增加我们的亲密；激发了我们社交的天性，却可能磨平了我们沟通的能力"[①]。

所以，网络虚拟社会互动方式的变革，彻底影响了人类社会互动的深度、频度和广度，在互动情境、互动手段以及互动方式等方面都有了深层次的创新。而这样的变革和创新，在促进人的发展、推进社会进步的同时，也产生了一定的负面影响，尤其是在道德领域所导致的"数字鸿沟"、隐私曝光和信任缺失等方面，表现得更为突出。

三　网络虚拟社会分层变化的复杂化

社会分层是社会学从地质学引入，用来喻指人类社会各社会群体之间的分层化现象，亦即"社会成员、社会群体因社会资源占有不同而产生的层化或差异现象，尤其是指建立在法律、法规基础上的制度化的社会差异体系"[②]。以社会分层的维度来考察社会问题，是除了从群体、组织以及它们之间的互动关系等横向维度考察之外，更为重要的进路之一。因此，社会分层以及与之相关的问题始终是社会学关注的热点问题。作为一种新型的社会场域，网络虚拟社会同样存在社会分层现象。根据不同的标准，学界将网络虚拟社会分层划分为不同的层级。日本富、金鸿博根据对虚拟世界贡献的正负效应，将网络虚拟社会的层级划分为建设者和破坏者两大类，前者包括雅客、博客、闪客、警察和版主等，后者包括黑客、信息垃圾制造者、色情贩卖者、罪犯等。[③] 董运生和王岩根据社会资本统计量，将网络虚拟社会的阶层划分为下层、中下

---

① 于洋：《社交网络让我们更近了吗》，《人民日报》2012 年 6 月 5 日第 14 版。

② 李强：《当代中国社会分层》，生活·读书·新知三联书店 2019 年版，第 1 页。

③ 吕本富、金鸿博：《网络社会各阶层的分析》，《河北学刊》2004 年第 1 期。

层、中中层、中上层和上层。① 张淑华则借用格栅/群体分析理论，将
网络阶层划分为"群"和"格"两类。② 除此之外，还有网络精英和网
络平民、休闲网民与工作网民等划分法。但无论是哪一种划分方法，都
表明这样一个事实：网络虚拟社会中存在社会分层问题，且比传统现实
社会更为复杂。在具体的虚拟性生活中，确实也能感受到不同阶层的存
在，譬如在社交网络上，就有普通网民与网络大 V、博主的区别，前者
的网络传播影响力与后者不可同日而语；就淘宝、天猫等电商平台上的
商家而言，也会分成星级、钻级以及蓝冠级、金冠级，并拥有不同的权
限和待遇；对各类网络娱乐平台的成员而言，也会划分为不同的会员等
级，享受着不一样的资源……社会分层的现象，在新型的网络虚拟社会
中无处不在。

既然网络虚拟社会中存在分层现象，那么也就意味着不同层级之间
存在着差别。而这种差别在道德领域，就会转化为平等与不平等、稳定
与冲突等道德问题。首先，网络虚拟社会的形成与发展，逐渐弱化了传
统现实社会中的社会地位或身份特征，权力和资源被适当分散了，让更
多的网民拥有了更多的教育机会、职业选择，以及扮演不同社会角色的
可能，但同时也削减了社会角色的权威性、组织性，在各类突发事件中
容易出现无组织性、无体系性的混乱现状。比如许多网络谣言的产生、
传播往往是因为缺乏权威性、专业性的信息以证视听。其次，网络虚拟
社会的形成与发展，让社会中的不同层级拥有了更多交流、交往的机会
和平台，能够缓解各类社会矛盾，但同时一部分社会事件一旦经过网络
放大之后往往会以点带面、以偏概全，进而演变成了阶层之间的冲突。
比如"高铁占座博士"事件，在一些自媒体中最后变成了"高学历没
教养"的定论。最后，网络虚拟社会的形成与发展，通过开放的、分散
的、高速的社会流动方式，缓解了传统社会分层结构固化现象。但正是
因为这种社会流动方式，影响了社会秩序的稳定性，甚至导致社会秩序

---

① 董运生、王岩：《网络阶层：一个社会分层新视野的实证分析》，《吉林大学社会科学
学报》2006 年第 3 期。

② 张淑华：《网络阶层分化：危机及"机会之窗"——格栅/群体分析的视角》，《新闻
爱好者》2018 年第 10 期。

的破坏，从而增加了社会管理的难度，进而带来一系列的社会道德问题。比如随着互联网的普及，让更多的人接触到网络上的新闻资讯、体验到精彩纷呈的虚拟性生活，但这样的方式往往让一部分网民沉迷其中而不能自拔，自以为"感觉良好"，不去努力，缺乏斗志，没有社会责任感，迷漫着"随遇而安"的懒散心态，从而让整个社会呈现出创新性不足、发展缓慢的景象。

总之，如何来区分网络虚拟社会的社会分层，是一个有待进一步探讨的理论问题。但能确定的是，目前在网络虚拟社会中出现的许多道德问题，与网络虚拟社会中不同社会成员、社会群体或社会阶层占有社会资源的多少相关，亦即网络虚拟社会中复杂的社会分层事实，是导致道德问题发生的外在原因之一。

第二节　经济发展维度的外发因素

在马克思看来："思想、观念、意识的生产最初是直接与人们的物质活动，与人们的物质交往，与现实生活的语言交织在一起的。人们的想象、思维、精神交往在这里还是人们物质行动的直接产物。"① 社会客观存在决定社会意识形态，社会意识是社会活动的产物。相应地，作为社会物质生产活动的经济决定作为社会特殊意识形态的道德，而道德的形成、发展在一定程度上又能够维护和促进社会物质生产、经济活动，亦即经济决定道德，道德反作用于经济。但在具体的生产生活中，经济与道德的关系，依然是学界关注的热点问题。关注的焦点在于：经济对道德的决定作用是如何产生的，包括哪些方面？而道德的反作用又是如何反作用于经济发展的？经济的决定作用与道德的反作用，是否同时发生？这确实是一系列棘手的现实问题，因为对这些问题的回答，总是涉及许多具体的现实情况。尤其是信息时代，使这一问题变得更加复杂。

依赖于互联网、大数据、物联网、云计算和人工智能等现代科技而

---

① 《马克思恩格斯选集》（第 1 卷），人民出版社 2012 年版，第 151 页。

发展起来的网络虚拟社会，超过了历史上任何社会场域对经济发展的影响，从传统的农业、工业、建筑业，再到服务业、信息业，都发生了翻天覆地的变化。比如"互联网＋"对传统行业的改造与升级，大数据对各行各业的融合与提升，物联网对万物万事的互联与互通，分享经济对关联产业的转化与链接，二次元对文创产业的革新与推进，等等。全新的网络信息时代，意味着新经济的到来。但实际上，在经济获得长足发展的同时，作为特殊意识形态的道德的发展却未能与之相适应，并由此引发一系列道德问题。具体来看，包括对经济利润的无限追逐、商业行为中的恶性竞争以及网络消费行为的异化等。

一　对经济利润的无限追逐

当前学界对经济与道德关系的关心，实际上隐含着这样的心理担忧，亦即经济主体对经济利润的追求是否合乎正义？以及用来追求经济利润的手段或方式是否道德？现代经济发展的前提，是"理性经济人"的理论假设。在经济活动过程中，对于适当经济利益、合理经营利润的追求，是保证现代经济发展的重要条件，因为人是理性的，追求个人经济利益，是人类一切活动的根本目的，是人的本能要求。但事实上，许多参与经济活动的主体在日常经济过程中却不是理性的，对于经济利益、利润的追求，超出了合理的范畴，尤其是垄断资本面对巨额利益的时候，往往翻越道德的樊篱，铤而走险，甚至走向犯罪的道路。对利益的无限追逐，像魔咒一样牵引着许多经济主体走向犯罪的道路。而法律之上的道德，却变成了许多资本打"擦边球"的边界。

毋庸置疑，发生于网络虚拟社会中的经济活动，仍属于现代经济发展的范畴。而现代经济发展过程中所引发的道德问题，相应地也出现在网络经济中。究其根本原因，主要有两个方面：一方面是对"利润"的错误理解。对于任何经营活动来说，获得一定利润是必需的，因为利润不仅是企业经营活动最终成果的具体体现，而且还是企业得以进一步发展的积累。但在网络虚拟社会条件下，一部分企业却将利润等同于利益，凡是涉及企业或经营主的"好处"都不择手段地去争取，比如除了经营利润之外的名气、权势以及地位等，而这势必使企业利益入侵公共利益，必然影响他人的合法利益，造成新的经济道德问题。比如一些企业将客户信息放在网络平台销售以获取利润，间接性地曝光了他人的隐私；一些娱乐文化企业在网络游戏中置入色情环节或信息，以吸引更多的青少年，以增加企业收益。而最为常见的是，一些电商平台为了扩大利润来源，每逢促销之前往往出现虚假宣传、先涨价再打折、以次充好等现象，给消费者带来各种消费陷阱。有些企业充分运用现代科技，通过"算法"等方式对消费者偏好、需求等信息加以整合，然后定点向其推发链接广告、推送商品信息等，从而间接性地暴露了个人信息和需求，窄化了个人消费选择权利。一些资讯企业充分利用观众的"猎奇"心理，在新闻讯息的题目中充斥中大量"性爱""暴力""罪恶"等字眼，通过夸张的方式来吸引眼球、提升点击量，以获得更多的利润回报，殊不知这种"标题党"的做法不但浪费了讯息资源和读者情感，而且还污染了网络虚拟社会环境，影响了社会道德风尚，造成不良的社会影响。

另一方面，将"适当"利润扩展为"无限"利润。企业的经营活动，是通过一定的投入经过生产经营后增值，获取最终利润，而投资往往追求的是少投入甚至是不投入而获得利润的捷径。比如在网络平台上售卖假货、次品，目的是节约采购服务成本，提高营业利润，而通过社交服务平台，组织规模化的代购代销"三无"产品，也是想逃脱相关部门的检验和税费，降低成本以获得更多的利润。另外，一些企业直接不投入，利用网络匿名性、开放性等特点来进行诈骗。曾经通过传统媒体不断塑造企业形象的"e租宝"，通过网络平台非法集资获取巨额"利润"，其大部分项目涉嫌造假，最后被国家相关部门查封起诉。许多类似网络金融诈骗案，都是因为企业被巨大的利润所诱惑而不择手段地野蛮"生长"，最后导致一系列道德问题的产生。曾经"轰动一时"的校园贷，被国家金融部门明文禁止后，又打上"回租贷""求职贷""培训贷"等马甲诱骗学生。① 类似的非法网络金融活动，给一部分大学生造成了巨大的伤害，尤其是参与"裸贷"的女大学生，受到的伤

---

① 张洋：《警惕校园贷穿上"新马甲"》，《人民日报》2018年9月4日第20版。

害包括身体、心灵等多方面，甚至因此发生了多起自杀事件。人的欲望是无穷的，而这样的欲望一旦扭曲，并与经营活动联系起来，就容易演化成一件件可怕的社会事件。所以，对于网络虚拟社会中道德问题的治理，务必要加强对虚拟性经营企业的治理。这是维系网络虚拟社会安定、推进网络经济稳定发展的重要方式之一。

总之，一种健康的社会状态，是政治、经济、文化等领域之间保持良好的平衡，以及建构与之相应的鲜活的社会生态系统。而具体到网络虚拟社会中，一些以资本为代表的虚拟企业为了追求更多、更大的利润却常常违反职业道德，形成经济垄断，并侵入公共领域，绑架公共利益，造成政治上的腐败、文化上的浅薄。网络虚拟社会中许多与经济相关的道德问题，也在这种"理由"之下不断滋生、发展，时刻威胁着社会的正常秩序与和谐稳定。

二　商业行为中的恶性竞争

现代市场经济既然是遵从市场规则的经营，那么就必然涉及彼此间的竞争。市场鼓励竞争的初心，在于通过相互之间的竞争实现生产要素的最优配置，产生最大经济效益，以完成优胜劣汰。为公平起见，市场会制定一些规则、法律来保证竞争的顺利进行，然而在具体的市场商业行为中，总是存在一部分企业因巨大利益的驱动和提升竞争力的需要，采取一些不正当的、有悖于商业道德的甚至是非法的竞争手段来参与市场竞争，从而违背了市场公平、透明、诚信等原则，扰乱了市场秩序，形成一系列破坏社会秩序的道德问题。就网络虚拟社会的具体情况来看，之所以出现恶性商业竞争的原因在于：一是商业经营者普遍缺乏公平竞争的意识。较之于传统的现实商业，依赖于网络虚拟社会而发展的网络商业，属于典型的新兴商业业态。许多企业鉴于政策制度以及监管的滞后性抱有侥幸心理，一些率先试水尝到甜头的企业的榜样示范作用也在推波助澜，一些企业为了取得竞争的先机和优势，为了"圈地""抢跑道"，而"冒险"采取一些不正当的、有悖于商业道德的手段或方式来抑制和打压竞争对手。二是商业经营者实施恶性的竞争手段成本低廉，但收益较高。无论是对网络内容的模仿抄袭、抢注域名，还是非法广告宣传、打榜刷单，在成本上都十分低廉，同时却能获得较大的收益。比如一些淘宝商家明知"刷单"违背公平竞争原则，但总是喜欢采取这样简单直接的方式来提升自己的"销售额"，根本的原因在于对这类行为的监管不力、处罚过轻，但又能击败许多竞争对手，总的来说"利大于弊"，所以治理效果甚微。三是相关的规章制度不健全。对于新兴的网络虚拟市场来说，许多商业或领域尚处于方兴未艾的阶段，而与之相关的规章制度都处于真空状态，监督管理也跟不上，从而为一些商业经营者"钻空子"提供了机会。比如近年来不断兴起的"直播带货"，因为缺乏相应的管理制度，出现了大量低劣的次品，损害了消费者的合法权益。

竞争有恶性的一面。在网络虚拟社会条件下发生的商业竞争行为，与传统社会一样，完全遵从丛林法则，大资本、大企业总是能够占尽先机，轻易干掉小资本，随时将弱小的、新兴的企业踩在脚下。比如前文提到的"3Q"大战，本质上就是大企业对小企业的打压式竞争。据有关资料显示：目前中国电子商务80%以上的市场份额，都被阿里巴巴、京东等巨头所垄断。从经济发展的角度看，统治不同领域的"巨无霸"企业，能够聚集更多的资源和条件带动整个行业的发展，尽力发挥规模化、集团化的优势，但在更多情况下却扼杀了该行业的创造力和变革，因为那些拥有无限潜力、灵活多变的中小企业，或是被吞并，或是被打压，或是被出局……从商业竞争的角度看，这样的做法无可厚非，因为市场需要竞争、需要淘汰。但从道德的角度看，这样的竞争很残酷、很无情，从而也就容易诱发人们以某些不正当的竞争手段或方式去争取最后的胜利，比如通过价格战或模仿、山寨等手段将竞争拉回到最低层次上，在影响消费者消费体验的同时，还容易让整个行业陷入恶性循环的发展轨道。

从市场发展的维度看，竞争本身的性质是中性，但如果夹带有对物质利益的过度追求、对竞争手段的过度运用，就会将这种中性的竞争带往作恶的道路。而这种带有作恶倾向的竞争，本质上就是一种破坏社会秩序、违反社会公德的行为，属于道德问题的具体表现。长此以往，若不加以正确引导和规范，必将带来更为严重的道德危机，最终损害的是整个社会的长远利益。所以,从总体来看,与传统现实社会中的恶性竞争相比,网络虚拟社会条件下的商业恶性竞争具有普遍性、隐蔽性和跨国性等特征。这使其危害性更为严重、影响更为深远,而相关的有效治理也变得更加紧迫且更为艰难。

三 网络消费行为的异化

经济与道德的关系,除了关涉如何赚钱、如何开展商业活动之外,还涉及如何花钱、如何进行消费等环节。前者关注企业或组织在赢利过程中是否正当、是否正义的问题,涉及利益分配、竞争等内容;后者关注消费者在日常消费过程中是否节约、是否道德的问题,涉及消费价值观念、消费行为等内容。因此,我们从企业或组织维度讨论完经济利润的无限追逐、商业行为中的恶性竞争两个原因之后,再从消费者维度考察网络虚拟社会中消费行为的异化问题。需要强调的是,消费是指人们利用物资、产品等来满足各种需要的过程,通常包括生产性消费和个体性消费。在这里讨论的消费,主要是指满足个体生活需要的个体性消费。

依赖现代科技而形成和发展起来的网络虚拟社会,业已从单一的媒体平台拓展为虚拟性的社会场域,栖居于其间的人们的行为从交流、信息索取等工具运用逐渐拓展到销售、消费、消遣等生活领域。"截至2020年3月,我国网络购物用户规模达7.10亿,较2018年底增长1.00亿,占网民整体的78.6%。"[①] 除此之外,网上外卖、旅行预订、在线教育、网络娱乐等领域也增长迅猛。可以说,生活在今天的我们,谁都离不开网络。网络消费是我们购买商品、享受服务的重要方式。然而,网络消费在给我们带来诸多便利的同时,也成了网络虚拟社会中道德问题发生的原因之一。首先,网络消费动机的异化。与其他形式的消费行为相比,网络消费者能够自由地运用各类网络平台和软件 APP 等工具,体验不受时空的消费过程,以满足自身生存和发展的多元需要。然而,许多消费者所进行的网络消费并不是为了购买商品或服务来满足

---

① 中国互联网络信息中心:《第 45 次〈中国互联网络发展状况统计报告〉》,http://www.cnnic.net.cn/NMediaFile/old_attach/P020210205506603631479.pdf,2021 年 2 月 5 日。

自己的需要，而只是为了在网络平台上打卡闲逛、消磨时光，或者通过社交网络向他人彰显炫耀，尤其是享乐主义、消费主义的影响，使本应充满便捷、高效的网络消费行为常常打上了功利的、感性的、炫耀的烙印。其次，网络消费心理的异化。具有非聚集性、非封闭性、非独占性等特征的网络虚拟社会，能够汇集力所能及的商品和服务，供消费者自由比较、消费，以更好地满足其个性化的需求。然而，许多消费者由于消费知识的欠缺、消费信息的不足常常选择了从众消费，尤其是在商城、网店的促销推动下，冲动消费、感性消费时有发生。当然，这还不排除总有那么一部分消费者，利用网络消费的便捷性和匿名性等特征，购买一些违禁的、非法的商品。这种带有"猎奇心理"的"标新立异"的网络消费行为，实际上也是消费的异化，业已触犯了相关法律法规。最后，网络消费行为的异化。许多网络消费虽然需要与现实社会相结合，才能完成一次真正意义上的消费，但大部分的消费行为却只需在网络虚拟社会中就能完成，比如对商品或服务的性能的对比、款式的选择、下单付款，以及依赖虚拟现实技术试用试穿，等等。但在具体的消费过程中，许多消费者或喜欢与周边、与他人的攀比，并不认真考虑购买的商品是否自己需要、是否适用于自己；或贪图便宜，购买一些假冒伪劣的商品，间接地影响了正常的市场秩序。这样的做法既消耗了自己的时间和金钱，又占用了大量社会资源，本质上属于浪费行为。更为重要的是，这种异化了的消费行为，却常常助长了许多山寨、仿品、假货的气焰。

通过以上的分析，我们发现在网络虚拟社会条件下，许多消费者的消费行为在消费动机、消费心理和消费行为等环节，或多或少地出现了背离消费本质的异化现象，并不断发展成为制约消费者全面发展的力量。从对消费者本人、社会的角度来说，这种异化现象就是一种违背他人利益、破坏社会秩序的道德问题。

第三节　文化发展维度的外发因素

一定的社会文化，对人们出现什么样的思想、选择什么样的行为起着重要的引导作用。这就意味着道德问题的发生，是特定社会条件、经济发展、文化发展等综合作用的产物。文化与道德之间的辩证关系，总是呈现于一定的社会历史条件下，道德问题的发生与社会普遍的道德水平呈反向关系，而社会道德水平的发展程度又受到社会文化的影响。因此，对网络虚拟社会中道德问题的成因分析，既要从社会场域、经济发展、技术发展等客观现象中去寻找，又要从文化、政治等主观角度去考察。唯有主客观的结合、多角度的综述，才能对道德问题的成因予以最为科学的阐明。

作为一种特殊的道德现象，道德问题的发生总是受到文化的影响。尤其是在具有非聚集性、非独占性、非封闭性等特征的网络虚拟社会中，道德问题的发生总是受到不同文化的影响。具体来看，传统文化的式微、外来西方文化的强势以及网络虚拟文化的弱小都是导致道德问题发生的主要原因。

一 传统文化的式微

所谓传统文化，是指中华民族在长期社会实践中，逐渐凝聚起来的能代表民族精神的文化形态，它以尚公、重礼、贵和为核心，以时代性、超越性、阶级性、道德性与民族性为基本特征。从历史上看，滥觞于先秦的中国传统文化，经秦汉的发展，至宋明达到全盛时期，后来整体发展式微，尤其在近现代社会中出现的民族危机和西学东渐，使其遭遇到前所未有的挑战。近年来的"国学热"和文化自信，为传统文化的复兴带来了曙光。然而，当今时代与以往的不同，在于以计算机、互联网、大数据、物联网和人工智能等为代表的现代科技，深刻地改变了人类生存和发展的方式，并形成了与之相适应的社会场域——网络虚拟社会。这一场域与现实社会一道，共同构成了人类当下甚至未来的二重生存发展场域，而与此相涉的观念、思想、文化以及语境等发生了重大变化。然而，传统文化在网络虚拟社会中的发展，仍未发生应有的教化作用，尚处于式微状态。

传统文化经历几千年的沉淀与发展，业已融入每一位中华儿女的血肉。在现代社会，传统文化所蕴含的仁义礼智、积极人生态度对人们树立健康的道德观念仍具有指导意义。然而，传统文化在网络虚拟社会中的式微，未发生应有的价值引导、秩序规范的作用，许多道德主体得不到传统文化的滋润与熏陶，不知道何谓"尚公"，个人主义至上，社会责任意识淡薄，推崇唯我独尊式的绝对自由；不知道何谓"重礼"，情绪阴晴不定，满腹牢骚，社交过程中缺乏礼节和分寸，语言简单粗暴；不知道何谓"贵和"，跟帖评价尖酸刻薄，任意造谣传谣，喜欢围观起哄，拒绝自我反省。那么，传统文化为何在网络虚拟社会发展过程中缺席了呢？首先，新的社会场域对传统文化的疏离。依赖现代科技形成和发展起来的网络虚拟社会，使人们的生产生活经历了一场前所未有的大洗礼，从而也促进了新的生活方式、新的话语的产生，这些生活方式、话语不仅是人们虚拟性生存和网络化实践的产物，而且也是反映和承载人们在网络虚拟社会中精神交往、思想共鸣的文化内容。但对于传统文化来说，却常常难以与这些生活方式、话语表达产生联系，因为后者属于一种时尚的生活话语表达，有着自身的随意性、碎片化、生活化和时尚性等特征，而传统文化却是相对成熟的文化形态，其内容、表达方式等都与虚拟性的生产生活方式保持着较远的距离。其次，新兴媒介对传统文化的冷漠。传统文化往往因为内容、形式的限制，总是与市场需求不尽相符。而基于网络虚拟社会而兴起的现代媒介，与传统媒介有着重大区别，传播速度快、受众范围广，对传播内容的选择、传播形式的设计、传播效果的评价等都有很大的自主权，尤其是自媒体兴起后，更偏爱那些搞笑的、便捷的、轻松的资讯内容。而生活在网络虚拟社会中的传播主体由于长期与传统文化的"隔离"，对传统文化本来没有好感，传播媒体再考虑到传播效果、市场受众等因素就经常放弃了与传统文化相关的内容传播。对传统文化有兴趣的受众，即使有学习传统文化的需求，但苦于没有接触的渠道而只有放弃。最后，传统文化在新社会场域中的失声。网络虚拟社会是依赖于现代科技而发展起来的，现代科技的发展水平决定了网络虚拟社会形成时间的先后和发展水平的高低。就我国来看，部分企业和个人虽然在 20 世纪末已经接触到计算机、互联网等技术，但直到迈入新世纪之后，网络虚拟社会所依赖的现代科技群在我国才雏形初露，逐渐发展起来。与此同时，西方发达国家已经在相关领域中占据了优势，拥有了绝对的话语权。以传统文化为代表的我国文化却在网络空间中丧失了话语权，即使是一些优秀的思想、观念，或被曲解，或被忽略，或被强化，或被抛弃。

总而言之，传统文化与虚拟性生活之间，始终横亘着一条巨大的"数字鸿沟"。如何在网络虚拟社会条件下唤醒沉睡已久的传统文化，让其变得可理解、可感知、可认可、可分享，重建公众与传统文化之间的心理关联？如何发挥传统文化本身具有的道德教化优势，有效化解网络虚拟社会中目前所面临的诸多道德问题？是我们有待进一步探讨的现实问题。如何科学地解决这些问题，确实具有重要的理论价值和现实意义。

二 外来西方文化的强势

网络虚拟社会与传统现实社会的最大优势，在于通过互联互通的信息平台，将来自不同地区、国家和民族的文化和思想汇聚在一起，供所有的人了解、学习和借鉴。然而，在这个交流互鉴的过程中，某些西方发达国家充分利用在网络虚拟社会中的先发优势和技术优势，强悍地将代表自身文化的价值、理念、商品或服务等输入其中，将其塑造成目前网络虚拟社会中的"主流文化"。据有关资料调查显示早在 21 世纪初网络虚拟社会中的英语内容约占 90%，法语内容约占 5%，其他语种的内容只占到 5% 左右。[①] 这也就表明，生存在网络虚拟社会的我们正面临着外来西方文化的巨大压力，并有可能演变成为新型的"文化殖民"。西方文化通过网络虚拟社会的强势渗透，使部分长期生活于网络虚拟社会的道德主体出现了"信仰危机"，价值观、人生观和世界观不可避免地被外来西方文化所同化。这种信仰危机使道德主体对自己、对社会失去信心，容易受到鼓动、感染，从而做出许多非理性、非道德的行为，例如：有人盲目跟从消费西方节日或商品，对其历史文化内涵或价值和使用价值一知半解；有学生受韩流过度影响而流行"死亡日记"，或受日本动漫影响出现"耽美情结"、过度沉迷于二次元世界；而在政治上，有人甚至出现帮助他人盗窃国家机密、输送商业信息等违

---

① 刘文富：《网络政治——网络社会与国家治理》，商务印书馆 2002 年版，第 352 页。

法行为，进而威胁到国家的安定和社会的和谐。

西方文化在网络虚拟社会中的强势，意味着非西方文化的弱势，本土的民族文化受到威胁。众所周知，"文化是一个国家、一个民族或一群人共同具有的符号、价值及规范，以及它们的物质形式"①。外来西方文化在网络虚拟社会的长期强势，其目的不仅是普及自身的文化价值观，而且欲将处于弱势的非西方文化同质化，将本土民族文化削弱化直至消亡。因此，非西方文化为了应对这样的"侵略"，纷纷开始挖掘本土民族文化的价值，将发展文化提升到国家战略层面。然而，由此所带来的结果就是，民族主义与西方自由主义、文化保守主义与文化激进主义、文化现实主义与文化虚无主义在网络虚拟社会中的激烈冲突。生活在这种复杂文化格局下的道德主体，常常六神无主，不知该选择哪种文化作为自己的信仰，不知按什么样的要求来展开自己的虚拟性行为，不知以什么样的原则来评价他人的道德实践……道德文化足够多元了，但道德主体心里总是空荡荡的。没有社会主义文化武装的头脑、没有科学信仰指导的行为，自然也就会产生出诸多道德问题。

应该承认，网络虚拟社会的形成与发展为文化的交流、融合和发展带来了良好契机，我们可以充分加以利用，以不断推进自身文化的发展，提升文化软实力。但也应清醒地认识到，网络虚拟社会所带来的发展良机，稍有不慎就会转变为民族文化消亡的危机。如何将危机转化为良机，这不仅是治理道德问题的目标所在，而且是推动民族文化振兴、提升文化软实力的重要举措。

三　网络虚拟文化的弱小

网络虚拟社会既然具备了一般社会形态的特征，体现为人们生产生活的活动场域，那么也就不排除在此基础上形成一种特殊的文化现象——网络虚拟文化。诚然，网络虚拟文化并不是由现代科技自身所携带，也不是人们一拍脑袋凭空想象出来，而是在继承、转化、赋新传统文化和外来文化的基础上，反映和体现人们虚拟化生产生活所凝结成的

---

① ［美］戴维·波普诺：《社会学》，李强等译，辽宁出版社1987年版，第26页。

一种新型文化现象。比如二次元文化、网络音乐、网络游戏、网络文学等，都是网络虚拟文化的具体代表形态。同其他文化形态一样，网络虚拟文化既有文化传承的基因，又是新兴生存方式的总结，但最为重要的是立足虚拟性生产生活来落地、生根，离开了网络虚拟社会和人们的虚拟性生产生活，网络虚拟文化就不可能得以孕育、形成，更不可能得到发展。目前，网络虚拟社会的发展尚处于方兴未艾的阶段，相应地网络虚拟文化亦处于幼稚时期，不能承担文化应有的功能和职责，不能有效引导人们的实践、规范人们的行为，为一些道德问题的形成、发展提供了间隙。所以，从这一维度上看，网络虚拟文化的弱小是造成道德问题发生的原因之一。

我们还注意到，网络虚拟文化的娱乐化、庸俗化发展倾向，在网络虚拟社会中也带来了许多道德问题。较之传统的现实社会，网络虚拟社会是一个活色生香的世界，孕育于其中的网络虚拟文化，多以感性的、娱乐的方式出现，常常被贴上"好玩""好听""好看"等刺激感官愉悦的标签来得到道德主体的"认可"，亦即经典必须笑谈、优秀必须娱乐、高尚必须低俗才能得到他人"认可"，但"价值理性、人文关怀和社会责任却被拒之'网'外，这种'娱乐化'倾向很容易使道德主体在快餐化、平面化、拷贝化、恶搞化的狂热追求中陷入盲目被动文化消费模式，进而因感官的娱乐消遣而将思想的意义放逐"①。许多经典的道德文化就在这样的"娱乐化"审美情趣的引导下被肢解得支离破碎，那些优秀的伦理故事就在这样的"无厘头"文化的带领下被冲击得遍体鳞伤。能够内化道德主体的阅读、反思、探索等文化活动方式不复存在，取而代之的是缺乏深度的"孤单狂欢"和"娱乐至死"。从本质上看，网络虚拟文化理应属于大众文化，但不能将大众文化等同于"庸俗文化"，不能为了取悦观众、迎合世俗而放弃了文化应有的尊严和理性。否则，过度的娱乐化、庸俗化，紧接着的必然是文化的快餐化和恶搞化的肆意泛滥，最后呈现出来的必然是无底线化、无理性化和无

---

① 魏雷东：《后现代主义视域下的大学生网络道德问题研究》，《中国青年研究》2011年第3期。

道德化。

　　较之于传统的现实社会，网络虚拟社会将能够以更开放的、更包容的胸怀批判继承传统文化和汇聚来自不同背景的外来文化，并与人们的虚拟性实践密切结合，形成与之相适应的网络虚拟文化，这是值得我们珍惜并不断发扬光大的。但是，对于如何优化目前的文化格局，以治理网络虚拟社会中出现的道德问题，又需要我们去反思和探讨。

第四节　科技发展维度的外发因素

　　科技与道德的关系，自科技革命以来一直是学界不断论争的热点话题。争论的焦点在于：现代科技的发展是否促进了道德的发展？对现代科技的运用是否合乎道德？科技工作者应当具备怎样的道德品质？在深层次上，科技与道德的关系，涉及的是事实与价值的问题，亦即"是什么"与"应当怎样"、"当然"与"应然"的问题。科技与道德的关系是辩证统一关系，对于人们认识和把握世界具有同等重要的意义和价值，不可有所偏颇。对这一关系的解读，同样适用于网络虚拟社会中科技与网络虚拟道德的关系问题。依此，网络虚拟社会中道德问题的发生，必然涉及现代科技发展问题，尤其是网络虚拟社会所依赖的计算机、互联网、大数据、云计算和人工智能等科技，应是现代伦理学关注的重要问题。

　　毋庸置疑，网络虚拟社会的形成与发展使人们的生产生活发生了翻天覆地的变化，虚拟化生存业已成为当代人类生存和发展的重要组成部分。但与传统现实社会所不同的是，网络虚拟社会是由以计算机、互联网、云计算、大数据等为代表的现代科技所构建的新型社会场域，这些技术的特性以及发展水平在一定程度上影响了人们在网络虚拟社会中的生产生活状况，以及与之相适应的道德观念和意识形态。可以说，没有现代科技的发展，没有现代科技革命的产生，也就不可能有网络虚拟社会的出现，更不可能会有关于网络虚拟社会中道德问题的讨论。那么，网络虚拟社会所依赖的现代科技，是如何引发道德问题的呢？

一 现代科技发明的"原罪"

现代科技发展的最初动因，多数起始于军事目的。以互联网为例，美国为了在冷战中胜出，20 世纪中叶决定设计一个由通信网络连接起来的分散性军用指挥系统，即互联网的雏形——"阿帕网"。"'阿帕网'首先用于军事连接，之后，将美国西南部的加利福尼亚大学洛杉矶分校、斯坦福大学研究学院、加利福尼亚大学和犹他州大学的四台主要的计算机连接起来，并于 1969 年 12 月开始联机，然后在此基础上，发展出覆盖全世界的全球性互联网络，即是互相连接的互联网络结构。"① 依赖现代科技而发展起来的网络虚拟社会，带有一贯冷冰冰的非人性化的特质，在早期的发展过程中也未辅以必要的人文关怀和伦理关怀，从而为网络虚拟社会中道德问题的发生埋下了伏笔。

那么，现代科技的"原罪"是如何引发相应道德问题的呢？首先，现代科技的发明，多数都是奔着获取丰厚的利润去的。无论是早期的互联网、计算机还是后来的虚拟现实、人工智能，都给发明者或组织带来了巨大的利润。比如编创微软计算机操作体系的比尔·盖茨，连续 13 年成为《福布斯》全球富翁榜首富，而由其所创办的微软公司，目前是全球最大的电脑软件提供商之一，经常名列全球最赚钱企业排行榜。但是，微软公司凭借自身对计算机操作系统的垄断，将其 windows 操作系统的价格提升至上千元人民币，许多用户因购买不起而使用盗版，导致盗版操作系统在网络虚拟社会中流行。而这类带有道德性质的盗版事件，在网络虚拟社会中比比皆是，但都与发明者或企业为维护自身垄断利益密切相关。其次，科学家或科研者缺乏应有的道德责任感。科技是科学家发明创造出来的，科技本身的设计、运用以及更新都与科学家或科研者有着千丝万缕的联系。但总是有一部分科学家或科研者在发明创造中，或为了获取高额利益，或为了提升个人名誉，或为了垄断竞争，做出许多违背社会道德的行为。比如，以"熊猫烧香"为代表的电脑病毒事件，始作俑者往往是图好玩，后来变成售卖病毒获取丰厚利润；某些应用软

---

① 赵恒：《大数据的脚印》，中国税务出版社 2017 年版，第 150—151 页。

件或 APP 强制收集用户信息，在暗网上销售获利，等等。最后，科学家及其所发明的成果，被别有用心的政治集团所利用。现代科技的发明创造，需要大量的资金和资源作为前提，而一般的科学家难以承担如此巨额的花销。此时，许多政治集团为了某种目的就会去支持科学家的发明创造，但创造出来的产品经常会被相关的政治集团用来"作恶"，从而引起规模化的道德问题。比如在大数据的运用过程中，社交巨头 Facebook 泄露了 5000 万用户的个人数据，以"精准操纵"国家政治选举。①

　　总之，现代科技的发展确实改变了人类的发展方式，带来了许多便利，但同时也出现了许多负面影响，由此成为网络虚拟社会中许多道德问题发生的根源。这既与现代科技产品发明本身相关，又与现代科学家群体以及科学家背后的政治集团相关。对于现代科技的发展，尤其是网络虚拟社会的发展，最终目的是希望能够为人类提供良好服务，提升人们生产生活的能力，而非奴役人类、取代人类，从而实现虚实共生、人机和谐的发展模式。因此，对于现代科技的创新、研发，不能简单地采取"技术先行"或"干了再说"等办法，而要事先充分考虑新科技可能引发的道德风险和伦理挑战。

二　现代科技运用的无序

　　发展现代科技的目的，是为社会进步、人类发展提供更好的服务和帮助，而对科技的合理运用，则是科技价值的最好体现。但是，现代社会中的许多主体对科技的运用却存在无序现象，不但未发挥出科技运用的价值，反而引发一系列的道德问题。比如目前炙手可热的人工智能，凭借对使用者行为的分析和理解，所提供的服务和功能越来越精准和高效，从而与使用者之间建立起亲密关系，甚至成为人们生活中不可或缺的重要部分，但这种关系的建立，会逐渐弱化人们的理性思考、动手实践等能力，事实上人已经对智能产品上瘾了，变成了马尔库塞所说的"单向度的人"。如果社会广泛运用人工智能，虽然能够代替人类处理一部分繁杂的、重复的、危险的劳作，但同时也会挤掉一部分劳动力的岗

---

① 张璁：《"大数据杀熟"带来监管挑战》，《人民日报》2018 年 3 月 28 日第 19 版。

位，让更多的人失业。就网络虚拟社会来看，同样存在无序运用现代科技而造成道德问题的现象。比如在网络虚拟社会中对现代信息技术的运用，完全突破了物理时空对文化知识传播的限制，但同时也聚集了大量夹杂着不道德、反人类的信息，侵蚀着人们的道德心灵。又比如智能写作软件的滥用，导致目前网络虚拟社会中大量的新闻流量讯息来自该类软件，但这样的文章经常夹带着大量的暴力、色情、歧视等信息。即时方便的网络社交，俨然是人们虚拟性生活的重要工具，大量的使用虽然让人们体验了"天涯若比邻"的亲近感，同时也造成了人情冷漠、尔虞我诈的疏离感。

　　一定的科技，究竟是作为破坏力还是生产力，从根本上取决于人，取决于人对其的运用。作为"双刃剑"的现代科技，本身不具备"善"与"恶"的伦理属性，本质上是人创造出来认识世界改造世界的重要工具。工具既可以体现为向善求义的工具，也可以是逐利作恶的手段。尤其是在具体的运用过程中，作为中性的科技工具往往会带来多种不同的效应。作为主体的人缘于不同动机或目的的引导和利用，相应地就会带来不一样的后果。比如对原子能技术的利用，既可以用来制造核武器发动战争，又可以用来建造核电站造福人类。就如爱因斯坦（Albert Einstein）在《科学和战争的关系》中所说："科学是一种强有力的工具。怎样用它，究竟是给人带来幸福还是带来灾害，全取决于人自己，而不取决于工具。"① 对于网络虚拟社会来说，现代科技本身就是其基因。合理使用好每一种硬件、软件，运用好每一个程序、APP 等，就是合理地规范地展开虚拟性生活。反之，如果滥用这些硬件、软件或程序、APP，那么必然带来相应的社会道德问题。比如上文提及的社交软件 Facebook，可以通过人脸识别功能的设置，来识别和区分同性恋者，但这样的技术运用却带来泄露个人隐私的风险。因此，从深沉的层次上看，科技之所以在人们的手中变成作"恶"的工具，是因为人由目的变成了工具，科技的发展发生了异化。

　　具体来看，目前网络虚拟社会中无序运用现代科技，既有个体性主

---

① 《爱因斯坦文集》（第 3 卷），许良英、李宝恒等编译，商务印书馆 2017 年版，第 69 页。

体对现代科技的滥用，又有组织性主体对现代科技运用的控制，以及组织性主体对现代科技运用的放纵。而在运用的领域方面，既包括经济、政治、文化等公共领域，又包括学习、工作、社交等私人领域。网络虚拟社会中因无序运用现代科技而导致道德问题的现象，是其他社会形态无法企及的，究其根本原因在于网络虚拟社会中的道德问题，基本上与科技的无序运用相关，正如维纳（Norbert Wiener）在分析新工业革命时所言："新工业革命是一把双刃刀，它可以用来为人类造福，但是，仅当人类生存的时间足够长时，我们才有可能进入这个为人类造福的时期。新工业革命也可以毁灭人类，如果我们不去理智地利用它，它就可能很快地发展到这个地步的。"① 近几年来，我们见证了网络虚拟社会的蝶变，充分享受其发展所带来的各种便捷，但同时也在无声地承受着科技无序运用的恶果。如何理智地运用现代科技，是生活在网络虚拟社会条件下的我们，不得不思考的现实问题。

三　人对现代科技的盲目崇拜

现代科技的创造与运用，使人类的认识能力达到了前所未有的高度，但也导致人类逐渐忘记了敬畏自然、与自然和平相处的原则，反而常常利用科技的力量以征服者的角色来统治自然。尤其是在一些技术决定论者看来，科技是人类认识能力的增强剂，只要掌握了科技就能为所欲为，自然无法给予的资源或条件，都可以在科技那里发明创造出来。现代科技革命之后，以上观点得到了大部分人的支持和跟随，人们更加崇拜科技、重视科技发展，以满足人类对自然无节制的索取。这种对物质享乐无限的追求，对科技发展无限崇拜的向往，往往换来的是思想精神的痛苦和伦理道德的丧失，"在技术进步的鼎盛时期，我们看到的却是对人类进步的否定：非人化，人遭到摧残，审讯'常用的'一种手段——严刑的恢复，原子能的毁灭性的发展、生物圈的污染，等等"②。对现代科技盲目崇拜这种片面性的认识观点，被生活在网络虚拟社会中

---

① ［美］N. 维纳：《人有人的用处》，陈步译，商务印书馆 1978 年版，第 132 页。
② 马吉：《与赫伯特·马库塞的一次谈话》，《国外社会科学动态》1987 年第 11 期。

的大部分人所接受和认可。他们认为网络虚拟社会就是一个无所不有、无所不包的社会，凭借现代科技可以天马行空地生活，想与谁交流，发个邮件、刷刷微信、点个视频就能完成；想购买所需要的物品，有那么多的电商平台可以逛，琳琅满目的商品让人挑得眼花缭乱；想要娱乐消遣，有那么多的在线游戏、音乐视频可以选择……拥有网络虚拟社会，就可以抛弃现实社会了，交了网友就忘记了亲人。殊不知，沉浸在虚拟世界不能自拔的生活方式，实际上是对人类生活方式的自我异化，是导致网络虚拟社会中道德问题发生的原因之一。

那么，人们对现代科技的盲目崇拜是如何形成的呢？一方面，缘于人类自身的局限性。作为高等动物的人类，有着自身的局限性。这种局限性既有认知上的片面性，又有生理方面的不足，其产生的原因与人类生存范围、生活方式和学识水平相关，实际上与历史发展、生产力水平更加相关。就个人来看，其局限性体现得更为明显，尤其是面对今天强大的科技，这种局限性常常转变成自卑性。面对如此强大的科技能力，缺乏理性、认知片面的主体难免以臣服姿态来表达对科技的崇拜。而对科技的疯狂崇拜，必然伴随着科技的滥用，以及对相关负面后果认识不足。比如网络中的"复制"功能，能够帮助我们分享许多文字符号方面的作品，但如果过度或无规则应用，可能出现侵犯知识产权的现象，甚至制约了"原创"，独一无二的个性也消失了，历史中强调的"永恒"也会面临消失。所以，缘于人类自身的局限性而导致的科技崇拜，必然导致人文的失落和道德问题的发生，"技术的胜利，似乎是以道德的败坏为代价换来的"①。另一方面，缘于现代科技的强大能力。较之于其他动物，作为高等动物的人类确实拥有意识、思想等智慧，懂得如何利用自然条件创造工具，懂得如何分工与协作，共同抵御强敌的入侵。也就是说，在属人性的人类活动过程中，许多工具被创造出来，不断延伸肢体的功能、思维的能力，以弥补人类自身在个体力量上的不足。随着历史的进步，制造工具的经验、技艺不断精湛，经日积月累后演变成了科学，制造工具以及相关技巧的不断提升，经沉淀后演变成了

---

① 《马克思恩格斯选集》（第1卷），人民出版社2012年版，第808页。

技术，并在近现代得到了有机统一，形成今天被人们崇拜的科技。今天，任何个体的力量在科技面前都显得如此渺小且微不足道，特别是人工智能的横空出世，让人类既惊喜又害怕。所以，现代科技是促进社会迅速发展的根本动力，成了绝大部分人的基本认识。从日常生活的吃喝拉撒到休闲消遣，从工作学习到生产劳动，从传统的农业到方兴未艾的人工智能，无不展现出现代科技的魅力。在盲目崇拜科技的人的眼里，不怕做不到，就怕想不到，因为科技能创造我们想到的一切，以及我们未曾想到的一切。

所以，人类自身的局限性和现代科技的强大，是造成人对现代科技盲目崇拜的重要原因。而这种盲目崇拜的结果，则是对科技的滥用，从而成为道德问题产生的认识论根源。因为盲目崇拜现代科技的人们，往往逐渐失去了自身的理想和目标，在价值世界中陷入迷茫，但在喧嚣、热闹、精彩的后面却是一颗极为空虚的心。

其实，对于现代科技的认识，我们应秉持辩证的态度。作为人的功能器官的延长，现代科技是"一种在历史上起推动作用的、革命的力量"①，是人类现代生产生活不可缺少和不可替代的工具，尤其是在网络虚拟社会中，科技支撑起整个社会场域，决定着人们的虚拟性生产生活。同时，我们也应该理性地看到科技只是为人服务，不能代替人、代替人存在和发展的价值。我们应该抛弃盲目崇拜，理性认识现有科技的性质、功能、层次以及发展规律，并通过对科技的进一步发明发现、创造应用来实现人类自身的全面发展。任何科技只有以人为本，才能称作真正意义上的科技。

---

① 《马克思恩格斯全集》（第25卷），人民出版社2001年版，第597页。

第九章　网络虚拟社会中道德问题治理的机遇与挑战

在人类社会发展历程中，由于社会运行和人的道德活动的复杂性，任何形态的社会都会不可避免地产生道德问题，并对社会运行和人们的生产生活产生阻碍作用。作为新型社会形态的网络虚拟社会亦然。这是人类历史发展过程中客观存在的现实问题，但我们不能因此阻止或妨碍新型人类社会的发展。因为面对这些阻碍社会发展的道德问题，具有主观能动性的我们总是会不断寻求解决的办法。而这种寻求办法的过程，客观上会起着促使社会在健康发展的轨道上运行的功能，正如马克思所说："问题就是公开的、无畏的、左右一切个人的时代声音。问题就是时代的口号，是它表现自己精神状态的最实际的呼声。"[①] 敢于直面反思、分析和判断社会现实中存在的道德问题，并给予最为恰当的解决方案和措施，是推动人类发展和社会进步的重要方式。尤其是对方兴未艾的网络虚拟社会来说，秉持这样的治理理念显得更为重要。

既然道德问题是人类社会发展史上客观存在的现象，那么就表明人们对这一现象的治理拥有丰富的经验。不过，依赖现代科技而形成和发展的网络虚拟社会，却与传统的现实社会有着根本上的区别，这就意味着对发生于其间的道德问题的治理，有其特殊性，以往的治理经验和方法不一定完全奏效。如何继承以往对道德问题的治理经验，结合特殊的网络虚拟社会实际，对网络虚拟社会中的道德问题提出科学可行的治理方案，是本研究的基本目标。然而，对这一目标的实现务必先考察其治理机遇和治理挑战问题。

---

① 《马克思恩格斯全集》（第40卷），人民出版社1982年版，第289—290页。

第一节　网络虚拟社会中道德问题治理的机遇

在马克思看来，在社会存在与人的意识的关系上，"不是人们的意识决定人们的存在，相反，是人们的社会存在决定人们的意识"①。作为一种特殊的意识形态，道德的形成与发展受社会存在的决定，而与其相关的道德问题也随着社会场域的变更、社会生产的发展而发生变化。因此，对道德问题的分析和治理，需要深入实际联系社会发展，抓住社会历史变化的有利条件。

那么，在新时代对网络虚拟社会中的道德问题进行治理，存在什么样的历史机遇呢？在我们看来，其历史机遇包括：网络虚拟社会创设了道德问题治理的新场域、网络虚拟社会提供了道德问题治理的新途径、网络虚拟社会整合了道德问题治理的新力量。

一　网络虚拟社会创设了道德问题治理的新场域

"场"的概念最早来自物理科学，意指在牛顿万有引力定律的基础上的自我构建。后来被迪尔凯姆引入社会学，认为这是一个有机体及其子系统周围连续存在的特殊物质形态。布迪厄将此继续发扬，将社会场域定义为"在各种位置之间存在的客观关系的一个网络，或一个构型"②，亦即人们在社会活动中涉及的空间范围和位置以及其中的关系系统。它不仅包括社会的物理空间，而且包括社会的心理空间和行动空间。社会物理空间是属地概念，指所有社会成员都有权使用的公共空间；社会心理空间是属人概念，指在社会物理空间里的交往对象；行动空间是行为概念，指在公共领域中展开的活动。在布迪厄看来，社会场域中的个体或机构因占有资本的不同而体现出不同的关系结构，比如政治场、经济场和文化场等。据此，我们可以将计算机、互联网、虚拟现实、大数据、物联网等现代科技而构成的网络称为场域——网络虚拟社

---

① 《马克思恩格斯文集》（第2卷），人民出版社2009年版，第629页。
② ［法］皮埃乐·布迪厄：《实践与反思：反思社会学导引》，李猛、李康译，中央编译出版社1998年版，第133—134页。

会场域。相应地，网络虚拟社会场域中也存在政治场、经济场和文化场等子系统。但是，网络虚拟社会所构建起来的这种新场域，不是对传统现实社会场域的简单复制和照搬，远比现实社会更加复杂、更具优越性。

首先，网络虚拟社会创设了"在线"存在形式。① 根据马克思主义的基本观点，实践是人的一种根本存在方式，因为只有在处理人与自然、人与人关系的实践中，人的本质力量才能得到充分的体现和确证。无论是物质资料生产实践、处理社会关系实践还是从生产实践中分化出来的科学实验，都必须依赖于传统的现实社会来展开。但在全新的网络虚拟社会中，主体运用软件工具时刻保持与他人、与组织的联系，及时处理人与人、人与组织之间的各种关系和资讯分享，从而形成了人的一种特殊的实践形式，即"在线"。这种"在线"的实践形式，除了具备传统实践的功能之外，还体现出交互的即时性、交往的超越性、存在的符号性等特点。现实的感性的主体可以离场缺席，但丝毫不影响彼此间的社会活动和交往关系。基于人在网络虚拟社会中的"在线"存在形式，有效提高了社会管理的效率和针对性。相应的道德问题治理，也能够在效率提高、效果提升等方面有所改善。

其次，网络虚拟社会创设了"群"社会网络结构。在传统的现实社会场域中，人的地缘、业缘和血缘等社会关系的交织，共同构成社会团体，亦即社会场域中的群体。社会生产生活是以群体形式进行的，社会群体既是人们生产生活的基本单位，又是社会网络结构的基本要素之一。而在网络虚拟社会中，由于对现代科技的广泛运用，社会网络结构不再局限于传统的地缘、业缘和血缘等社会关系，大幅度增加了趣缘、学缘等新型的社会网络。道德主体之间除了亲属、朋友、邻居等熟人关系，还可能是来自遥远的不相识的陌生人关系，但因为相同的兴趣、爱好等而组建了"群"。当然，网络虚拟社会中的"群"除了社交网络使用得最多的"群"之外，还包括网络上各类聊天室、讨论

---

① "在线"，是指从形式上看这是人与技术系统的结合，但其实却是人以网络虚拟技术为中介形成的一种新的实践方式，是人在信息时代呈现出的一种新的生存方式。（见何明升、白淑英《论"在线"生存》，《哲学研究》2004 年第 12 期）

组、社区、贴吧、论坛、超话等。这种因趣缘、学缘而形成的社会网络结构，意味着网络虚拟社会中存在着不同的"关系"或"圈子"，为网络虚拟社会中道德问题的治理提供了多元的互动场景，以及差异化的措施选择。

最后，网络虚拟社会创设了"虚实结合"社会场域。在传统的现实社会中，道德的形成与发展是依赖现实社会场域来完成，其中涉及的社会物理空间是人们有权使用的物理空间，社会心理空间是人们在现实社会中发生的交往对象，而行动空间是人们在现实社会空间里展开的现实性行为。与之相应的道德意识、道德交往、道德实践，都必须在现实的社会场域中完成。但是，依赖计算机、互联网、大数据、物联网等科技的迅速发展而衍生出来的网络虚拟社会，则完全改变了人们以往的生存场域。一方面，网络虚拟社会分化了人的生存场域，由单一的现实性社会演化为传统的现实社会与网络虚拟社会两部分；另一方面，作为社会场域而出现的网络虚拟社会丰富了人的生存意蕴，尤其是在道德主体性的凸显、道德时空的超越和道德内容的丰富上实现了重大变革。可以说，网络虚拟社会的形成与发展，不但为人类的生存和发展创造了更广泛的社会场域，而且创设了更多的可能和不可能。诚然，网络时代二重化的社会场域和多元化的生存选择，虽然带来了许多道德问题，比如人格分裂、虚实不清、是非不分等，但同时也为道德问题的治理提供了多样的选择途径，既注重对虚拟性道德行为的引导与规范，又可以加强对生活在现实社会场域中的道德主体的教育和感化。网络虚拟社会的一切行为，终究与现实的人、现实的社会相关。所以，网络虚拟社会创设的"虚实结合"场域，为道德问题的治理提供了立体式、全方位的社会条件。

总之，网络虚拟社会条件下的道德问题治理，本身就指明了其依赖的空间场域与以往道德问题治理的不同，从传统单一的现实社会业已过渡到传统的现实社会场域与新型的网络虚拟社会场域共同构成的二重社会场域，正如卡斯特所说："网络建构了我们社会的新社会形态，而网络化逻辑的扩散实质地改变了生产、经验、权力与文化过程中的操作与结果。虽然社会组织的网络形式已经存在于其他时空中，新信息技术范式却为其渗透扩张遍及整个社会结构提供了物质基础。"① 这种全新的社会场域，不但开创了人类社会发展的新纪元，而且对于许多社会问题的治理也提供了全新的场域——不再局限于传统的现实社会场域，而应该通过虚实结合、线上线下的互动来展开。

二 网络虚拟社会提供了道德问题治理的新途径

在社会学里，途径一般是指国家相关职能部门或个人为了解决社会问题、改善社会环境、促进社会公平正义和实现社会发展而选择的手段、方法或路子。结合道德问题的治理看，途径由治理主体来选择和推进，具体指向被治理的行为或客观存在。途径的选择恰当与否，直接影响治理的效果，如果选择了科学的、恰当的治理途径，那就意味着治理既符合治理主体的目的，又纠正或规范了存在的道德问题。在以往的社会治理过程中，道德问题的治理形成了较为成熟的治理途径，主要包括行政、教化、舆论、制度、经济等。比如，行政途径主要是依托科层制的行政等级和单位体制，从上到下逐层执行，从中心到边缘逐渐扩散，以强制性的政策或手段约束人们的行为、改善社会环境，以促进社会公平正义。行政的优势是途径稳定，内容确定，效果明显，但具有互动性弱、治理范围有限等缺点。教化途径主要是在政策、教材、课程中融入道德观念、伦理知识，在教育教学过程中向被教育者传授相关道德知识，倡导正确的道德观念、道德规范来约束人们的行为、改善社会环境，以促进社会公平正义。教化的优点是途径稳定，内容明确，传播范围较广，但具有互动性弱、内容抽象、治理范围有限等缺点。舆论途径主要是指依托于传统的广播、电视、报纸和杂志等传统媒体，宣传相关道德理论和新闻事例，目的是营造良好的道德风尚，让人们在潜移默化的过程中受到熏陶、感化。这种方式的优势是传播范围广、内容较为及时等，但具有互动性弱、主题不够集中、效果不够突出等缺点。历史地看，以上道德问题的治理途径与人类社会不同历史阶段相适应，曾发挥

① ［美］曼纽尔·卡斯特：《网络社会的崛起》，夏铸九等译，社会科学文献出版社2001年版，第569页。

着重要的管理效力和治理价值。总体上看，传统意义上的治理途径是制度化方式与非制度化方式的结合，主要通过行政执行、社会舆论、榜样塑造、本性良心等方式展开，本质上属于一种"柔性途径"。

网络虚拟社会的形成与发展，为道德问题的治理提供了新途径。如今生活在网络虚拟社会场域的网民，能够充分利用各类社交网络、技术手段进行民主和权利的表达，以及实现道德利益诉求的常态化。当然，这种网络化的技术手段，也可以被治理主体运用来进行道德问题的治理。比如，可以运用云计算、大数据等现代科技的优势，构建起规模化的社会征信系统，对个人、组织的信用行为进行跟踪、记录、统计、整理和反馈。可以综合运用门户网站、公众号、微博等平台建立起舆论监督评价体系，充分发挥广大网民的监督作用，以监测、规范现代许多媒体尤其是自媒体的舆论宣传、资讯传播等行为。可以运用信息过滤、隔离保护、屏蔽拦截等技术，建立起不良图片信息过滤监测系统，阻止色情、恐怖、暴力等图片信息的传播，以规范相关传播主体的道德行为。由此可以看出，网络虚拟社会的形成与发展，为道德问题的治理提供了与传统现实社会不一样的治理途径，亦即在"柔性途径"的基础上，增加了"技术途径"。较之于传统的"柔性途径"，"技术途径"的治理效率更高、针对性更强、范围更广、效果更好，特别是与法律的有机结合，能够有效提高治理的威慑力和惩罚力。

较之于传统现实社会中道德问题的治理，网络虚拟社会中道德问题的治理途径更加多元，不仅可以使用传统意义上的"柔性途径"，而且可以大量使用自身独具的"技术途径"。特别是面对某些复杂的道德问题时，将"柔性途径"与"技术途径"有机结合，效果更明显。目前，迅猛发展的现代科技及其广泛运用，为"柔性途径"与"技术途径"的结合提供了便利。从早期的通信技术到现在的5G，从操作系统、互联网、办公软件到目前炙手可热的虚拟现实、云计算、物联网，从BP机、超级计算机、个人计算机到智能手机、大数据、人工智能等，共同支撑起网络虚拟社会的日常运营和未来发展，也为我们开展道德问题的治理创造了多元化的途径。以目前人们接入网络环境的终端设备手机为例，仅2019年12月我国国内市场出货量就高达3.89亿部，其中 5G 手机超过 1300 万部，智能手机出货量达 2893.1 万部。① 截至 2020 年 3 月，我国手机网民规模达 8.97 亿，使用手机上网的比例达 99.3%。② 所以，手机行业的健康发展和智能手机的广泛运用，不但为人们虚拟性生存提供了基础技术支撑，而且为道德问题的治理开辟了新途径。

三 网络虚拟社会整合了道德问题治理的新力量

对现代社会中的诸多问题，之所以运用"治理"而不运用"管理"，原因在于前者强调的是在遵循治理对象的基础上，采取引导、疏导、分流等积极措施来展开，侧重于"导"，而后者侧重于"管"，主要是以限制、把控的方式来展开，这就表明"治理"的主体结构往往是多元化的。这种多元化的治理结构，至少包括政府、个体以及其他社会力量等。如果单独由政府来完成，即使这个政府是全能型的良治政府，那么也会影响到治理效果。因此，衡量一个国家或区域是不是现代化的治理，至少可以从治理主体的规模上来予以判断。在现代社会治理过程中，许多国家都将政府转变为"有限政府"，鼓励更多的个体、社会力量参与到治理工作中，正如习近平总书记在十九大报告中所提出的，社会治理是要"打造共建共治共享的社会治理格局。加强社会治理制度建设，完善党委领导、政府负责、社会协同、公众参与、治理保障的社会治理体制，提高社会治理社会化、法治化、智能化、专业化水平"③。建构现代化的社会治理体系，不仅是社会发展的必然要求，而且是政府走向现代化的未来趋势。就道德问题来说，运用"治理"，不仅是国家现代化社会治理的必然要求，而且在于网络虚拟社会的形成与发展，为道德问题的治理整合了更多的治理力量。

首先，网络虚拟社会提升了政府的治理能力。从社会结构看，对道

① 中国信通院：《2019 年 12 月国内手机市场运用分析报告》，http://www.caict.ac.cn/kxyj/qwfb/qwsj/202001/P020200109339216954809.pdf，2021 年 5 月 3 日。
② 中国互联网信息中心：《第 45 次〈中国互联网络发展状况统计报告〉》，http://www.cnnic.net.cn/NMediaFile/old_attach/P020210205505603631479.pdf，2021 年 2 月 5 日。
③ 习近平：《决胜全面建成小康社会 夺取新时代中国特色社会主义伟大胜利：在中国共产党第十九次全国代表大会上的报告》，人民出版社 2017 年版，第 49 页。

德问题的治理不能缺少政府部门。即使在现代社会治理中倡导的"有限政府"观点，也不是将政府这一力量予以忽视或将之扔掉，因为政府始终是维护社会安定、公正、正义的重要力量。而随着网络虚拟社会的形成与发展，虽然带来了许多突出的道德问题，但同时也提供了诸多现代化的技术手段和治理理念，有效提升了政府的治理能力。比如，目前国家各层党政机关开发了 APP 等客户端，普遍对外设有个人公众号、微博等，形成了立体式的、全天候的道德理论传播、道德事件监督等平台。比如由人民日报独立运营的人民网，业已是世界上最大的综合性网络媒体之一，涵盖政治、经济、文化、社会等内容，包括人民日报系、强国论坛、环球网、人民在线、学习强国等品牌，完全覆盖微软、安卓、苹果等多种平台和人民日报、人民网、学习强国等客户端。在网络虚拟社会中来展开道德问题的治理，政府往往能够利用现代科技的便捷性，制定更为科学的治理计划、政策，并予以全面执行和时时监督。对于一些重要的治理技术或基础设施，政府也能够整合更多的社会资源来开展研发、投资和运用，普及信息知识和提供良好通信服务，通过公检法等国家部门解决网络纠纷，打击网络犯罪。而对于在传统现实社会中不能完成的一些社会意见收集、社会调查等事项，政府也能在网络虚拟社会的帮助下迅速完成，尤其是大数据、区块链等技术的日趋成熟，对于数据的挖掘、整理和运用等越来越方便，从而为政府治理道德问题和制定相关政策、制度提供了更全面、更直观的条件。

其次，网络虚拟社会整合了更多的网民参与。在传统的现实社会中，道德问题的治理主要局限于职能部门和社会力量，而囿于物理时空的限制，参与道德问题治理的民众数量总是有限的，即使是在大众传媒时代，民众参与道德问题的治理途径、方式和力量也受到很大的限制。但在以非聚集性、非封闭性、非独占性等为特征的网络虚拟社会中，能够整合更多的网民根据自己的观念、认识和标准，通过各种各样的网络空间、社交网络发表自己的看法或建议——赞同或抬杠、认可或嫌弃、赞美与斥责等。正是因为网络虚拟社会提供了更多的沟通渠道和表达空间，我们才发现人们使用道德滑坡、道德焦虑、道德冷漠、道德失范等言语来评价和判断一切社会问题的实际情况是如何严重，也才促使治理者认真思考如何提高网民参与社会问题治理的积极性和可靠性。截至2020 年 3 月，我国网民规模达 9.04 亿，较 2018 年底增长 7508 万，互联网普及率达 64.5%，较 2018 年底提升 4.9 个百分点。[①] 如此庞大的网民规模及其增长速度，不但表明虚拟性生存业已成为人们的重要生存方式，网络虚拟社会业已是人们生存的重要场域，而且还意味着一股全新的道德问题治理力量的诞生。许多部门在制定相关的政策方针、规章制度时，也喜欢通过网络来收集民意、吸纳民智，因为只有依靠广大网民的参与，群策群力，才能制定更加科学的政策方针和规章制度，以完成对道德问题的有效治理。当然，对于健康的和谐的网络虚拟社会来说，需要不断培养网民的综合素质，做到文明上网、礼貌生活。唯有理性对待虚拟性生活中的道德问题，才能让网民这股全新力量积极参与到道德问题的治理中来，并发挥着积极的、正面的作用。

最后，网络虚拟社会凝结了网络组织的治理力量。现代化的网络虚拟社会治理，不能靠政府一支独干。因为社会场域的开放性、自由性和虚拟性，总是能够将许多社会事件通过网络放大、将许多社会中的道德问题推至风口浪尖，引起社会的强烈关注。而这时单靠政府的管理和控制明显不够，恰恰需要更多的社会力量参与。这里的社会力量主要是指除了网民之外的互联网企业（平台）、社会组织等。众所周知，互联网企业（平台）是基于现代网络虚拟社会的发展而诞生的新型赢利性组织，其经营范围与网络、网络虚拟社会等存在着直接或间接的关系。比如，许多提供网络信息基础设施的企业、开展各类电子商务的企业等。从市场经济的角度看，互联网企业是网络虚拟社会经济活动中的真正主体，是推动整个虚拟经济发展的根本性力量。因此，在对网络虚拟社会中道德问题的治理过程中，不能忽略互联网企业（平台）。许多行业自律规范的起草、制定、执行和监督等，都由互联网企业自身来完成，比如 2019 年的"中国网络游戏行业自律倡议书"就是由新华网牵头，腾讯、网易、盛大等国内 70 多家游戏企业参与制定的行业自律规范，对

---

① 中国互联网络信息中心：《第 45 次〈中国互联网络发展状况统计报告〉》，http://www.cnnic.net.cn/NMediaFile/old_attach/P020210205505603631479.pdf，2021 年 2 月 5 日。

于规范全国网络游戏企业发展、营造良好社会风尚具有重要作用。而网络虚拟社会中道德问题治理强调的"技术途径",基本上也是由互联网企业来研发、运用。同时,网络虚拟社会中还存在着大量的非营利性的组织,也是网络虚拟社会中道德问题治理的重要力量。它们总是发动社会各方力量参与各种网络公益活动、开展网络社会评议、举报监督各类网络中的道德问题,从而为维护良好的网络虚拟社会生态、维护国家网络安全发挥独特作用。

总而言之,与其他社会问题的治理一样,网络虚拟社会中道德问题的治理也是一项系统性的工程。对于这项系统工程的推进,单靠某一治理力量完成是不现实的。而网络虚拟社会的形成与发展,正好提供了整合多方力量的条件,亦即在全面提升政府部门的治理能力基础上,聚集更多的网民和网络组织力量,从而为实现相关道德问题的治理目标提供了根本保障。对我国来说,在过去几十年发展历程中业已抓住了互联网崛起的契机,已经走到世界的前列。而今,在网络虚拟社会中道德问题的治理方面,又迎来了全新的战略契机。我们要做的就是顺势而为,且有所作为,切莫错失或荒废接下来的时代。

第二节 网络虚拟社会中道德问题治理的挑战

现代科技的发展是一把"双刃剑"。依赖于现代科技而形成和发展起来的网络虚拟社会,开创了人类发展的新纪元,使人的生存和发展从物理空间拓展到虚拟空间,改变了人们的思想行为,形成了多元化的价值理念和实践行为,对人和社会的发展产生了重大而深刻的影响,同时也导致了一系列的社会问题。从经济领域的诈骗、投机到政治领域的官僚主义、霸权行为,从文化领域的知识剽窃、文字暴力到社会领域的造谣传谣、色情暴力,从生态领域的信息污染、铺张浪费到生活领域的炫富奢靡、网红消费,等等。归结起来,这些问题既有科技研发者造成的,又有科技应用者导致的,但无论是什么原因,都扰乱了网络虚拟社会中的公共秩序,威胁到网民的权益。

同样,在网络虚拟社会条件下开展道德问题的治理,既有机遇也有挑战。网络虚拟社会的形成与发展，创设了道德问题治理的新场域，提供了道德问题治理的新途径，整合了道德问题治理的新力量。同时，网络虚拟社会的形成与发展也给道德问题的治理带来了挑战，主要集中在网络虚拟社会中的道德问题更加复杂和网络虚拟社会中道德问题的治理更加困难两个方面。如何客观辨析网络虚拟社会中道德问题的治理挑战，将挑战转化为治理道德问题的有利条件，成为当前在网络虚拟社会条件下解决道德问题、促进道德发展必须予以关注的重要问题。

一 网络虚拟社会中的道德问题更加复杂

较之于传统的现实社会，网络虚拟社会具有互联互通的本质属性。而这种互联互通的本质延展开来了，即能够超越物理时空，跨越文化禁忌和意识形态阻隔，将更多的信息、图像以及虚拟性行为汇聚在一起，形成五彩缤纷的生活图景。而与之伴随出现的道德问题，则在内容上呈现出庞杂烦琐、在形式上呈现出极其多样的态势，亦即变得更加错综复杂。这种错综复杂的挑战，主要表现在以下几个方面。

第一，网络虚拟社会中道德问题的频发。由于网络虚拟社会的开放性、自由性和虚拟性，生活于其间的人们更喜欢关注道德问题。人们对许多社会现象、新闻资讯、八卦娱乐等都喜欢以自己的道德标准来讨论一番，发表自己的看法和见解，从而形成了热闹的道德景象，包括日常的评论、跟帖、弹幕、灌水等行为。而这样的方式，往往会将社会问题放大、上升为道德问题。比如老人摔倒扶不扶的问题，网络公益可不可信的问题，随意网晒特权行径的问题，等等。这些道德问题经网络放大之后，就上升为处于风口浪尖的道德问题，引起更多人的关注、讨论。同时，在许多社会领域中，道德问题也此起彼伏、交错呈现出来，俨然成为无法避免、不可忽略的普遍性社会问题。比如在经济领域，金融诈骗、电商欺诈、伪劣商品、投机行为等现象比比皆是；在政治领域，利益集团或发达国家通过对技术的垄断形成信息封锁、官僚主义和霸权主义，不时侵犯网民的合法权益，无政府主义、历史虚无主义有所盛行；在文化领域，知识剽窃、文字暴力、媚外网络等事件屡禁不止，造谣、传谣行为非常严重，舆论生态失衡；在生态领域，信息污染、资源掠夺、铺张浪费等行为造成网络虚拟社会的生态系统失衡，数字鸿沟、信息贫困有可能成为新的历史条件下的"马太效应"；在生活领域，虚拟世界成了人们炫富、奢靡生活的重要场域，而现实中的他们总是自我封闭，逃避现实，情感冷漠，人格分裂，等等。道德问题在网络虚拟社会中的频发和蔓延，给相关的治理工作带来了挑战，无论是政府部门、个体性网民还是其他社会力量，都面临着严峻考验。

第二，网络虚拟社会中道德问题的冲突加剧。如前文所述，网络虚拟社会缘于自身的特殊性，将许多不同类型、不同文化背景的道德知识和理论汇聚在一起，形成独具特色的网络道德文化现象。然而，不同类型、不同文化背景的道德知识的汇聚，必然会因为观念、内容的差异而发生碰撞、融合或冲突。如上状况又经过网民的生产生活体现出来，转变为不同群体的利益冲突，甚至是各阶层间的对立和紧张，最终演化为网络虚拟社会中的道德问题。所以，网络虚拟社会中道德问题的冲突，无论是内容上还是形式上都比以往更加显著，特别是随着网民数量的急剧增加和虚拟性生存的普遍存在，冲突持续加剧。许多网民在处理这些冲突时，因缺乏相应的网络素养，往往又采取尖锐的、激化的手段，甚至是冲突式的方式来解决，从而形成了影响更为深远的网络暴力。

第三，网络虚拟社会中道德问题与现实社会中道德问题交互发酵。截至 2020 年 3 月，我国网民规模达 9.04 亿，较 2018 年底增长 7508 万。[①]网民规模的增加，意味着越来越多的人正"入驻"网络虚拟社会，成为真正意义上的网络居民。但许多网络居民往往缺乏相应的网络素养，将非聚集性、非封闭性、非独占性的网络虚拟社会作为负面情绪的"释放空间"。日常生活的不满、工作上的不如意以及各类委屈等，都在网络中通过自己的行为或语言表达出来。对其自身而言可能是"释怀"了，但如此众多的负面情绪的聚集，必然成为网络虚拟社会中道德问题发生的话题、内容或诱因。从心理学的角度看，许多人都对负面话题感兴趣，原因在于人都有猎奇心理和窥视欲望。而许多现实社会的问题、

---

① 中国互联网络信息中心：《第 45 次〈中国互联网络发展状况统计报告〉》，http://www.cnnic. net. cn/NMediaFile/old_attach/P020210205505603631479. pdf，2021 年 2 月 5 日。

个人的不满情绪经网络无限放大甚至扭曲后，就会在网络虚拟社会中引起轩然大波。反之，一些网络虚拟社会中的平常现象、小问题回到传统的现实社会之后，也会带来一系列的社会问题。因为网络虚拟社会中的一言一行，实际上都与生活在现实社会中的主体有着密切关系，甚至许多虚拟性的活动行为，最终还得通过现实性的活动行为才得以产生真正的效果。换言之，网络虚拟社会中的道德问题，也会随着道德主体回归传统现实生活，影响着现实社会的发展。比如线上外卖、网络理财、婚恋活动、医疗服务、网络购物等，都是既有传统社会的现实存在和物理逻辑，又有网络虚拟社会的图像表现和算法逻辑，二者彼此交织、相互塑造，共同促进人们生产生活的发展，但同时也往往伴随算法"失灵"、信息犯罪、隐私泄露等威胁。所以，社会场域的二重化引起了人的生产生活的二重化，而随之出现的道德问题，则给相应的道德治理工作带来了巨大挑战。

第四，网络虚拟社会中公共领域与私人领域界限模糊。由于社会场域的二重化和人的生产生活的二重化，网络虚拟社会中所产生的道德问题与现实社会中的道德问题会交互发酵，给道德问题的治理工作带来挑战。同时，网络虚拟社会中道德问题的治理，还存在公共领域与私人领域界限模糊的挑战。在传统现实社会中，由于场所固定、标注明确、关系稳定等原因，公共领域与私人领域可以科学界定、明确区分，从而为相关问题的解决提供了明晰的界限。网络虚拟社会具备非聚集性、非封闭性、非独占性等特征，社会流动频繁，且范围不设限，使公共领域和私人领域界限模糊，导致相关的道德责任划分不清，从而为道德问题的治理带来巨大挑战。比如网络虚拟社会中的人肉搜索，被"人肉"者的哪些信息能够在网络上公布，哪些不能公布？参与"人肉"是执行正义的道德行为，还是侵犯个人隐私的非道德行为？而对于二者之间所涉及的"度"，又该如何把握？对于这一系列的问题，如果过分依赖技术进行管理，就容易造成"数字利维坦"的风险。[①] 由此来看，由于网

---

① 曾茜：《监管的制度化与信息传播的有序化——我国互联网治理的变化及趋势分析》，《新闻记者》2014 年第 6 期。

络虚拟社会的特殊性而使公共领域与私人界限难以区分，也为相关道德问题的治理带来了挑战。

二　网络虚拟社会中道德问题的治理更加困难

网络虚拟社会的特殊性，导致人们在虚拟性生产生活中出现了许多严重的道德问题和失范现象。而这些道德问题和失范现象，一方面破坏了社会秩序，影响了社会的正常发展，对传统的道德治理方式带来了巨大冲击；另一方面淡化了人们的道德意识，弱化了社会道德规范的效力，给相关的治理工作提出了严峻挑战。总而言之，在全新的网络虚拟社会中展开道德问题的治理，越来越困难了。

第一，网络虚拟社会中道德问题的治理理念相对滞后。治理理念是指导治理主体展开道德问题治理的思想指南。治理理念的科学与否，不但影响着治理工作的展开，而且关涉最终的治理效果。就网络虚拟社会中道德问题的治理来看，由于受到惯性思维的影响，许多治理理念尚不能与网络虚拟社会的迅猛发展相适应，经常出现相对滞后的现象。一方面，治理理念的刚性化和静态化。网络虚拟社会的发展速度远远超过了人们的想象，使用日新月异来形容都不为过，这就使相关的道德问题层出不穷、变化多端。但一些治理主体在具体的道德问题的治理过程中，经常秉持"条条框框"的刚性理念，或"一成不变"的静态方法，简单运用"封""删""关"等方式，重堵不疏，事前预防少，被动维稳多，简单粗暴，极易激化各类道德问题，酿成社会性的群众事件。另一方面，治理理念的陈旧化和简单化。较之于传统现实社会中的道德问题，网络虚拟社会中的道德问题具有普遍性、复杂性、国际性和长期性等特征，从而使得其治理理念与传统现实社会中道德问题的治理理念有所区别。然而，许多治理主体在实际治理过程中简单地复制传统现实社会中道德问题的治理理念和方法，往往难以适应网络虚拟社会中道德问题的具体情况，甚至适得其反。并且，在一些普遍的道德问题的治理过程中，往往只从自身如何方便管理的角度出发，缺乏大局意识和整体性思维，重视管理控制，轻服务沟通；重政府治理，轻社会参与。对于一些重要的道德问题，或草率处理，简单定性，或漠视排斥，害怕回避，极易滑向剪不断、理还乱的被动局面。总而言之，相对迅猛发展的网络虚拟社会，以及层出不穷的道德问题，目前我们秉持的治理理念显得相对滞后，不能及时跟上道德问题的变化状态，从而成为下一步开展相关治理工作的挑战。

第二，网络虚拟社会中道德问题的治理目标不够明朗。较之于传统的现实社会，网络虚拟社会依赖现代科技超越了物理时空的限制，消解了各类文化禁忌和意识形态阻隔，建构起自由的、顺畅的沟通渠道和社会场域，让更多的道德文化、道德主体参与到虚拟性的生产生活中来，形成互联互通、互惠互利的网络命运共同体。然而在具体实践中，许多国家或地区往往只从自身发展的角度考虑，任意切断、阻隔网络虚拟社会中的自由互通，关起"门"来各搞一套，自成"体系"，从而违背了互联网发展的"初心"。针对这一现实，习近平同志在 2015 年 12 月浙江乌镇召开的"第二届世界互联网大会"上，强调互联网是人类的共同家园，各国应该共同构建网络空间命运共同体，推动网络空间互联互通、共享共治。① 但这种以"网络空间命运共同体"为治理目标的模式，遭到一部分国家或地区的误解，难以形成有效合力，推进网络虚拟社会的治理。② 而对于网络虚拟社会中的道德问题，其治理更难达成价值共识，对往什么样的方向发展，达到什么样的目的，缺乏共同的、具体的目标。所以，这种不够明朗的治理目标，必然是展开网络虚拟社会中道德问题治理的又一现实挑战。

第三，网络虚拟社会中道德问题的治理主体体系不够健全。网络虚拟社会与传统现实社会的差异之一，在于网络虚拟社会具有自我组织功能和自由开放性，能够避开相关职能部门的管理或引导而实现正常运行，能够吸纳不同的主体参与到网络社会实践中。于是，有一部分人就认为网络虚拟社会的治理可以不需要政府的参与——这就是无政府主义在网络虚拟社会普遍存在的原因之一。但事实上，网络虚拟社会的治理同样需要政府的参与治理。正如前文所论述的，除了政府之外还必须让

---

① 习近平：《在第二届世界互联网大会开幕式上的讲话》，《人民日报》2015 年 12 月 17 日第 2 版。

② 冯建华：《网络信息治理的特质、挑战及模式创新》，《中州学刊》2019 年第 3 期。

网民、各类社会力量（营利性企业和非营利性组织）参与进来，发挥各自的优势共同把网络虚拟社会治理好。尤其是针对目前较为突出的道德问题的治理，更需要三者间的相互协调、齐心合力，因为对网络虚拟社会的治理，本身就意味着治理工作的超前性和困难性。这与"社会治理"理念倡导更多的社会力量参与社会治理工作的宗旨是相一致的。但在网络虚拟社会中开展道德问题的治理，不但存在对多元化治理主体认识不足的问题，而且还涉及如何确定治理主体职责的具体问题，包括：一是由哪些主体参与治理？二是参与治理的主体应承担什么样的角色、发挥什么样的作用？三是如何划定不同主体间的职责和义务？特别是与具体的道德问题相联系的时候，明确治理主体的职责分工变得更加困难。就目前来看，尚未对如上核心问题达成共识，形成体系，从而也就无法形成更广泛的、更持久的合力，进而影响了治理工作的未来发展方向。

第四，网络虚拟社会中道德问题的治理责任划定存在困难。治理工作的展开，不仅涉及谁来治理的问题，而且还涉及治理责任的界定和如何承担等问题。其中，治理什么主要是关注在具体的治理工作中，由谁承担怎样的治理职责，以及治理过程中道德问题所产生的后果由谁来担当等问题。如前文所述，网络虚拟社会中道德问题的治理主体，主要是由政府主导，网民和其他社会力量积极参与。但是在治理过程中，对道德问题造成的后果如何界定结果、划清责任等问题，却往往变成一个难题。根本原因在于网络虚拟社会中的人与物，基本上是通过符号化的、图片式的方式来进行交往和作用，而具体的道德问题又会涉及许多的责任主体或组织，难以进行明晰的跟踪和科学的确定。比如，近年来出现的滴滴顺风车杀人、强奸事件，都是顺风车司机实施的杀人或强奸行为，必须承担相应的刑事责任，作为平台的滴滴网络平台（滴滴公司）来说，也负有不可推卸的责任，但对于二者责任的划分，不但是一个棘手的法律问题，而且是一个难以明确道德责任的社会问题。所以，如何在网络虚拟社会条件下道德问题的治理过程中，明确划定不同的治理责任，以及承担相关的责任后果，是在网络虚拟社会中展开道德问题治理面临的又一挑战。

　　第五，网络虚拟社会中道德问题的治理长效机制尚不完善。随着网络虚拟社会的形成与发展，我国逐渐建起了一些针对网络虚拟社会中道德问题的治理机制，比如每年的网络市场监管专项行动、"净网2018""护苗2018"等"扫黄打非"专项行动、全国互联网金融和网络借贷网络专项整治工作、网络谣言治理联动工作、"剑网2019"专项行动、APP违法违规收集使用个人信息专项治理等，但这些专项行动属于间歇性的治理方式，是短期性行为，不具备长效性。因为在专项行动开展期间，相关的道德问题和违法行为肯定会得到有效控制，但专项行动一旦结束又容易死灰复燃，无法从根本上达到治理效果。而对于以上专项行动中的规定，主要是针对整个网络虚拟社会和网络空间来制定的，涉及道德问题治理的内容较少，不具备专业性和针对性。换言之，对网络虚拟社会中道德问题的治理，我国尚缺乏专业的规章制定或法律。从监管部门来看，我国从中央到地方逐步建立起了相关的职能部门，负责网络虚拟社会的监督与管理工作，但这些部门往往从属于宣传部门，不具备稳定性和长期性。在社会力量方面，道德问题近年确实得到部分互联网企业和网络公益组织的关注，但力量较为薄弱，不能正常发挥出第三方治理主体的作用。从以上论述看出，目前我国缺乏长期的能够确保网络虚拟社会正确运行、监督，以及治理道德问题的长效管理机制。这是新时代在网络虚拟社会中展开道德问题治理面临的又一挑战。

　　第六，网络虚拟社会中道德问题的治理手段更新缓慢。"用什么来治理"是治理工作必须涉及的重要环节，因为这不仅是联系治理主体与治理对象之间的桥梁和通道，而且是决定治理效果、体现治理水平的关键因子。就网络虚拟社会中道德问题的治理来看，治理手段除了日常的行政执行、社会舆论、榜样塑造、本性良心等"柔性手段"之外，还有较为强硬的"技术手段"。"技术手段"虽然在其他社会治理中也经常使用，但在网络虚拟社会中道德问题的治理过程中更为明显和突出，这也是在网络虚拟社会中展开道德问题治理的与众不同之处。"技术手段"的提出，就是将现代科技运用到社会治理过程中，以更好地实现治理目标。换言之，社会治理必须依赖于强大的科技来展开，如果缺乏相关科技的研发、更新和换代，那么必然会被更为强大的治理对象所消解或抵制，达不到最终的治理效果。而在网络虚拟社会中，科技的发展可谓日新月异、阪上走丸，尤其是在资本的裹胁下更为迅猛。但事实上，许多先进的科技往往被别有用心的人用来猎取暴利，造成一系列的道德问题。"魔高一尺，道高一丈"的规律似乎在网络虚拟社会中有些不适应，"道"往往滞后于"魔"的发展速度。比如广受人们诟病的"百度竞价排名""今日头条的个性推送"等，虽然能够提高信息内容分发和传递的针对性和有效性，但往往被许多企业奉为"制胜法宝"乃至牟利工具，造成"信息茧房""杀熟"等道德现象。而这一系列现象主要是依赖算法、大数据、区块链、人工智能等先进技术来实现的，相关部门除了采取一定的"柔性手段"限制、规范之外，目前还未寻找到更好的"技术手段"来予以限制。由此看出，网络虚拟社会条件下，道德问题治理手段的更新较为滞后，往往成为治理工作开展的挑战之一。

第四部分

网络虚拟社会中道德问题的治理

道德问题与人类社会总是相随相伴，在任何社会场域里和任何文化形态中，都存在着程度不同的道德问题，此乃客观存在的历史现象，但极少像如今的网络虚拟社会这样，发生于其间的道德问题经常成为全社会关注的焦点，以至于俨然成为当今世界发展的"世纪难题"。究其根本原因，不仅在于社会场域的拓展和生产生活方式的转变，更在于道德问题涉及的内容极其尖锐复杂，以及对整个社会带来的持续的、反复的深刻性破坏。为此，如何治理好网络虚拟社会中的道德问题，业已成为许多国家和地区社会治理的重要内容。

　　网络虚拟社会的蓬勃发展，给现代经济社会带来了重大而深刻的影响，人们的生产生活发生了革命性变化。无论是生产组织形式还是生产要素构件，无论是日用常行还是科学研发，都在网络虚拟社会的深刻影响下，或被肢解、重构，或被消解、更替，或被颠覆、消亡……可以说，具有非聚集性、非独占性、非封闭性等特征的网络虚拟社会，深度重塑了现代人类的社会场域。然则，这样的重塑也带来一系列的道德问题，引发了道德问题治理的根本性变革。相应地，传统的治理理念、治理原则、治理途径和保障机制等，均面临着前所未有的挑战。在此背景下，如何确定网络虚拟社会中道德问题治理的目标、原则，探讨道德问题治理的途径和保障机制，构建适应现代经济社会发展趋势的治理体系，具有重要的理论价值和现实意义。

　　道德问题的治理议题极为繁杂，本部分立足于网络虚拟社会，拟先考察国内外道德问题的治理动态，然后基于网络虚拟社会中道德问题的现状和发因，聚焦于网络虚拟社会中道德问题治理的目标、原则、途径以及保障机制等内容。未来，随着网络虚拟社会中道德问题的治理日趋常态化，相应的治理体系也必将在探索与实践中日臻完善。

第十章 网络虚拟社会中道德
问题的治理动态

　　网络虚拟社会的迅猛发展，促进了世界经济社会的快速发展，但与此同时造成了不同于传统形式的暴力、欺骗、色情等道德问题，严重影响了人们的正当利益和社会的正常秩序。面对日新月异的网络虚拟社会以及日趋复杂的道德问题，世界各国都在积极采取各种举措，以保障人们的正当利益和维护社会的正常秩序。网络虚拟社会尽管是数字化的虚拟空间，但绝不是人们任意放纵、随心所欲的场域。网络虚拟社会中道德问题的治理，不仅是政府职能部门的职责，而且需要互联网企业（平台）、行业协会等社会各方力量的积极参与；在治理手段方面，不仅需要系统的规章制度和立法，而且需要各类过滤技术、密码技术、监控技术以及标准体系等的研发、运用。

　　道德问题，仍然是网络虚拟社会中客观存在的现实问题。目前，随着科技的进一步发展和网络虚拟社会的日趋普遍，这一客观存在的道德问题日益成为世界各国面临的社会问题。为做好道德问题的治理工作，世界各国纷纷布局，聚焦道德问题的内容、性质、危害等方面，积极推进网络虚拟社会中道德问题的治理工作。网络虚拟社会的形成与发展在我国的起步虽然相对晚了一点，但我国早已开展了道德问题的治理，并在一些领域取得丰硕成果，当然也面临着一定的治理困难。本章拟以美国、英国、德国和日本等发达国家以及我国作为分析研究的对象，就网络虚拟社会中道德问题的治理进行梳理，并归纳、总结、分析相关的经验教训，为我们提出网络虚拟社会中道德问题的治理对策提供借鉴。

第一节 网络虚拟社会中道德问题治理的国际实践

现代科技发源于西方国家。依赖现代科技而形成和发展起来的网络虚拟社会，最先在西方发达国家或地区得以形成并发挥作用。相应地，伴随着网络虚拟社会的发展而出现的道德问题，也最早进入西方发达国家或地区社会治理的视野，且各国从不同维度展开了一系列颇有成效的治理实践，在一定程度上遏制了道德问题在网络虚拟社会中的泛滥蔓延，积累了较为丰富的治理经验。

尽管如此，世界各国目前对网络虚拟社会中道德问题的治理，尚无专门性的规章制度和管理部门，主要散见于网络空间维护、网络虚拟社会治理的相关规章制度、法律法规中，颇具代表性的是美国、英国、德国和日本。无论是管理机制的建立健全还是规章制度的制定完善，无论是相关法律的制定颁布还是相关技术的研发运用，这些国家都各具特色、各有优劣势，为我们下一步展开网络虚拟社会中道德问题的治理，提供了较高的参考意义和借鉴价值，因为只有全面了解发达国家或地区网络虚拟社会中道德问题治理的实践，才能为我国网络虚拟社会中道德问题的治理提供宝贵经验。

一 网络虚拟社会中道德问题治理的美国实践

美国，乃当今世界上的超级科技大国。网络虚拟社会所依赖的互联网、计算机、云计算等现代科技，基本上都诞生于此。相应地，美国是最早对网络虚拟社会中道德问题实施治理的国家。迄今为止，美国所形成的有关网络虚拟社会中道德问题的治理，主要体现在管理体系、技术手段、行业自律和宣传教育四个方面。

（一）拥有较为完善的管理体系

美国是最早对网络空间、网络虚拟社会实施治理的国家，与此相关的管理体系，主要体现在机构、制度和法律三个方面。在机构方面，美国分别由反托拉斯局、电信与信息管理局、联邦通信委员会等机构对网络虚拟社会事务进行管理，形成既集中又独立的管理格局。① 同时，政府下设"美国计算机应急响应小组""国家网络调查联合任务小组""网络空间安全威胁行动中心""国防网络犯罪中心""联合作战部队全球网络行动中心"等机构，专职负责网络虚拟社会的监督、管理等日常工作。并且根据实际需要在发展过程中不断改革或增设相关机构，加大对网络虚拟社会的监督管理，比如奥巴马政府成立"全国通信与网络安全控制联合协调中心"，特朗普政府增设"网络审查小组"。另外，美国常设的"美国国土安全部""美国国家安全局"和"总统关键基础设施保护委员会"等机构，分别附属有相关的网络虚拟社会治理或监督部门，承担相应领域里的行政监督管理职责。在州级层面上，网络虚拟社会的日常监督管理工作，则是由州级司法机构按照联邦法律和本州法律负责执行。② 经过多年的探索和积累，美国逐步构建起相对系统的组织体系，针对日益突出的网络安全问题以及相关的道德问题，走出了一条较为成熟的治理之路。

美国与网络空间维护、网络虚拟社会治理相关的制度，主要涉及战略规划、安全审查、打击犯罪等内容。美国一向注重网络安全、网络虚拟社会治理的顶层设计，比如 2010 年的《国家网络应急响应计划》、2011 年的《网络空间国际战略》、2015 年的《网络威慑政策》、2016 年的《网络安全国家行动计划》、2017 年的《国家安全战略报告》、2018 年的《国防部网络安全战略》等，从不同的侧面体现了网络安全的战略规划，以及网络虚拟社会治理的工作计划。而在网络安全审查方面，美国早在 2000 年就发布了《国家信息安全保障采购政策》，对政府云计算服务、国防供应链等方面作出具体的安全审查规定。随后在 2011 年发布的《联邦风险及授权管理计划》，则将审查制度逐步扩展至联邦政府、国防系统、国家安全系统等领域。③ 对网络虚拟社会中的恶意软件、色情信息、黑客入侵、病毒传播、隐私泄露等违法行为，美国通常

---

① 张化冰：《互联网内容规制的比较研究》，博士学位论文，中国社会科学院研究生院，2011 年。

② 王如群：《美国强化互联网管理体系》，《人民日报》2017 年 9 月 22 日第 22 版。

③ 孙扬：《美国是如何进行网络安全审查的》，《光明日报》2014 年 5 月 23 日第 4 版。

运用经济制裁、司法追责、技术监控等手段予以严厉打击。尽管如此，美国的网络犯罪行为和非道德行为仍逐年增加。据 2019 年的《互联网犯罪报告》显示：美国 2019 年平均每天有 1300 个条目，总共记录了 467361 起投诉。① 面对如此严峻的网络安全形势，许多企业越来越重视网络犯罪问题。他们通过设置首席安全官、首席信息安全官，增加网络安全预算，注重引进和运用各种先进技术等方式，大力打击威胁企业安全的各种网络犯罪行为和非道德行为。

美国与网络空间维护、网络虚拟社会治理相关的法律，主要涉及信息安全、特殊人群、知识产权等领域。在信息安全方面，主要包括 1966 年的《信息自由法》、1977 年的《联邦计算机系统保护法》、1986 年的《计算机欺诈和滥用法》、1996 年的《电信法》、1999 年的《统一电脑信息交易法》、2002 年的《联邦信息安全管理法》、2011 年的《信息安全与互联网自由法》和 2015 年的《网络安全法案》等，而 2001 年的《美国自由法案》和《美国爱国者法案》、2002 年的《国土安全法》等法律，也有相关的规定、条款涉及网络虚拟社会中道德问题的治理。在特殊人群方面，主要涉及儿童、妇女等社会弱势群体，以儿童群体为例，包括 1988 年的《儿童在线隐私保护法》、1998 年的《儿童在线保护法》、2012 年的《儿童互联网保护法》等，均以儿童为中心，从家庭、学校和商业组织等方面，对保护儿童网络权益，以及网络虚拟社会中的儿童行为作了明确的规定和规范。在知识产权方面，主要有 1997 年的《美国商标电子盗窃保护法》《禁止电子盗窃法》、1998 年的《美国数字千禧版权法》、1999 年的《反域名抢注消费者保护法》《全球及全国商务电子签名法》、2011 年的《禁止网络盗版法案》《保护知识产权法案》等。以上法案对网络虚拟社会中的商标、著作、域名、设计等知识产权问题，作了较为明晰的规定。迄今为止，美国与网络安全、与网络虚拟社会中道德问题治理相关的法律法规多达 130 余项，涉及打击色情宣传、网络欺诈、网络诽谤、知识盗版等内容，业已形成一套结构

---

① 互联网犯罪投诉中心：《2018 年互联网犯罪报告》，http://www.199it.com/archives/865915.html，2021 年 5 月 15 日。

相对严谨、内容相对齐全的法规体系。

（二）拥有多样的技术手段

技术手段是国际上通用的网络空间维护、网络虚拟社会治理方式，通常包括监控技术、认证技术、新型域名分区技术以及标识系统、屏蔽系统等内容。作为当今世界头号科技强国，美国将大量的现代科技手段，广泛应用于本国网络空间、网络虚拟社会的治理工作中。具体来看，这种广泛应用技术手段来进行维护网络安全、治理网络虚拟社会的方式，主要包括监督管控、信息过滤、分级管理三个方面。

在监督管控方面，美国主要通过窃听通话、植入软件、监控网络等方式展开。比如由联邦调查局 1998 年研发并于 2000 年使用的"食肉动物"监控系统，能够时刻在美国或美国影响范围内的互联网骨干节点上搜索相关数据并进行监控，以了解人们在网络中的信息传输和语言内容。后来，备受争议的"食肉动物"监控系统被一种能够通过网络服务来截取情报的软件技术所代替。"梯队"监控系统是美国与英国共同建立的网络监控系统，它凭借遍布全球的侦察卫星、地面监听站和综合分析系统，在全球范围内对网络、卫星和微波通信传送的电话、传真、邮件和其他数字资讯进行监控。发生于 2013 年的"斯诺登事件"，全面曝光了美国于 2007 年启动的"棱镜"秘密监控项目。该项目可以让"美国国安局"等机构直接监控网民的网络访问行为，以及产生的相关信息，或进入互联网公司截获或追踪用户的语音、图片、文字信息。该项目确实侵害了广大网民的隐私权，但对网络安全的维护、网络虚拟社会的治理具有一定的促进作用。

在信息过滤方面，美国政府部门主要是利用大数据、人工智能等先进技术，通过定位、标靶关键词等方式对不良网络信息进行过滤、屏蔽，以达到维护网络安全、治理网络虚拟社会的目的。比如从 2010 年起，美国"国土安全局"要求各地指挥中心开展"社交网络/媒体能力"项目，对网络论坛、博客、留言板等进行监控，包括"推特""脸谱"等知名社交网络也位列监控名单之中。[①] 在图书馆等公共联网计算

---

① 邹强：《美国：国家战略下的严密网络监管》，《法制日报》2012 年 8 月 28 日第 10 版。

机上，美国主张使用过滤软件对不良信息进行屏蔽。早在 2001 年，美国就有43%的公共图书馆使用了过滤软件。① 美国对网络虚拟社会的过滤操作，还表现为运用加密的、安全的技术限制、监督网络访问、运用行为。在奥巴马政府时期，美国推行了"网络空间可信身份标识国家战略"，即通过加密、限制等技术手段来规避网络欺诈、信息滥用、网络恐怖主义等问题。②

在分级管理方面，美国相关部门采用屏蔽、过滤等技术手段对网络信息内容进行分级与过滤，"美国许多比较大的网站都实行内容分级，主要依据是关于性、暴力、不当言论等的表现程度，只要达到分级程度限制，就会通过技术手段进行提醒、警告和处罚"③。比如，美国通用的"因特网内容选择平台"，就是依据不适当网络信息的数据库系统，来定义网络分级的检索方式和网络文件的分级标签，具体涉及用户以搜索引擎、关键词等方式访问网络时，按照相应标准对某些有悖于伦理、违反法律的不正当内容进行分级管理。美国对网络游戏的分级管理，是较为成熟的分级管理体制。其具体做法是由非营利性独立机构"娱乐软件定级委员会"制定标准，然后邀请专家和具有广泛背景、年龄和种族的评估人参与，并要求在所有软件上标明分级信息，以帮助家长更好地防止未成年人接触不健康的内容。④ 而对于特殊的儿童群体，美国在《儿童互联网保护法》中明确规定全国的公共图书馆联网计算机必须安装色情过滤系统，否则政府将不提供技术补助资金。

（三）拥有较为成熟的行业自律

美国对网络空间、网络虚拟社会的维护和治理，总体政策倾向是政府少干预，而鼓励和支持行业实施自律。美国鼓励行业实行自律，主要体现在两方面，亦即鼓励行业协会实施自律和企业或企业联盟实施自律。

---

① Wang C., "Internet Censorship in the United States: Stumbling Blocks to the Information Age", *IFLA Journal*, March, 2003.

② 高婉妮：《霸权主义无处不在：美国互联网管理的双重标准》，《红旗文稿》2014 年第 2 期。

③ 王如君：《美国强化互联网管理体系》，《人民日报》2017 年 9 月 22 日第 22 版。

④ 李晶谣：《国外如何保护青少年上网安全》，《平安校园》2016 年第 9 期。

一方面，鼓励行业协会实施自律。1992 年，美国计算机伦理协会制定了著名的"计算机伦理十诫"，内容包括"不能用计算机伤害其他人；不能妨碍别人的计算机工作；不能剽窃他人的文件；不能利用计算机进行偷窃；不能利用计算机做伪证；不能非法拷贝软件；不能在未经允许的情况下使用他人的计算机资料；不能非法使用别人的智力成果；想一下你写的程序对社会将产生的影响；遵守计算机使用规则"①。后来，"计算机伦理十诫"成为许多国家和地区制定相关制度或规定的参考依据。随后，美国计算机协会提出了"网络伦理八项要求"，明确要求成员必须既要遵守一般的伦理道德又要遵守相关的职业行为规范。美国信息科学学会制定的《美国信息科学学会信息职业人员伦理守则》，要求"信息职业人员在服务时，应从各方的利益、需求、信息形式、职业责任及个人伦理观点出发，权衡众多可能相互冲突的责任"②。

另一方面，鼓励企业或企业联盟实施自律。美国鼓励企业或企业联盟根据自身利益制定相关的标准、规范，以规范本企业或相关企业在网络虚拟社会中的行为，从而达到对网络虚拟社会的自治。针对网络隐私不断被侵犯的现实，"美国隐私在线联盟"早在 1998 年就推出隐私保护准则，要求成员必须采纳和张贴相关政策，对收集用户信息的行为必须予以告知和说明，包括"信息的各类、细节、流向及用途，以及是否会向第三方披露该信息，会披露多少信息内容等"③。近年来，美国积极引导新闻行业组织独立的核查机构，加大对网络新闻的核查。比如，美国新闻从业者发起了 Politi Fact、Fact Checking. org 和 Fact Checker 三大核查机构，共同遵循"直接提供相关事实，最大程度纠正有可能侵蚀公共观念和政治讨论的虚拟信息"的原则④，开展独立的新闻核查工作，以尽量避免虚假信息或虚假新闻在网络空间、网络虚拟社会中的传播，以及进一步可能造成的危害。

① 李乔：《网络不良信息对未成年人健康成长的危害及消除》，《中州学刊》2007 年第 6 期。
② 沙勇忠：《信息伦理学》，北京图书出版社 2004 年版，第 260 页。
③ 陈钢：《加强网络服务商行业自律》，《中国社会科学报》2019 年 6 月 25 日第 6 版。
④ 程巍、高怡彬：《西方新闻"事实核查"演变对我国虚拟新闻治理的启示》，《信息安全与通信保密》2018 年第 8 期。

在特殊情况下，美国政府也会利用一些国家政策来引导和鼓励行业自律。比如在 1998 年，美国政府在《互联网免税法》中规定任何个人或机构"以商业目的进行的任何可以被未成年人获取对未成年人有害的内容"①，将被取消法律所赋予的免于征税的权利。以国家税收的优惠政策来引导行业自律，对早期的互联网企业来说确实具有足够的吸引力，因为这样的做法既减轻了企业发展的负担，并在一定程度上引导企业规范自身经营行为，又减少了对网络空间的治理成本，进一步促进了网络虚拟社会的健康发展。

（四）开展丰富的宣传教育活动

美国在对网络空间、网络虚拟社会进行维护和治理的过程中，极其重视宣传、教育等方式，以发动更多的社会力量参与。在宣传方面，美国建立相关网站，专门传播和普及网络安全、网络虚拟社会治理等相关知识，以及网络诈骗防范技巧及工具等，比如由国家网络安全联盟主办的"安全在线"，由"身份盗用资源中心"和"国家网络安全联盟"共同主办的"身份盗用中心"，由"联邦贸易委员会""教育部""国土安全部"等联合主办的"在线防范"，等等，都是美国常见的网络安全宣传平台。美国最具影响力的网络宣传活动，莫过于每年 10 月定期举办的"国家网络安全意识月"。该活动由美国"国土安全部"和"国家网络安全联盟""跨州信息共享与分析中心"共同举办，每年设置特定主题，旨在引导公众和企业关注网络安全，不断提升网络安全意识。这种由政府部门牵头、各类社会力量参与的宣传教育模式，组织机制灵活，活动主题明确，既提高了活动的权威性，又扩大了活动的影响力。起始于 2010 年的"国家网络安全意识挑战赛"，是美国"国家网络安全教育计划"的重要内容。其形式是"通过参与、处理一些虚拟的网络安全事件等有效且富有创造性的活动，以加强公众特别是青少年网络安全意识提升和网络威胁的应对能力"②。

美国有关网络虚拟社会、网络虚拟道德的教育工作起步较早，并积

---

① 刘正荣：《互联网立法和内容传播责任》，《通信业与经济市场》2007 年第 4 期。
② 许畅：《美国对公民国家网络安全意识的培养及其借鉴》，《保密工作》2019 年第 6 期。

累了较为丰富的经验，取得了良好的效果。从教育课程看，美国杜克大学在 1996 年就开设了"伦理学与国际互联网络"课程。目前，美国许多大学、社区学院都开设有与网络伦理相关的课程，密西西比州立大学还建立了专门的网络伦理讨论区等，引导学生探讨网络伦理问题，并付诸实践。1998 年，美国国际教育技术协会制定《美国教育技术学生标准》，要求学生应该理解与技术有关的一系列社会、伦理与文化等问题。同时还制定了从幼儿园到 12 年级的网络道德行为标准，主要内容包括："在利用网络资源时要合乎法律和伦理道德规范，负责任地使用网络技术系统和软件；探讨网络技术的利弊以及个人不适当地使用导致的后果；9—12 年级的学生还应在同伴、家庭以及社区中积极提倡并能够以身作则地规范使用网络信息技术。"[1]　就教育内容看，早在 1999 年，美国国家研究理事会信息技术素养委员会就出版了《熟练掌握信息技术》，引导人们正确运用信息技术。2000 年，美国高等教育研究协会提出"美国高等教育信息素养能力标准"，规定"大学生应能高效地获取所需要的信息和懂得有关信息技术使用中所产生的经济、法律和社会问题，并能在获取和使用信息中遵守社会公德和法律"[2]。计算机教育应该包括网络虚拟道德的内容、计算机历史研究和计算机对社会所产生的影响，以及计算机应用伦理基础、实用法规、准则、规范和知识产权法，等等。[3]　就教育对象看，美国主要围绕青少年群体展开，因为青少年群体是最先"入驻"网络虚拟社会的"居民"，也是目前活跃于网络虚拟社会中的主体。而对于青少年的道德教育，不能以成人世界的规则进行刚性的规训，而是基于其生活经验进行柔性引导，目标是"以科学精神和民主原则为基础的个人道德自治"[4]。当然，美国也极其重视各年龄公民的网络教育，如 2010 年启动的"国家网络安全教育计划"，主

① 宫倩、高英彤：《论美国青少年网络伦理道德建设的路径》，《青年探索》2014 年第 1 期。
② Association of College and Research Libraries, *Information Literacy Competency Standards for Higher Education*, http://www.ala.org/acrl/ilintro.html, 2021 年 8 月 7 日。
③ 严鸿雁：《美国青少年网络道德教育的经验及其启示》，《学校党建与思想教育》2012 年第 12 期。
④ 任志峰：《权威与自治：美国学校道德教育的价值取向及其发展》，《教学与研究》2019 年第 12 期。

要围绕"国家安全意识""网络安全教育""联邦网络安全劳动力结构"和"网络安全劳动力培训与职业发展"等内容展开,旨在提高各年龄段公民的网络安全意识和虚拟性生存技能。

二 网络虚拟社会中道德问题治理的英国实践

英国是全球互联网发展水平较高的国家之一,亦是最早关注网络安全、网络虚拟社会治理的国家之一。经过多年的积极探索和实践,英国在管理体系、技术手段、行业自律和宣传教育等方面多管齐下,形成了一套较为完备的网络虚拟社会治理体系。

(一)不断完善管理体系

早在 1996 年,英国就成立了"网络观察基金会",专门负责互联网的管理工作,以此开启了网络管理体系建设的征程。截至今日,英国在机构设置、制度建设和法律法规等方面,逐渐形成了较为完善的管理体系。在机构设置方面,"内政部"是英国负责互联网行政管理的最高行政机构,具体工作是由"通讯管理局""电信管理局""广播管理局"以及"数字文化传媒体育部"等职能机构完成。根据网络虚拟社会的发展实际,英国相继设立"网络信息安全办公室和运行中心""国家网络安全中心""互联网任务力量工作组"等机构,专职负责维护网络安全。另外,针对网络虚拟社会中的具体事务,英国成立一系列专业性的组织机构,如警察部门成立的"网络警察小组",专职负责调查和应对网络安全风险、确保电子政务安全运行、发布病毒警告并提供技术服务等。[①] 缘于网络数据的重要性,英国早在 1984 年就通过了《数据保护法》,并设立"数据保护登记官"和"数据保护法庭",在 2005 年成立了"信息专员办公室",2011 年又成立了"数据战略委员会"和"公共数据组"等专业机构,[②] 专职负责网络数据信息的政策制定、执行和治理。

---

① 郑颖:《中国信息网络安全监管法治建设路径探析——基于国际比较的视野》,《河北学刊》2014 年第 5 期。

② 李重照、黄璜:《英国政府数据治理的政策与治理结构》,《电子政务》2009 年第 1 期。

在制度建设方面，英国注重从国家层面做好顶层设计和战略规划，强化宏观层面的指导。2009 年，英国发布首个《网络信息安全战略》，强调网络安全在国家安全中的重要性；后来在 2011 年、2016 年又分别发布了第二个和第三个《网络信息安全战略》，在强调网络安全重要的同时，重点提出了维护网络安全、治理网络虚拟社会的具体行动方案，包括建立专业监测部门、开展公众网络安全教育、加强相关人才队伍建设以及敦促各界制定相关安全标准等。① 网络基础设施是网络虚拟社会赖以运行的基础，英国极其重视网络信息基础设施的建设和优化升级，早在 2011 年就由内阁办公室颁布了《国家信息基础设施：第一次迭代》，2013 年提出了《国家信息基础设施计划》，2015 年颁布了《国家信息基础设施：第二次迭代》，以指导国家对信息基础设施的建设和保护。英国拥有相对完善的行业自律体制，比如由"网络观察基金会"与政府机构、"互联网服务提供商协会"等共同制定的《R3 网络安全协议》，是英国互联网行业自律的纲领性文件。近年来，英国重视数字资源的保护和数字政府的建设，2012 年发布的《数字政府战略》声称将由"数字政府"代替传统的"电子政务"，以不断提升政府服务能力。

在法律法规方面，英国网络安全维护、网络虚拟社会治理相关的法律法规制定和实施都比较早。早在 1986 年颁布的《公共秩序法》中就对网络言论作出限制，1990 年颁布的《计算机滥用法》是专门适用于规范计算机信息系统破坏行为的法律。2000 年颁布的《信息自由法》和《通信监控权法》，2003 年实施的《隐私与电子通信条例》，2012 年颁布的《自由保护法》，2014 年颁布的《紧急通信与互联网数据保留法案》和《FCA 对互联网众筹与其他媒体对未实现证券化的促进监管办法》，以及 2018 年的《网络和信息系统安全法规》，从法律角度对网络安全维护、网络虚拟社会的治理作出了较为明晰的规定。英国一向注重数字资源的保护和数字政府的建设，早在 1984 年就颁布了《数据保护法》，后来在 1998 年和 2018 年分别进行了修改、更新。同时，在 1996 年

① 张彬彬：《英国网络安全现状研究》，《中国信息安全》2014 年第 12 期。

修订的《诽谤法》、2006 年颁布的《诈骗法》和 2006 年修订的《反恐怖主义法》等法律中，亦有涉及网络安全维护、网络虚拟社会治理的条款。

(二) 广泛应用技术手段

技术手段是英国广泛应用来维护网络安全、治理网络虚拟社会的重要手段。英国目前应用来维护网络安全、治理网络虚拟社会的技术手段，主要包括制定技术标准、注重信息过滤和开展分级管理三方面。

首先，制定以 "BS7799 标准" 为核心的网络信息安全管理标准体系。1995 年，英国贸易工业部和英国标准协会制定《信息安全管理实施细则》（即 BS7799 - 1），从实施方针、安全组织、信息分类与控制、人事安全、物理与环境安全等方面，为组织实施信息安全管理提供了指南。1999 年，英国对其进行重新修订，增加信息处理技术在网络和通信领域应用的内容，并发布《信息安全管理体系规范》（即 BS7799 - 2），为各类机构、企业进行信息安全管理提供了一个较为完整的管理框架。后来，这一标准在 2000 年、2002 年得到进一步修订和完善，并成为制订《国际信息安全管理标准体系》的重要参考。2006 年，英国依据《身份证法案》《战略行动计划》等法规着手研发并试行 "电子身份管理制度"（EIDM），为人们在网络中保护自身隐私、为国家治理网络空间提供了条件。在网络金融领域，英国于 2015 年提出 "监管沙盒" 模式并进行实践，得到业界的广泛关注和认可。

其次，注重信息过滤技术的运用。英国注重综合运用密码、防病毒、身份识别、隔离、取证、PKI 等技术，为人们的虚拟性生活设立 "技术防火墙"，以保证网络虚拟社会的正常运行。早在 2008 年，英国内政部推出 "监听现代化计划"，要求社交网站保留用户相关记录，以备随时查询使用。而对儿童这一特殊群体，英国从政府层面推动各种信息过滤技术的安装和使用，避免受不良网络信息的侵害。比如，"网络聊天暗语词典" 和 "反色情软件"，都是英国常用来保护儿童避免接触网络色情信息的过滤软件。[①] 2013 年，时任英国首相卡梅伦要求网络服

---

① 贾焰、李爱平等：《国外网络空间不良信息管理与趋势》，《中国工程科学》2016 年第12 期。

务提供商给所有家庭用户安装默认的色情过滤系统，随后，英国电信、TalkTalk、维珍传媒和 Sky 与政府签署协议，对新用户启用默认过滤系统。截至 2013 年年底，在 5—15 岁少年儿童的家庭用户当中，已有43% 主动安装了家庭过滤软件。① 正是因为英国对信息过滤技术的注重，才逐渐构建起较为成熟的网络过滤防控技术体系，从而使"英国具有强有力的网络攻击恢复能力"②。

最后，开展分级管理。开展分级管理，是西方国家对网络虚拟社会治理的常用技术手段之一。英国也不例外。受英国电影分类局对电影和音像分级管理的启示，英国在国内推行一套适用于家庭的网络服务系统，将网站划分为适合所有年龄段人群的"U"级、仅适合 8 岁以下儿童须家长指导的"PG"级、仅适合 12 岁及以上人群的"12"级等级别，然后让家长根据孩子不同的年龄，向其选择或开放相应级别的网络浏览内容。成立于 1989 年的英国视频标准委员会，在 1993 年将网络游戏纳入分级管理。如果家长同意孩子玩有年龄限制的游戏，将会受到警察或社会福利机构的警告。面对波涛汹涌的网络色情信息，在英国主要是由"网络观察基金会"评估并删除，再由互联网服务提供商提供分类认定和标注系统，然后才由用户自由选择浏览内容。所以，"网络观察基金会"在"网络内容选择平台"上依据"侮辱、裸露、情色、暴力"等标准进行分类，然后采用电子便笺的方式插入网页，一旦有用户访问，系统就会跳出询问框，告知其内容属性，并征求其是否继续浏览。③

（三）鼓励行业实施自律

英国对网络空间的维护和网络虚拟社会的治理，一向倡导多元治理模式，尤其注重发挥互联网行业自律。因此，曾有学者将其总结为"以行业自律为主导的互联网监管模式"④。较之于其他西方发达国家，

① 刘石磊：《英国屏蔽近两万网站 大力净化网络环境》，《嘉兴日报》2014 年 8 月 8 日第 8 版。
② 汪明敏、李佳：《〈英国网络安全战略〉报告解读》，《国际资料信息》2009 年第 9 期。
③ 殷竹钧：《网络社会综合防控体系研究》，中国法制出版社 2017 年版，第 98 页。
④ 黄志雄、刘碧琦：《英国互联网监管：模式、经验与启示》，《广西社会科学》2016 年第 3 期。

英国确实拥有较为完备的行业自律组织，主要包括"网络观察基金会""互联网服务提供商协会""独立移动设备分类机构"等。其中，成立于 1996 年的"网络观察基金会"，旨在指导行业自律，同时对公众开展网络知识教育，向社会宣传网络安全的相关知识，并与政府、警察和国际组织展开合作。"网络观察基金会"是英国鼓励互联网行业实施自律的主体核心。英国著名的互联网行业自律文件《R3 网络安全协议》，就是由英国贸工部牵头，互联服务提供商、城市警察署、内政部和"网络观察基金会"共同讨论、磋商、签署的，并由"网络观察基金会"负责具体实施。"互联网服务提供商协会"是英国具有较大影响的行业自律组织，旨在维护互联网提供商的利益，协助"网络观察基金会"开展谣言、不良信息、色情等信息的审核和过滤工作。

除了完备的行业自律组织之外，英国还有较为成熟的企业联盟。比如著名的"移动宽带集团"，就包括了英国 O2、EE、Three、Vodafone 四大通信运营商。该集团分别于 2009 年制定了行业自律操作守则，并于 2013 年进行了最新修订，要求其会员单位必须遵守。[1]为了配合 2011 年《网络信息安全战略》的实施，英国政府通信总部、军情五处等机构与 160 多家企业共同建立"网络安全信息共享合作机制"，专门就网络问题展开合作共享。[2] 英国一向重视儿童网络问题，于 2008 年成立"儿童网络安全理事会"，其成员包括威尔士议会、通讯办公室、互联网自律协会、社交网站等，遍布政府、产业、法律、慈善机构等，并制定了以家长和年轻人为对象的"绿十字互联网安全守则"。[3]

（四）重视宣传教育工作

英国对网络空间、网络虚拟社会的维护和治理，极其重视宣传、教

---

① 郭小安、韩放：《英美网络谣言治理的法律规制与行业规范》，《湖南科技大学学报》（社会科学版）2019 年第 1 期。

② 黄志雄、刘碧琦：《英国互联网监管：模式、经验与启示》，《广西社会科学》2016 年第 3 期。

③ 李丹林、范丹丹：《英国互联网监管体系与机制》，《中国广播》2014 年第 3 期。

育等方式，其目的是通过提高民众的综合素质来调动更多的社会力量参与其中。在宣传方面，英国建立"在线安全""停止身份欺诈"等相关网站，传播网络安全知识，普及网络风险防范技巧和实用工具。自2005年起，英国零售商协会、国家反欺诈局、身份证服务公司和高级警官协会等组织，在每年的10月联合举办全国范围内的"国家防身份欺诈周"宣传活动，主要做法是通过专业性网站向民众警告身份欺诈的危险，并提供相应的保护步骤和措施。英国的"网络观察基金会"经常联合政府、消费者保护机构、执法机关等开展各类网络知识宣传教育活动，以增强公民的网络安全意识。同时，还通过开放举报热线等方式处理社会投诉，增加民众对网络行为的监督，以及协助公安部门跟踪打击网络犯罪活动。即使是在日常网站上，"网络观察基金会"也要求增加举报方式或屏幕阅读器，以确保民众监督意见反馈得及时、顺畅，从而提高网络虚拟社会的治理效率和效力。

在教育方面，英国早在1988年就将媒介教育纳入教学内容，尤其注重在小学、中学中的普及。到1997年，英国有近三分之二的学校开设了媒介教育课程。从2011年起，英国要求所有的中小学全面学习由"儿童网络安全理事会"制定的"绿十字互联网安全守则"，目的是不断提升学生的网络分辨能力，以抵抗网络的诱惑。英国多所大学自2014年起开设相关专业，加强网络治理人才的培养。2015年推出"网络安全学徒计划"，鼓励更多的青少年参与网络虚拟社会的治理。在2018年，"国家网络安全中心"开办名为"网络第一"的夏令营活动，招收14岁左右的中学生参加，主要训练包括破解代码、强化网络安全意识以及如何识别网络犯罪等内容。除了对青少年进行网络安全教育外，英国还在2015年发起一种全新的在线服务，亦即"家长信息"在线服务，从家长的角度提供他们所需要的信息和技巧，帮助他们指导孩子进行合理的虚拟性生活，促进其身心的良好发展。

通过以上考察，可以看出英国是保护网络安全、治理网络虚拟社会颇有成效的国家之一。2019年4月8日，英国发布《网络危害》白皮书，提出一系列全新的网络安全、网络虚拟社会管理措施，涉及治理立法、治理范围、平衡监管权力和公民权利等内容。当代英国经济社会的发展，高度依赖网络空间、网络虚拟社会，英国政府业已充分认识到信息安全、网络安全对于国家发展、社会秩序的重要性。如今英国对网络虚拟社会治理方面的锐意改革，既反映了网络安全在现代社会治理的重要性，又体现了网络虚拟社会治理的紧迫性。

三 网络虚拟社会中道德问题治理的德国实践

德国历来注重现代科技的发展，尤其是计算机、互联网、大数据等先进技术，不遗余力地将其推广至日常的政治、经济和社会生活中。与此相伴而出现的网络风险、网络虚拟社会道德问题，在德国也得到了较为严格的治理，并在管理体系、技术手段、行业自律和宣传教育四个方面形成了自己的治理经验。

（一）不断完善管理体系

经过多年对网络空间、网络虚拟社会的治理实践，德国逐步建立起较为完善的管理体系。具体来看，德国关于网络空间、网络虚拟社会的治理体系，主要包括机构设置、制度建设和法律法规三个方面。

在机构设置方面，德国依托传统的三级公共服务机构来展开网络空间、网络虚拟社会的治理。其中，"联邦内政部"是德国治理网络虚拟社会的最高监管部门。它在统一制定规划或政策后，下分至各州、各地区职能部门实施。"联邦内政部"下设"首席信息化官员办公室"，具体负责网络虚拟社会治理的组织、协调等工作。"首席信息化官员办公室"又下设"联邦政府信息技术协调和咨询处"，负责提供信息技术的咨询、信息基础设施建设等工作。德国的"联邦信息安全局"，旨在联合各方面的专家应对和解决网络安全问题，主要向政府和民众提供网络平台、网络防控技术以及数据加密技术等工作。根据当前网络虚拟社会的迅速发展，德国于 2011 年成立"国家网络防御中心"，主要负责处理网络危机、应对网络虚拟社会各种社会威胁等事宜；2016 年，德国建立"安全领域信息中央办公室"，主要负责打击网络恐怖主义、网络犯罪等战略、方案的制定；2017 年，德国成立"网络与信息空间司令部"，旨在保护国防军的信息技术与武器等。

在制度建设方面，德国早在 1974 年就批准了第一个与信息化相关的《四年发展计划》。① 由此可见，德国对网络空间、网络虚拟社会治理的重视由来已久。1999 年，德国提出《21 世纪的信息社会行动计划》。2005 年发布的《关键基础设施实施计划》，旨在提升对网络虚拟社会的治理能力，包括德国政府与 40 余家企业或集团在网络安全领域展开合作等内容。2011 年，德国出台《网络信息安全战略》，提出从机构设置、技术研发、提高民众认识等方面，来构建全方位的网络发展战略。② 2017 年，德国又发布最新的《网络信息安全战略》。2001 年，德国为了应付日益猖獗的黑客威胁，由联邦内政部主导组建了"网络应急预警系统"，旨在整合社会力量来构建一个更为安全的网络虚拟社会。2015 年颁布的《网络安全法》扩大了网络空间的监控权，明确了网络安全报告制度，要求运营商必须履行最低网络安全标准报告和网络安全事件动态报告等义务。③ 为了提升公众的数据安全意识，德国在 2014 年通过了《数字议程 2014—2017》，以配合最新《网络信息安全战略》的实施。总之，德国业已在战略规划、报告制度等方面，形成了独具特色的制度体系，为网络虚拟社会治理提供了制度性保障。

在法律法规方面，德国对网络空间、网络虚拟社会的治理，始终坚持"自由"与"规制"并重的原则，亦即在保持网络自由的同时又注重运用法律法规来保证治理效果。早在 1977 年，德国通过《联邦数据保护法》。1997 年通过的《多媒体法》，是世界上第一部较为全面规范网络空间的法律。④ 2003 年，德国颁布《青少年媒介保护国家条约》，对青少年访问互联网作了详细规定。2009 年通过《阻碍网页登录法》，在 2012 年、2015 年、2017 年分别颁布《信息技术安全法》《德国网络安全法》和《网络强制法》，主要用于打击网络谣言、仇恨言论和煽动暴力等网络虚拟社会中的非道德行为。德国近年来加大了对社交网络的监控，尤其是 2015 年以来的难民危机和右翼民族主义政党的崛起，使

---

① 高荣伟：《德国重视网络空间安全建设》，《发展改革理论与实践》2018 年第 6 期。

② 刘山泉：《德国关键信息设施保护制度及其对我国〈网络安全法〉的启示》，《信息安全与通信保密》2015 年第 9 期。

③ 熊光清：《互联网治理的国外经验》，《人民论坛》2016 年第 6 期。

④ 唐绪军：《破旧与立新并举，自由与义务并重——德国"多媒体法"评介》，《新闻与传播研究》1997 年第 3 期。

这一倾向更为明显。2017 年，德国联邦会议通过《改进社交网络中的法律执行的法案》，明确了对社交网络的监管和行政处罚，以引导网络社交平台自觉规范地发展。

（二）广泛应用技术手段

德国对网络安全的重视，侧重于对自身网络虚拟社会治理能力的提升，尤其是注重对各种治理技术、防护系统的研发，并广泛应用于日常的经济、政治、教育等实践中。总体来看，德国广泛应用技术手段来治理网络虚拟社会，主要包括确定技术标准、注重技术创新两个方面。

一方面，德国注重对不同技术标准的确立和运用。比如电子政务方面，德国在 2005 年以欧盟电子政务发展框架为基础，在"联邦在线2005"计划中对电子政务的标准作出明确要求。其中制定的"电子政务应用的标准和体系结构"（Standards and Architectures for E-government Applications），对 IT 硬件、基础设施规范、业务流程标准等作了明确规定，从而保证了政府与互联网服务企业之间的友好衔接。[①] 由联邦信息安全局编制的《电子政务手册》，对设计概念、工程组织、软硬件、人员培训等内容进行了统一的规定和要求。2010 年，德国实施《云计算行动计划》，旨在通过基于互联网的云计算服务，支持政府业务部门、企业和社会机构的发展，同时统一了云服务标准，建立起可信的、统一的行业框架。在其他技术标准方面，德国于 2010 年启用"E-ID 电子身份证"，其中内置的芯片存储有持证人的照片、生日、学位、地址以及数字签名等基本信息。[②] 为配合 2015 年《网络安全法》的实施，德国为 2000 多家网络关键基础设施企业制定了最低网络安全标准，并要求这些企业至少每隔两年进行 IT 安全审计和认证。[③] 另外，德国还实施有"数字签名""云计算认证体系"等技术规范。以上一系列卓有成效的技术规范，在方便人们进行虚拟性生活的同时，又为网络虚拟社会治理

---

① 王山琪：《德国电子政务建设及特点》，《通信管理与技术》2010 年第 3 期。

② 张昱：《德国电子政务建设研究及对我国的启示》，《中国科技资源导刊》2017 年第 11 期。

③ ［德］梅丽莎·海瑟薇、克里斯·德姆查克等：《德国网络就绪度报告》，张腾军译《信息安全与通信保密》2017 年第 10 期。

工作的展开提供了有利条件。

另一方面，德国注重对网络安全维护、网络虚拟社会治理技术的创新。早在 2005 年，德国政府就与互联网产业界合作，全面推行《关键基础设施实施计划》。2008 年，德国启动《安全合作伙伴关系计划》。2015 年，德国发布《2015—2020 数字世界中的处决与安全》。为配合该计划的实施，德国教育和研究部在三所大学成立了相应的研究中心，即萨尔布吕肯的"IT 安全、隐私和责任中心"、达姆斯塔特的"欧洲设计安全和隐私中心"和卡尔斯鲁厄的"应用安全技术能力中心"。由此看出，德国非常注重对 IT 安全技术和通信信息系统、数据隐私及其保护等技术的创新。另外，德国根据《青少年媒介保护国家条约》，对相关网络信息尤其是网络游戏进行了分级管理，要求互联网内容提供商有义务根据内容的不同进行年龄分级，并做出标识，最后由家长决定是否选择过滤。过滤的软件通常为"软件分级系统"，网络游戏往往被划分为6 岁、12 岁、16 岁、18 岁以及无限制五个级别。

（三）鼓励行业实施自律

德国人的认真与自律，在网络安全维护、网络虚拟社会治理方面也得到了充分体现。德国政府鼓励互联网行业自律，互联网行业也积极通过自我力量来促进网络信息、网络安全的管理和规范，从而成为德国网络虚拟社会治理的特色之处。具体来看，德国鼓励行业实施自律，主要体现为自律组织相对齐全、自律内容相对完善两个方面。

就自律组织方面看，德国目前拥有"网络安全理事会""国家网络防御中心"和"网络信息安全联盟"等分工明确、职责清晰的自律组织体系。比如"网络安全理事会"是由德国联邦总理府、外交部、国防部以及各联邦州代表共同组成。2012 年，联邦信息安全局与联邦 IT 协会、电信和新媒体协会共同成立"网络信息安全联盟"，以促进政府与互联网产业间的合作，以维护企业的网络安全，[1] 并建立了一个广泛的知识库，以实现信息和经验的共享，共享的内容包括 IT 产品的漏洞、网络攻击方式、犯罪者以及轮廓描述等。另外，对于一些特殊的网络问

---

[1]　乌兰：《德国：注重网络安全顶层设计》，《网络传播》2015 年第 1 期。

题，德国成立相应的行业协会，引导相关企业开展相应的自律服务活动。比如，德国成立的"网络成瘾行业协会"，主要负责防治中小学生沉迷网络工作，除了向公众提供防治网络成瘾的咨询服务，还推行许多预防网络成瘾的服务项目，如"什未林媒体成瘾辅导""迷失太空"和"美因茨大学医院电脑游戏成瘾门诊项目"等。①

就自律内容方面看，德国互联网行业特别注重自己的行为和规范，通常严格按照相关制度规范自己的行为，依照协会章程行使权力。比如虽然没有法律要求服务提供商监察由其传输和发布的信息，但德国电信等企业积极与政府签订"自律条款"，认真向相关职能部门提供信息或线索，并主动屏蔽或删除网络上涉及色情、暴力等的信息。德国网吧等公共网络平台虽未实施实名制，也未强制安装过滤等软件，但大多数的网吧都自愿安装，并严禁 16 岁以下未成年人进入。对于青少年网络权益的保护，一直是德国政府极其重视的工作。早在 1985 年，德国就制定了《散布不良内容危害青少年法》，2003 年又制定了全新的《青少年保护法》，该法要求在谷歌、雅虎等搜索引擎里，不能显示非法内容，而随后颁布的《青少年媒介保护州际协议》，又对青少年使用媒介作了更为具体的规定。2010 年开始实施的《阻碍网页登录法》，明确德国联邦刑事警察局有权建议封锁网站，并每日更新相应内容，而网络提供商必须根据这一列表封锁相关的儿童色情网页。②

（四）重视宣传教育工作

同其他西方发达国家一样，德国比较重视网络空间、网络虚拟社会治理的宣传教育工作。就宣传方面看，德国积极通过官方网络平台，加强与企业、社会团体以及民众之间的互动，比如各级地方政府的门户网站，基本上包括旅游、交通、教育以及出租房等公众需要的日常信息。德国建立有"115"热线服务中心，可以让公众随时通过电话的方式获得政府的相关服务。自 1991 年起，德国相继成立了多个计算机应急小

---

① 程斯辉、刘宇佳：《防治中小学沉迷网络的国外模式与借鉴》，《网络传播》2019 年第 10 期。

② 万勇：《德国：监督自律保护青少年》，《法制日报》2012 年 9 月 11 日第 10 版。

组及同类组织，比如 1994 年组建的"第一支计算机应急小组"。2006
年由联邦信息安全局成立的"公民计算机应急小组"，旨在提高社会公
众和小企业的网络安全意识。德国不定期举办或参与"网络安全演
习"，以提高公众的网络安全意识和应对各种网络虚拟社会问题的技能，
比如 2011 年举办的"德国网络安全演习"，参与 2019 年世界最大规模
的网络安全演习"锁盾 2019"，等等。总之，德国关于网络安全维护、
网络虚拟社会治理的宣传，主要通过较为完善的政府门户网站、公共网
络平台来展开，内容涉及信息公开、数据查询和在线办理事务等。

　　就教育方面看，德国极其重视网络安全教育。比如在 2017 年发布
的最新版《网络信息安全战略》中，除了日常的基础设施、公共信息
安全和机构调整之外，还增加了大量呼吁提升民众网络安全意识、着力
在校园开展网络安全培训和教育等方面的内容。自 2010 年起，德国在
达姆施塔特工业大学开设 IT 安全的硕士课程项目，在职人员可以选修
有关课程，可获得 IT 安全的证书。弗莱堡大学计算机系为擅长网络安
全的学生授予计算机硕士学位。德国对有关网络安全、网络虚拟社会的
教育，还体现在重视相关研究方面，比如德国教育研究部建立"德国网
络研究院"，并投入大量的资金帮助该研究院开展网络虚拟社会相关问
题研究，主要包括道德、法律、经济以及多学科视域下的公众参与等问
题。2019 年，德国联合弗劳恩霍夫安全信息技术研究所、图像数据处
理研究所以及达姆施塔特工业大学、达姆施塔特应用科学大学共同建立
起欧洲最大的应用型网络安全研究中心——"国家应用型网络安全研究
中心"。①

四　网络虚拟社会中道德问题治理的日本实践

　　与美国、英国、德国同为当代发达国家，日本的互联网发展水平虽
不及前者，但在网络安全维护、网络虚拟社会治理方面，却探索出一条
以政府为主导的与众不同的治理进路。具体来看，主要包括管理体系、

---

　　①　张毅荣：《德国建立欧洲最大应用型网络安全研究中心》，《人民邮电报》2019 年 12
月 10 日第 3 版。

技术手段、行业自律和宣传教育四方面。

（一）不断健全管理体系

经过多年的探索实践，日本目前形成了较为完善的网络空间、网络虚拟社会管理体系。就管理机构方面看，日本的互联网起步虽然较早，但直到 2000 年才成立"先进信息与通信网络社会推进战略指挥部"，即"网络安全战略指挥部"的雏形，同时在内阁部设立"信息安全对策推进室"，以及由内阁官房直接负责的"信息安全对策推进会议"。2005年，内阁官房成立"内阁官房信息安全中心"。2014 年，日本先后成立"网络空间防卫队"和"政府安全行动协调组"，以监督国家信息安全中心的工作，协调各部门的网络防御事务。在 2015 年的《网络安全基本法》颁布实施后，日本将"信息安全对策推进会议"改组为"网络安全战略指挥部"，将"内阁官房信息安全中心"升格为"内阁网络安全中心"，进一步完善了网络空间、网络虚拟社会治理机构体系。

在制度建设方面，日本于 1995 年制定了《日本信息通信基础设施建设基本方针》，并将 1995 年作为日本"信息通信基础建设元年"。[①]2000 年，"网络安全战略指挥部"制定《网络安全基本战略》，2003年，日本经济产业省制定《日本信息安全综合战略》，2006 年制定《第一份国家信息安全战略》，2009 年制定《第二份国家信息安全战略——打造 IT 时代强大的个人与社会》，2010 年颁布《日本保护国民信息安全战略》，2013 年颁布《网络信息安全战略——构建世界领先的坚强而充满活力的网络空间》，2015 年颁布《网络安全战略》，2018 年公布《AI/数据利用契约指南》，2019 年"网络安全战略指挥部"制定《数字时代的新 IT 政策大纲》和出台新的《网络安全战略》，提出"网络安全生态系统"。从这一系列的制度建设实践看出，日本始终与时俱进，不断根据互联网发展实际完善相关制度建设，从而为网络安全维护和网络虚拟社会治理提供了重要的基础性保障。

在法律法规方面，日本早在 1985 年就颁布了《信息处理促进法》。2000 年颁布《高速信息通讯网络社会形成基本法》，亦即《IT 基本

---

① 朱庆华：《日本信息通信政策研究及其对中国的启示》，《情报科学》2009 年第 4 期。

法》。2002 年颁布《特定电子邮件法》和《反垃圾邮件法》，接着在 2003 年颁布《个人信息保护法》，从而形成了日本早期的法律治理体系。2013 年颁布《特定秘密保护法案》，接着在 2014 年通过《网络信息安全基本法》，2017 年实施修订后的《个人信息保护法》，2019 年颁布《数字化手续法》，进一步推进与网络安全、网络虚拟社会治理相关的法律法规的发展。而对于特殊的青少年群体，日本也相继制定了一系列的法律予以保护，比如在 2003 年颁布的《限制利用互联网交友网站引诱向儿童买春行为相关的法律》，即《交友类网站限制法》，以及在 2004 年颁布的《青少年网络环境整顿法》。针对网络虚拟社会中经常出现道德问题的网络借贷，日本则制定《金融商品交易法》予以规制，并通过政府监管和自律引导的方式，要求注册限制平台准入，以强调其信息披露的义务，从而确保了日本网络借贷的规范性和稳定性。

（二）广泛应用技术手段

针对网络虚拟社会中呈现出来的各种问题，日本政府主张广泛应用各种技术来予以规范。其中，最为常见的有过滤技术、分级技术等。在过滤技术方面，主要体现为垃圾电子邮件过滤技术和青少年上网过滤两类。2005 年，日本互联网企业、手机服务商共同设立"日本反滥用电子邮件团体"，致力于运用"发送域名认证"技术和"发送端口阻止"技术来解决垃圾邮件问题，前者要求验证每个邮件的发送者和信息的完整性，后者则要求服务器发送电子邮件时默认使用的端口。近年来，日本不少企业更加重视对防止特洛伊木马攻击、监视非法入侵以及防止篡改网页等技术的研发和运用，从而为网络空间和网络虚拟社会的健康发展奠定了技术基础。日本对网络过滤技术的运用，还体现在保护青少年方面。日本推广运用的网络过滤技术，主要是对网站域名、内容信息等进行分类并加以限制，尤其是涉及色情、赌博、交友等网站，绝对不允许青少年访问。而涉及家庭的时候，日本则秉持"劝说"的原则，尽量引导青少年及其家长主动采用过滤软件。

在分级技术方面，日本将其主要应用于网络游戏分级、网站分级等领域。日本电脑软件协会参考美国"娱乐软件定级委员会"的方式，设立了"电脑娱乐分级机构"。该机构将网络游戏划分为 A 级（适合全年龄)、B 级(适合 12 岁以上)、C 级(适合 15 岁以上)、D 级(适合 17 岁以上)、Z 级(仅限 18 岁以上)五个等级,并要求所有游戏包装盒上都标明相应级别。而对于网站的分级,日本常用的过滤软件为"FILTERing"。通过该软件的运用,可以将网站划分为小学生、初中生、高中生以及无限制四个级别,对不同学龄段的学生群体进行适当限制。在日本,不允许报社和新闻机构设立"评论栏",网民只有在专门的 BBS 和网络论坛中才能发表评论,[①] 从而避免了部分谣言的产生和传播。对于目前网络虚拟社会中泛滥的造谣、传谣,日本往往通过实名注册访问、会员制等方式来予以治理。

(三)鼓励行业实施自律

作为网络虚拟社会的重要治理方式,行业自律在日本网络安全维护、网络虚拟社会治理中占有重要位置。日本建立起严格的行业自律机制,有效地配合法律法规治理,使网络虚拟社会的发展对经济社会发展的重要作用得到了较为充分的发挥。比如日本的"电气通信业者协会""电信服务业提供商协会",共同制定了《因特网事业者伦理准则》。成立于 1996 年的"日本计算机娱乐软件协会",主要负责从事制定手游的自主规则、青少年教育引导等工作。于 2004 年成立的"日本网络游戏协会",则是与相关政府部门合作监督网络游戏市场,特别是加强了对青少年群体的保护。日本鼓励行业实施自律,还在于引入第三方力量参与。日本对于手机内容的审查运营,主要是通过第三方机构"手机内容审查运营监管机构",该机构由"理事会""审查基准制定委员会""内容审查监视委员会""咨询委员会"等构成。对于青少年在网络虚拟社会中出现的道德问题,日本主要是依据《青少年网络环境整顿法》展开治理,但也是由"移动内容审查运营监督机构"和"互联网内容审查监视机构"等第三方机构执行,从而保证了审查过程的公正性、公开性和科学性。

日本在网络虚拟社会治理实践中,极其重视互联网企业自律性的发挥。在日本,网络虚拟社会中的不良信息的监控、过滤、处理等事务,

---

① 高雨彤:《日本采取行动应对复杂的网络威胁》,《保密科学技术》2012 年第 11 期。

不是由官方职能部门来完成，而是由网络服务商、内容提供者等企业或各类相关的互联网企业自律协会来处理。类似的互联网企业自律协会包括"电气通信业者协会""电信服务业提供商协会""电子网络协会"和"日本计算机娱乐软件协会"等。在日常的治理实践中，这些协会都是联合相关互联网企业发挥自律的重要力量，并且适时制定相关的规范或规定，如"电子网络协会"制定的《电子网络经营伦理纲要》、"电信服务业提供商协会"制定的《互联网信息自主运营指针》等。这些自律性的规定或规范，对于相关互联网企业引导未来发展、规范自身经营行为，具有重要指导意义。

（四）重视宣传教育工作

宣传和教育是日本展开网络安全维护、网络虚拟社会治理的重要手段，经过多年的实践，业已取得一定成效。就宣传方面看，作为负责日本科技发展事务的"内阁府"，经常制定相关政策方针，倡导在全国范围内开展各种互联网宣传教育活动，培育青少年良好的网络使用习惯，以提高其网络安全意识。在 2010 年的《日本保护国民信息安全战略》中，提出在每年 2 月开展"日本信息安全意识月"，每年设置不同的主题，并相应地举办信息安全演讲、信息安全培训和大篷车宣传等活动。日本在 2011 年发布《信息安全普及与启蒙计划》，对信息安全普及和教育作了明确的安排。具体内容包括继续开展"日本信息安全月"、制作针对老年群体的普及教材、在学校开展多种形式的教育活动以及针对中小学提供信息安全相关指南和预防工具等。与德国一样，日本成立有"互联网热线中心"，主要职责是接受不良网络信息的举报，协助相关职能部门对网络违法和网络虚拟社会中道德问题的巡查和监控。

就教育方面看，日本尤其注重网络安全教育。比如从 2014 年起，九州大学就开设《网络安全基本法》课程，以及与网络攻击案例相关的教学，并在 2017 年列为入学者的必修科目。自 2016 年起，日本长崎县立大学开设"信息安全学科"，旨在培养更多的网络安全、网络虚拟社会治理人才。针对网络虚拟道德，日本也通过不断更新相关的指导教材，针对校园学生和公众开设不同类型的培训课程，以提高人们对网络虚拟道德的认识，比如文部科学省下设有"电脑教育开发中心"，主要负责制定网络虚拟道德教育的开展。该机构不定期编制《信息道德指导案例集》等资料向各学校分发，并予以指导和督促学习。日本特别重视对青少年群体的网络教育，比如设有"考虑手机——信息传播道德课程"项目，其中包括专门针对未成年人的网站课程。为了帮助青少年远离网络危害，日本还组织由孩子和孩子父母共同参加的"网络安全冲浪讲座"。推出"校园手机"，从通信设备和网络使用环境方面来对青少年作出适当限制。总之，日本关于网络安全维护、网络虚拟社会治理等内容的教育实践，是颇为成功的。这是近年来日本网络案例减少、网络经济不断增强的重要原因之一。

第二节　网络虚拟社会中道德问题治理的国内实践

较之于国外，我国网络虚拟社会的形成与发展起步稍晚，但在近年来却得到了迅猛发展，业已成为人们赖以生存和发展的重要社会场域。同时，伴随网络虚拟社会而出现的一系列道德问题，成了影响人们正常的生产生活、网络虚拟社会秩序稳定的一大社会问题。近年来，在党和国家的积极部署，以及相关职能部门的努力下，我国针对网络虚拟社会的发展现状以及伴随出现的道德问题实际，大胆创新治理思维和举措，取得了阶段性的治理成效和社会效益。

诚然，道德问题的治理是一项系统性的工程，需要经历漫长的过程和艰辛的努力，尤其是网络虚拟社会中所爆发出来的道德问题，其内容更加复杂、形式更加多样，大大增加了治理的难度。我国在网络虚拟社会条件下开展的道德问题治理，在不断取得治理成效的同时，也出现了一些现实问题，从而形成新时代我国网络虚拟社会治理的困境。

一　治理历程

1986 年 8 月 25 日，中国科学院高能物理研究所的吴为民在北京710 所的一台 IBM-PC 机上，通过卫星链接远程登录到日内瓦 CERN 一台机器 VXCRNA 王淑琴的账户上，向位于日内瓦的 Steinberger 发出了一封电子邮件。这是中国人第一次接触互联网的情境。1987 年，在德国卡尔斯鲁厄大学（Karlsruhe University）维纳·措恩（Werner Zorn）教授带领的科研小组的帮助下，干运丰教授和李澄炯博士等在北京计算机应用技术研究所（ICA）建成一个电子邮件节点，并于 9 月 20 日向德国成功发出了一封电子邮件，邮件内容为："Across the Great Wall we can reach every corner in the world.（越过长城，走向世界。）"从而拉开了中国人利用互联网的序幕。[①] 同其他新生科技一样，我国早期互联网的学习及运用，主要局限于有限的科研人员或科学机构，尚不能在公众群体那里构成社会性的场域，自然也就不可能有道德问题的发生，更不会涉及网络虚拟社会中道德问题的治理。

在马克思主义看来，社会是人们相互交往、相互作用的产物，因为"社会——不管其形式如何——究竟是什么呢？是人们交互活动的产物"[②]。这就意味着，在一定空间场域中有人这种高级动物的存在，以及在这个空间场域中的人这种高级动物是以群居的方式出现，亦即人与人之间通过认识和实践等活动相互结成比较稳定的联系或关系，此种状态下的空间场域才能称之为人的社会，人才能成为社会的人。同样，基于现代科技而发展起来的虚拟性场域，理应具备如上条件才能称之为网络虚拟社会。因为从物理属性上看，互联网、计算机、虚拟场景等现代科技无外乎是一种信息传播和大数据资源共享的技术性空间，而唯有人类的大量"入驻"，以及人们大量活动行为的展开，才赋予这一技术性空间全新的人文属性，使技术性空间转变为社会性空间。依此来看，我国网络虚拟社会的形成，理应以 1994 年国家智能计算机研究开发中心开通中国大陆第一个 BBS 站——"曙光 BBS 站"为起始标志。"BBS"的英文全称为"Bulletin Board System"，中文翻译过来即"电子公告牌系统"或"电子公告栏"，俗称"网络社区"或"论坛"。从中文名看出，BBS 的功能和作用与一般的校园公告板和街道公告栏类似，网民能够自由地发布内容和回复帖子。当年"曙光 BBS 站"的建立，就是为了推广曙光一号计算机，让中科院、北大和清华"三角地"的科研人员和学

[①]　中国互联网络信息中心：《1986—1993 年互联网大事记》，http://www.cnnic.net.cn/n4/2022/0401/c87-911.html，2022 年 4 月 20 日。

[②]　《马克思恩格斯选集》（第 4 卷），人民出版社 2012 年版，第 408 页。

生有交流的平台。时至今日，"曙光 BBS 站"仍然矗立在网络上，其功能和内容早已被后来者所替代和超越，但其所开创的人们通过文字和图片进行社会化交往的属性，成为网络虚拟社会诞生的标志。

1996 年，是中国互联网发展全面开花的一年。就在这一年，中国公用计算机互联网（CHINANET）全国骨干网建成并正式开通，全国范围的公用计算机互联网络开始提供服务；外经贸部中国国际电子商务中心正式成立；清华大学提交的适应不同国家和地区中文编码的汉字统一传输标准被 IETF 通过为 RFC1922，成为国内第一个被认可为 RFC 文件的提交协议；中国金桥信息网（CHINAGBN）连入美国的 256K 专线正式开通，并宣布开始提供 Internet 服务，主要提供专线集团用户的接入和个人用户的单点上网服务；全国第一个城域网——上海热线正式开通试运行，标志着作为上海信息港主体工程的上海公共信息网正式建成；实华开公司在北京首都体育馆旁边开设了中国第一家网络咖啡屋——实华开网络咖啡屋；中国教育和科研计算机网（CERNET）开通到美国的 2M 国际线路。同年，在德国总统访华期间开通了中德学术网络互联线路——CERNET-DFN，建立了中国大陆到欧洲的第一个 Internet 连接；中国公众多媒体通信网（169 网）开始全面启动，"广东视聆通""四川天府热线""上海热线"作为首批站点正式开通。同时，以新浪网前身"四通利方论坛"为代表的 BBS 如雨后春笋般兴起。① 针对如此勃勃生机的景象，国务院信息办组织有关部门的多名专家对国家四大互联网络和近 30 家 ISP 的技术设施和管理现状开展调查活动，从而对网络管理的规范化发展起到了推动作用。我国相关部门先后颁布了《中华人民共和国计算机信息网络国际联网管理暂行规定》《中国公用计算机互联网国际联网管理办法》和《关于计算机信息网络国际联网管理的有关决定》等规章制度，并且将原来的"国家经济信息化联席会议"改为"国务院信息化工作领导小组"，由时任国务院副总理邹家华任领导小组组长，下设办公室。这一系列的规范操作，表明我国从制度颁布、机

---

① 中国网信网：《1994—1996 年互联网大事记》，http://www.cnnic.net.cn/n4/2022/0401/c87-912.html，2022 年 4 月 20 日。

构设置等方面逐步开始对网络虚拟社会进行治理。基于此，我们将1996 年确定为我国治理网络虚拟社会的元年。

1996 年，是我国治理网络虚拟社会的元年。自此，我国走上网络虚拟社会治理的征程。从 1996 年到今天，在二十多年的时间里，由于网络虚拟社会发展水平的阶段性差异，以及人们虚拟性生产生活的差异和所生发道德问题的不同，各个时期呈现出不同的治理内容和特征。关于我国对网络虚拟社会中道德问题的治理历程，我们将其简要划分为四个阶段，亦即初步探索阶段、基本确立阶段、全面推进阶段和改革深化阶段。

第一阶段（1996—1999 年）：初步探索阶段。1996 年 1 月，我国计算机互联网全国骨干网建成，为全国范围内的计算机互联网络正式提供服务，从而开启了我国互联网广泛应用的步伐。从深圳到哈尔滨，从中国教育和科研计算机网到中国科技网，从中国金桥信息网的国际接入到中国公众多媒体通信网的国内开通，从第一家中央重点新闻宣传网络"人民网"到第一个中国概念网络公司股上市的"中华网"，从国务院颁布的《中华人民共和国计算机信息网络国际联网管理暂行规定》到国内23 家网络媒体共同通过的《中国新闻界网络媒体公约》，从全国信息化工作会议通过的《国家信息化九五规划和 2000 年远景目标》到中国互联网络信息中心历次公布的《中国互联网络发展状况统计报告》……无不体现了我国对发展互联网的决心以及治理相关问题的积极态度。特别需要指出的是，为了应对早期互联网络中的各种突发状况，清华大学网络工程研究中心在 1999 年成立了我国第一个安全事件应急响应组织，标志着我国网络虚拟社会治理从传统静态的治理手段逐渐转变为动态的治理机制。而国内 23 家网络媒体共同通过的《中国新闻界网络媒体公约》，则是中国第一部互联网企业的行业自律公约。从总体上看，经过几年的学习、应用转化之后，我国互联网发展逐渐走出实验室，与市场、民用接触接轨，开启了广泛应用于商业、政务、民用等领域的发展步伐，而对随之出现的道德问题，也积极运用相应的管理机构、规章制度、技术标准以及行业自律等手段予以治理。

第二阶段（2000—2007 年）：基本确立阶段。进入 21 世纪后，我国互联网发展进入快速时期。大量公众"入驻"网络成为网络虚拟社会的"原住民",诸多互联网企业迅速崛起成为新经济发展的"独角兽",以"博客"为代表的 Web2.0 概念社交网络推动着网络自媒体的发展进程,国家出台的各类互联网发展规划和产业行动纲领引领着网络虚拟社会的未来发展……在这一阶段,无论是联网计算机的台数、全国网民总体规模还是全国域名总数、网站总数等,都得到了大幅度的提升,尤其是互联网领域的推陈出新,使网络虚拟社会的发展处于日新月异之中。同时,以"熊猫烧香"为代表的电脑病毒、以"带头大哥777"博主王晓为代表的新型网络犯罪等问题却极大地影响了网络虚拟社会的健康发展。于是,我国重建了"国家信息化领导小组",组建了"中国计算机网络应急处理协调中心",并相继出台了《电信条例》《互联网上网服务营业场所管理条例》《信息网络传播权保护条例》《电子签名法》等条例法规,相关职能部门启动了"全国打击淫秽色情网站专项行动""阳光绿色网络工程""金盾工程"等系列活动,加强了对网络空间的维护和网络虚拟社会的治理,而网络服务提供商先后共同发布的《中国互联网行业自律公约》《博客服务自律公约》等公约条款,以及中国互联网协会、亚太互联网研究联盟、中国互联网协会"反恶意软件协调工作组"、中国无线互联网行业"诚信自律同盟"、中国互联网协会行业自律工作委员会网络版权联盟的先后成立,则是行业积极参与自律治理的重要表现。因此,2000—2007 年,我国基本上确立了网络空间安全、网络虚拟社会的治理体制,形成了对相关道德问题的治理格局。

第三阶段(2008—2012 年):全面推进阶段。经过多年的迅猛发展,我国网络虚拟社会发展业已进入瓶颈期,比如 2011 年的网民增长数为 5580 万,相比 2007 年以来平均每年 6 个百分点的提升,增速有所回落,包括.CN 域名数、网络数等都呈现转折点。但是,随之而来的一系列社会问题却比以往更加突出,比如网络账号被盗、个人信息被盗、钓鱼网站诱骗、垃圾短信骚扰等事件时有发生。据《2012 年中国网民信息安全状况研究报告》显示:在 2012 年的 4.56 亿网民中,有84.8% 的网民遭遇过信息安全事件,平均每人遭遇 2.4 类信息安全事件。其中,有 83.8% 网民的聊天工具账号和 22.6% 网民的网络游戏账号遭遇过被盗。① 许多社会性的事件、消息经过网络扩散、发酵、放大之后，明显成为影响社会秩序稳定的重要因素之一。比如发生于2008年初的香港"艳照门"事件，经过各大网络和媒体的转发扩散之后，引发了人们对网络环境生态以及个人隐私问题的担忧。相应地，我国根据互联网发展的实际以及网络虚拟社会呈现出来的社会问题，全面推进治理，比如调整"工业和信息化部"，分管互联网及其相关产业发展；设立"国家互联网信息办公室"，进一步加强对互联网的建设与管理；设立"12321网络不良与垃圾信息举报受理中心"，以加强社会对网络虚拟社会的监督；相关职能部门在全国开展"整治互联网低俗之风"、推荐预装绿色上网过滤软件、清理整顿违规视听节目网站等专项行动，治理和规范网络虚拟社会中存在的各类道德问题；中国互联网络信息中心制定的《中文域名注册和管理标准》，以及《信息安全技术 信息安全风险评估规范》（GB/T 20984 - 2007）、《信息安全技术 信息安全事件分类分级指南》（GB/Z 20986 - 2007）、《信息安全技术 网上银行系统信息安全保障评估准则》（GB/T 20983 - 2007）、《信息安全技术 信息系统灾难恢复规范》（GB/T 20988 - 2007）等七项信息安全国家标准正式实施，② 标志着我国对网络虚拟社会的标准化技术治理更进一步；八部委印发《关于加强互联网地图和地理信息服务网站监管意见》、文化部公布《网络游戏管理暂行办法》、文化部和商务部联合下发《关于网络游戏虚拟货币交易管理工作》、中国人民银行公布《非金融机构支付服务管理办法》等，则从建立健全法律法规的角度对互联网及网络虚拟社会中信息服务的违法违规行为进行专项整治。而2012年8月全国12家搜索引擎服务企业共同签署的《互联网搜索引擎服务自律公约》，则是百度搜索引擎竞价排名模式弊端被曝光之后，网络搜索企业共同制定的第一部行业自律规范。

　　第四阶段（2013年至今）：改革深化阶段。在这一阶段，我国网络

---

① 中国互联网络信息中心：《2012年中国网民信息安全状况研究报告》，http://www. cnnic. net. cn/NMediaFile/old_attach/P020121116518463145828. pdf，2021年6月25日。

② 中国互联网络信息中心：《2007年中国互联网发展大事记》http://www. cnnic. net. cn/n4/2022/0401/c87 - 876. html，2022年4月20日。

虚拟社会的发展进入全新阶段。网络虚拟社会基础资源容量稳步增长，应用水平不断提升，尤其是以社交网络为基础的综合平台类应用发展迅速，比如手机游戏、短视频使用率、在线教育、理财支付等迅猛增长。而作为"万物互联"基础的智能手机，则成为物联网、智能穿戴设备构筑个性化、智能化应用场景的切入端。可以说，我国网络虚拟社会的发展正从"规模"扩大逐渐切换到"内涵"提升。以直观的网民规模为例，截至 2013 年年底，我国网民规模为 6.18 亿，互联网普及率为 45.8%。① 而截至 2020 年 3 月，该数字达到 9.04 亿，普及率达 64.5%。② 同时，我国网络安全威胁态势依然严峻，网络虚拟社会中的道德问题呈高速增长态势，对个人生产生活、社会秩序的影响程度不断加深，比如网络攻击、经济诈骗、信息泄露、病毒传播、造谣传谣等问题日渐突出。自党的十八以来，党和国家实施了网络强国战略，高度重视网络空间安全和网络虚拟社会治理。党的十八届三中全会中提出"全面深化改革的总目标是完善和发展中国特色社会主义制度，推进国家治理体系和治理能力现代化"③，以此开启现代"治理"理论在中国社会治理实践中的应用。习近平同志在 2016 年的"网络安全和信息化工作座谈会"上的讲话中，提出"我们提出推进国家治理体系和治理能力现代化，信息是国家治理的重要依据，要发挥其在这个进程中的重要作用"④，并在随后的中共中央政治局集体学习中，要求我国社会治理模式尤其是网络虚拟社会治理应从单向管理转向双向互动，从线下转向线上线下融合，从单纯的政府监管向更加注重社会协同治理转变。由此看出，我国对网络虚拟社会的治理业已迈入改革深化阶段。在治理机构方面，我国在北京成立了"中央网络安全和信息化领导小组"，在杭州设立了"互联网法院"。在相关规划方面，早在 2015 年就制定"互联网+"行动计划，推动互联网、云计算、大数据等与现代制造业的融合发展，

---

① 中国互联网络信息中心：《第 33 次中国互联网络发展状况统计报告》，http://www.cnnic.net.cn/NMediaFile/old_attach/P020140305346585959798.pdf，2021 年 2 月 5 日。

② 中国互联网络信息中心：《第 45 次〈中国互联网络发展状况统计报告〉》，http://www.cnnic.net.cn/NMediaFile/old_attach/P020210205505603631479.pdf，2021 年 2 月 5 日。

③ 《中共中央关于全面深化改革若干重大问题的决定》，人民出版社 2013 年版，第 3 页。

④ 习近平：《在网络安全和信息化工作座谈会上的讲话》，人民出版社 2016 年版，第 6 页。

而国家互联网信息办公室发布的《国家网络空间安全战略》，则阐明了我国关于网络空间治理的立场和主张，并明确了战略和任务。在法规法律方面，中国人民银行、工信部等十部委共同印发《关于促进互联网金融健康发展的指导意见》《非银行支付机构网络支付业务管理办法》《网络借贷信息中介机构业务活动管理暂行办法》等，以规范网络虚拟社会中的金融活动，而《关键信息基础设施安全保护条例（征求意见稿）》《工业控制系统信息安全防护能力评估工作管理办法》《网络产品和服务安全审查办法（试行）》和《公共互联网网络安全威胁检测与处置办法》等一系列法规的实施，以及《网络安全法》《电子商务法》等互联网专门性法律的正式实施，新修订的《反不正当竞争法》增加"互联网不正当竞争行为专条"等，标志着我国网络虚拟社会治理法律体系的逐步形成。在行业自律方面，国家有关职能部门深入推进网站主体诚信体系、互联网金融领域诚信体系和网络经营者诚信体系等建设，信用格局雏形初现，而21家互联网企业共同成立的"互联网反欺诈委员会"，有力打击了网络欺骗等行为。在治理技术标准方面，我国先后发布《信息安全技术公共及商用服务信息系统个人信息保护指南》《互联网接入服务规范》等90余项网络与信息安全相关标准，并修订网络安全防护和新技术新业务安全评估管理办法，以规范网络虚拟社会治理的技术标准和管理办法，扎实做好网络安全的维护和网络虚拟社会的治理工作。在治理活动方面，自2014年起每隔两年的"世界互联网大会"在浙江乌镇举行，大会汇集全球互联网领军人物共商发展大计，以展示中国治理网络虚拟社会的成就和促进国际互联网共享共治；每年一度的"国家网络安全宣传周"业已成为引导社会公众提高网络安全意识、共同维护网络安全的重要宣传活动。在宣传活动方面，互联网管理部门相继组织开展"净网2014""剑网2014""打击新闻敲诈和假新闻""微信等即时通信工具治理"等专项行动，建成国家以及省级诈骗电话防范系统30余个，以实际行动全面治理网络虚拟社会中的道德乱象问题。①

①　中国互联网协会：《2014年影响中国互联网发展的大事件》，http://www.cac.gov.cn/2017-08/24/c_1121538175.htm，2021年3月5日。

二 主要成绩

自互联网引入中国，在短短的 30 余年间所产生的影响，无论是广度还是深度上都超出了人们的预料和想象，尤其是以其为主体而形成和发展起来的网络虚拟社会，彻底改变了人们传统的生产生活方式，让虚实相生的生存方式成为现实。当然，这种虚实相生的生存方式也会带来一系列社会问题，比如破坏社会秩序的道德问题让人们防不胜防，已经严重影响了社会稳定和网民的幸福感。

网络虚拟社会是一种全新的社会场域，同时也是一种复杂的社会场域。为有效遏制基于网络虚拟社会而发生的道德问题的蔓延，及时铲除此类社会问题滋生的土壤，我国从 20 世纪 90 年代起，就开始对互联网及其相关社会问题进行监督与管理，尤其是迈入新时代之后，大胆运用现代治理理论及对策措施纵深推进道德问题的治理工作，并以现实问题为靶向、以实践发展为锤炼场，不断总结、发展和完善治理理念和措施，逐步形成了宽领域、多层次的治理格局。

（一）注重管理体系建设，充分发挥政府引领作用

从 1996 年开始，针对网络虚拟社会发展的既成事实，以及伴随网络虚拟社会而出现的系列社会问题，我国业已开始对网络虚拟社会展开治理工作。而这种治理工作与其他国家或地区相比，更加注重管理体系的建设，更加充分发挥政府引领作用。

第一，注重顶层统筹，强调网络虚拟社会及其道德问题治理工作的权威性、统一性和规范性。较之于以往的道德问题，基于网络虚拟社会而生发出来的道德问题一般呈现出涉及面广、危害性大、传播性强等特点，而注重顶层统筹与加强组织领导是保障网络虚拟社会治理工作有序推进的坚实基础。如前文所述，早在 1993 年 3 月，我国就提出和部署建设"金桥工程"（国家公用经济信息通信网）。后来，先后制定《国家信息化九五规划和 2000 年远景目标》《信息产业十五规划纲要》《振兴软件产业行动纲要》《关于积极推进"互联网＋"行动的指导意见》《新一代人工智能发展规划》等规划，颁布了《国家信息化发展战略（2006—2020）》《国家网络空间安全战略》和《国家信息化发展战略纲

要》等战略，从国家层面勾勒出远景目标，阐明发展和治理网络虚拟社会的基本理念、方法和路径。加强组织领导，是我国推进网络虚拟社会治理工作的又一保障性措施。1993 年，国务院批准成立"国家经济信息化联席会议"，并由时任国务院副总理邹家华任主席。1996 年中国科学院组建"中国互联网络信息中心"，专门行使国家互联网络信息中心职责。国务院在 2006 年调整"工业和信息化部"，2011 年设立"国家互联网信息办公室"和"12321 网络不良与垃圾信息举报受理中心"，加强对互联网的建设指导、管理和监督。目前，我国逐渐形成"一主管三参与多协助"的组织机构体系，亦即"国家互联网信息办公室"是主管部门，"中共中央宣传部"和"工业和信息化部"等为参与治理部门，"国家互联网应急中心""中国互联网络信息中心""中国互联网协会"等是多个协同组织，从而保证了我国网络虚拟社会中道德问题治理的统一性和规范性。

第二，注重制度建设，强调网络虚拟社会及其道德问题治理工作的规范性、有效性和长期性。制度建设作为网络虚拟社会治理的重要手段，业已被许多国家或地区所重视。从 1996 年国务院颁布的《中华人民共和国计算机信息网络国际联网管理暂行规定》，到 2020 年 3 月实施的《网络信息内容生态治理规定》，我国网络虚拟社会治理的制度建设已超过二十年。从日常的网络管理到国家网络安全维护，从计算机运用到软件研发应用，再到物联网管理；从大数据挖掘到算法运用，再到人工智能开发；从网络邮件整治到网络信息屏蔽，再到网络生态建设；从网络文学出现到网络游戏兴盛，再到二次元文化；从电子商务到电子政务，再到在线教育；从网络购物到网络支付，再到网络金融……我国在这二十多年间逐步建立起了相关的规章制度，无论是国家层面的战略规划制度还是地方的实施规范细则，均已建立，基本上做到了有章可循、有则可依。比如在 2017 年，我国就集中发布了《互联网用户公众账号信息服务管理规定》《互联网新闻信息服务管理规定》《互联网群组信息服务管理规定》《互联网新闻信息服务许可管理实施细则》《互联网跟帖评价服务管理规定》等规定。而近期实施的《网络信息内容生态治理规定》，始终"以人民为中心"，强调多元化的治理主体，旨在构建起良好的网络生态环境，营造清朗的网络空间。在我国网络虚拟社会治理制度建设历程中，具有里程碑意义。

第三，注重法律重器，强调网络虚拟社会及其道德问题治理工作的针对性、规范性和可操作性。历史地看，我国引入和运用互联网后，相关的法律制定曾经相对滞后，2000 年 12 月的《全国人民代表大会常务委员会关于维护互联网安全的决定》，是我国首次以法律的形式对互联网管理做出的具体决定。而 2017 年 6 月起实施的《网络安全法》，则是我国第一部维护网络空间安全、治理网络虚拟社会的基础性法律。当然，我国关于网络虚拟社会中道德问题治理的法律，并非只有《网络安全法》一部，而是以此为中心业已形成一个相对成熟的法律体系。这一体系通常包括：一是包含有网络空间安全、网络虚拟社会治理条款或内容的其他法律，如《电信法》《刑法》《民法通则》《合同法》《治安管理处罚法》《反不正当竞争法》等法律中就含有相应的治理条款或规定，适用于网络虚拟社会及其道德问题的治理；二是专门性的网络空间维护、网络虚拟社会治理的法律或决定，如《网络安全法》，就是专门针对网络虚拟社会治理而制定的法律；三是专门性的网络空间维护、网络虚拟社会治理的行政法规和部门规章，如文化部公布的《网络游戏管理暂行办法》、中国人民银行公布的《非金融机构支付服务管理办法》等。由此看出，我国一向注重法律建设，目前由法律（含相关法律条款）、行政法规以及部门规章共同组成的法律体系初步建立。这一体系是我国取得网络空间安全维护、网络虚拟社会治理获得成效的法律重器，是让网络虚拟社会在法制轨道上健康运行和发展的重要保障。

总而言之，我国对网络空间安全的维护、网络虚拟社会的治理，之所以取得较为突出的成绩，与国家注重顶层设计和加强组织领导具有密不可分的关系。而这种注重管理体系建设、充分发挥政府引领作用的治理特征，表明了我国关于网络空间安全维护、网络虚拟社会的治理，属于政府主导型的治理模式。

（二）合理运用科技手段，充分发挥科技治理优势

如前文所述，网络虚拟社会是依赖现代科技而发展起来的新型社会场域，而发生于其间的大部分道德问题均与技术研发、运用等行为密切

相关。善于把科技手段运用到网络安全维护、网络虚拟社会治理的具体工作中，是我国推动治理体系建立和提升治理能力的重要举措，是规范人们虚拟性行为、有效遏制道德问题蔓延的关键。

第一，合理运用认证技术，为网络虚拟社会的接入提供技术屏障。早在 1999 年，我国就成立了"中国国家信息安全测评认证中心"（现改为"中国网络安全审查技术与认证中心"），主要负责网络信息安全产品、信息系统安全、信息安全服务和信息安全专业人员的测评与认证工作。同年，由中国国际商务中心研发的"商业电子信息安全认证系统"通过科技部和国家密码管理委员会的鉴定，并被应用于纺织品配额许可等管理系统。由此看出，我国对网络安全认证技术的研发和运用起步较早。后来，相关职能部门相继发布了《域名注册服务机构认证办法》、《中文域名注册和管理标准》以及《信息安全技术　信息安全风险评估规范》（GB/T 20984 – 2007）、《信息安全技术　信息安全事件分类分级指南》（GB/Z 20986 – 2007）、《信息安全技术　信息系统灾难恢复规范》（GB/T 20988 – 2007）等七项信息安全国家标准，① 从而为我国网络虚拟社会的治理构建起安全的、标准的技术屏障，对不良信息的传播、失范性行为的发生等问题的治理提供了技术治理保障。为配合《网络安全法》的实施，我国在 2017 年发布了《公共互联网网络安全威胁检测与处置办法》《网络产品和服务安全审查办法（试行）》和《互联网接入服务规范》等 90 余项网络与信息安全相关标准，并修订网络安全防护和新技术新业务安全评估管理办法，进一步规范了我国网络虚拟社会治理的技术标准和管理办法。

第二，合理运用过滤技术，为网络虚拟社会生态良好提供技术保障。在 21 世纪初，我国通过定位、标靶关键词等技术将不良网络信息进行过滤、屏蔽和拦截，以维护网络空间的安全和网络虚拟社会的和谐。早期主要使用的过滤技术包括但不限于"过滤王""超级网管""网络警察110""绿坝——花季护航"等，后来中科院声学所依据语义

---

① 中国互联网络信息中心：《2007 年中国互联网发展大事记》，http://www.cnnic.net.cn/n4/2022/0401/c87 – 876.html，2021 年 3 月 15 日。

分析的方式研发出"概念层次网络过滤系统",有力地提升了我国网络信息过滤能力。近年来,面对网络虚拟社会中不断涌现的"算法杀熟""定点推送"和"薅羊毛"等问题,我国充分利用大数据、云计算和区块链等技术,研发出更先进的"过滤系统",为清朗网络空间的建构和网络虚拟社会的生态良好提供了技术保障。比如针对自 2018 年以来短视频道德问题频发的现状,国家互联网信息办公室要求凡涉及短视频的平台和企业,必须上线"青少年防沉迷系统"。截至 2019 年 6 月,全国已有 21 家主要网络视频平台安装了"青少年防沉迷系统",既保护了青少年健康上网,又维护了清朗的网络空间。

第三,注重治理科技的创新,为网络虚拟社会及其道德问题的治理提供科技支撑。以科技手段的方式来对网络虚拟社会及其道德问题展开治理,除了常规的认证技术、过滤技术,还包括诸如内容分级、信息监控、屏蔽拦截等。进入新时代,我国更加注重治理科技的创新,从产品主导型逐渐向服务主导型转变,在云安全服务、态势感知、监测预警等领域的新技术新方法层出不穷,并体现出产品平台化、产业服务化、网络安全技术密集化等特征。近年来,面对网络诈骗猖獗的现实,国家互联网应急中心、中国信息通信研究院和地方通信管理局在工业和信息产业部的领导下,共同构建了"全国诈骗电话防范系统",初步建构起部、省两级的"反诈骗治理技术体系",并持续推进基于通话行为和语义内容的深度学习诈骗电话识别、基于文本分析的诈骗短信识别以及基于无监督机器学习算法的涉诈网站识别等技术,[①] 从而建立起一条有效的诈骗治理联动防线,有力提升了我国网络诈骗的预警和处置能力。诸如此类治理技术的创新,在提高网络虚拟社会中道德问题治理能力的同时,也在一定程度上推动了我国治理科技的发展。

总而言之,通过顶层设计、制度建立和法律完善来加强网络安全维护、网络虚拟社会治理固然重要,但网络虚拟社会的发展毕竟是依靠现代科技的进步为基础,尤其是一些道德问题的发生是运用科技引起的,

---

① 中国信息通信院:《电信网络诈骗治理与人工智能应用白皮书(2019 年)》,http://www.caict.ac.cn/kxyj/qwfb/bps/201912/P020191230550658803494.pdf,2021 年 3 月 16 日。

需要"以技术对抗技术"的方式来予以规范和治理。基于如上认识，我国始终加强科技性治理手段的创新，充分发挥防控技术的优势，对网络虚拟社会及其道德问题展开了一系列颇有成效的治理。

（三）积极倡导行业自律，充分发挥公众监督作用

相对于政府部门的直接管控而言，行业自律方式更为直接、更具效率。基于如此认识，我国对网络虚拟社会及其道德问题的治理，主要是通过引导建立健全自律组织、积极制定和颁布自律规范、设立社会公众监督机构等方式，倡导互联网行业自律，并取得了较好的治理成绩。

第一，引导建立健全自律组织，充分发挥自律组织在政府和行业企业之间的沟通作用。早在 2000 年 6 月，"中国电子商务协会"成立，有力地推进了电子商务在我国的应用与发展。次年 5 月，经民政部批准，由网络运营商、服务提供商、系统集成商以及科研教育机构共同发起的全国性互联网行业组织——"中国互联网协会"成立。以此为中心，相继成立了"中国文化网络传播研究会""中国互联网络信息中心""中国网络空间安全协会""中国互联网发展基金会"等综合性行业组织，以及"中国青少年网络协会"等专业性行业组织。在我国网络虚拟社会道德问题的治理实践中，这些互联网行业组织充分发挥了自身优势，积极开展行业自律，整合各类社会资源，调动社会力量参与到各类社会问题的治理实践中，为我国网络虚拟社会的发展、信息化的建设搭建了广阔的发展平台。除了行业自律组织之外，我国还积极引导建立行业企业联盟，充分发挥企业统一战线的力量，为网络空间安全的维护、网络虚拟社会的治理主动贡献力量。具体来看，近年来我国先后成立了"亚太互联网研究联盟"、中国互联网协会的"反恶意软件协调工作组"、中国无线互联网行业的"诚信自律同盟"等企业联盟，成为除行业自律组织外，最为重要的自律治理力量。

第二，积极制定和颁布自律规范，充分发挥自律规范的引导规范作用。1999 年 4 月，23 家网络媒体共同通过《中国新闻界网络媒体公约》，这是我国第一部互联网企业的行业自律公约，以此开启了互联网自律规范的先河。在"中国互联网协会"的带领下，我国先后制定并发布了《中国互联网行业自律公约》《文明上网自律公约》《抵制恶意

软件自律公约》《博客服务自律公约》《互联网终端软件服务行业自律
公约》《中国互联网协会反垃圾邮件规范》《搜索引擎服务商抵制违法
和不良信息自律规范》《中国互联网网络版权自律公约》《反网络病毒
自律公约》《互联网搜索引擎服务自律条约》等一系列自律规范,从不
同侧面对网络虚拟社会中的生产生活进行了明确的指导和规范,有利于
互联网企业以及其他社会自律力量的发挥,从而促进了我国互联网的健
康发展。

第三,设立社会监督机构,充分发挥公众监督作用。自 2004 年以
来,我国先后成立了"互联网违法和不良信息举报中心""网络违法犯
罪举报网站""12321 网络不良与垃圾信息举报受理中心""12390 扫黄
打非新闻出版版权联合举报中心"等公众举报受理机构,依法保障公众
举报网上违法信息和行为的正当权利,搭建起行业组织、社会公众参与
网络虚拟社会治理的平台,以发挥行业组织的自律作用和社会公众的监
督作用,从而维护网络虚拟社会的日常秩序和公共利益。同时,"国家
互联网信息管理办公室""中国互联网协会"以及各级政府职能部门积
极发挥自身平台作用,将涉及道德问题的 APP、公众号、网站等纳入用
户投诉举报渠道,扩大有关网络虚拟社会道德问题的投诉、受理范围,
以充分发挥公众监督作用。比如"国家信息安全漏洞共享平台",就是
由国家计算机网络应急技术处理协调中心联合基础电信运营商、网络安
全厂商、软件厂商和互联网企业共同建立的信息安全漏洞信息共享知识
库,旨在提高我国网络信息产品的安全性,以及在网络安全方面的整体
研究预防能力。

实践证明,在相对开放的、自由的网络虚拟社会中展开道德问题的
治理,不能单独依靠政府或某一职能部门来完成,而是需要发动和团结
各类社会力量来共同参与。如上所述,我国政府主导型的网络虚拟社会
治理模式,依然离不开行业组织的参与和社会公众的监督。这是我国近
年来网络虚拟社会治理取得卓越成效的重要原因之一。

(四)创新宣传内容形式,充分发挥教育内化作用

长期以来,宣传和教育是我国维护网络空间安全、治理网络虚拟社
会及其道德问题的重要形式,因为通过各种媒介和渠道来加强宣传,能

够发动和吸引更多的社会力量参与网络虚拟社会的治理，积极开展各种形式的教育，能够将相关的治理理念、政策和措施内化于道德主体，以便更好地发挥其主动性、积极性。

第一，创新宣传内容和形式，使之更好地贴近人们的虚拟性生产生活。互联网虽然在 1986 年就被引入国内，但直到 2000 年 12 月，我国才出现相关的网络虚拟社会治理的宣传活动，亦即由文化部、共青团中央、广电总局、全国学联以及中国电信、中国移动等单位发起的"网络文明工程"。自此，我国不断创新宣传的内容和形式，使之更好地贴近人们的虚拟性生产生活，达到良好的网络虚拟社会的治理效果。比如：在 2013 年 12 月召开的第二届中国互联网大会，就以"透视互联网，迈向 E 时代"为主题；为了落实《网络安全法》，教育部在 2017 年开展了以"治乱、堵漏、补短、规范"为目标的网络安全综合治理行动；自 2014 年起每隔两年的"世界互联网大会"在浙江乌镇举行，以展示中国治理网络虚拟社会的成就和促进国际互联网共享共治；自 2014 年起，每年一度的"国家网络安全宣传周"业已成为引导社会公众提高网络安全意识、共同维护网络安全的重要宣传活动。同时，我国不定期开展针对不同内容的专项打击活动，规范人们的虚拟性生产生活，构建起清朗的网络空间和良好的网络虚拟社会生态。比如 2004 年的"全国打击淫秽色情网络"专项行动，2009 年的"深入整治互联网和手机媒体淫秽色情及低俗信息"专项行动，2014 年"净网 2014""剑网 2014""打击新闻敲诈和假新闻""微信等即时通信工具治理"等专项行动，以及 2019 年全国"扫黄打非"办公室部署开展的"净网 2019""护苗 2019""秋风 2019"系列专项行动，等等。为保护儿童信息安全，促进儿童健康成长，国家互联网信办公室在 2019 年起草了《儿童个人信息网络保护规定》。针对特殊的青少年群体，我国早在 2001 年就推出《全国青少年网络文明公约》，并创造性地运用各种形式开展多样的宣传活动，以正确引导青少年群体的虚拟性学习生活。

第二，积极创新教育实践活动，使之更好地融入人们的虚拟性生产生活。从表面上看，发生于网络虚拟社会的道德问题都与技术相关，但实质上都是因使用技术的主体而导致的结果。因此，对活跃于网络虚拟社会中的道德主体展开教育，增强其个体权利意识和自我保护意识，是解决网络虚拟社会中的道德问题、规范人们虚拟性失范行为的重要手段。面向广大的社会公众，我国创造性地运用各类网络平台开展形式多样、内容丰富的教育活动。比如 2007 年由千龙网、新浪网、搜狐网、网易网、中华网等 11 家网站举办的"网上大讲堂"活动，以网络视频授课、文字实录以及与网民互动交流等方式，传播科学文化知识。截至到 2007 年年底，共举办 330 多期讲座，累计点击量突破 1 亿人次。① 近年来，我国先后开展了例如"全国中小学生网络安全与道德教育活动""百万家庭健康上网大行动""中国青少年绿色网络行动"等教育活动。网络虚拟社会治理相关技术人才的培育，也是我国长期关注的重要问题。比如在 2017 年，我国就有 250 所高校新增"数据科学与大数据技术"专业，60 所高校新增"机器人工程"专业。2019 年，国家相关职能部门发布了《关于发布人工智能工程技术等职业信息的通知》，将大力培育大数据、人工智能、物联网等十余种与网络虚拟社会治理相关的专业性人才。而对于人工智能领域急需人才，我国在 2018 年制定了《高等学校引领人工智能创新行动计划》，次年有 35 所高校获首批"人工智能"新专业建设资格。需要强调的是：我国关于网络虚拟社会治理相关内容的教育，不仅面向青少年和公众，而且对国家领导集体和公务员群体都有大量涉及。比如从 2001 年起，中共中央就举办有法制讲座，内容涉及网络虚拟社会的法律运用。2007 年 1 月，中共中央政治局就世界网络技术发展和中国网络文化建设与管理问题进行集体学习。这种国家领导人集体学习的方式，在国内外极其少见。这种方式让国家领导人紧跟时代发展的步伐，及时学习和了解新技术的前沿动态。比如在最近的 2019 年 10 月，中共中央政治局就区块链技术发展现状和趋势进行了集体学习。由此，反映出我国对新科技运用的热情和对相关治理工作的重视。

近年来，网络虚拟社会中越来越多的道德问题，主要源于部分不法

---

① 中国互联网络信息中心：《2007 年中国互联网发展大事记》，http://www.cnnic.net.cn/n4/2022/0401/c87-876.html，2021 年 3 月 15 日。

分子利用大数据、人工智能等先进技术，借助企业技术漏洞或管理不当而实施影响他人权益、破坏社会秩序的行为。针对这样的现象，我国相关主管部门创新通报、约谈等形式，直接与企业或网络平台对话、沟通，以压实企业或网络平台责任，要求其依法依规组织自查整改，并进一步加强新技术新业务的安全评估和运用，积极防范自有业务被利用而引发新的道德问题。从目前来看，这种引导自律治理的创新做法，针对性更强，效果极为显著。

三　现实困境

上文通过对网络虚拟社会治理历程的梳理和治理成绩的总结，表明我国网络虚拟社会的治理初步形成政府领导、法律规范、行业自律、网民监督、宣传教育的治理格局，但与习近平提出的"党委领导、政府管理、企业履责、社会监督、网民自律等多主体参与，经济、法律、技术等多种手段相结合的综合治网格局"尚存在一定差距①，尚未完善和走向成熟，尤其是涉及道德问题方面的治理依然存在诸多现实困境。

（一）治理理念相对滞后

我国对网络虚拟社会的治理起步虽早，但对于日新月异的网络虚拟社会来说尚处于相对滞后的状态，尤其是治理理念表现得更为明显，从而影响了网络虚拟社会中道德问题治理效果的进一步提高。一是宏观、整体治理观念缺乏。在网络虚拟社会中开展道德问题的治理是一项复杂、艰巨的系统工程，涉及政府、企业、公众等主体，包括法律、技术等手段，涵盖宣传、教育等活动。但就目前来看，我国存在政府相对缺乏宏观意识、企业相对缺乏担当意识、公众相对缺乏自律意识的现象，且各治理主体之间相对缺乏适当的沟通和合作，许多公众认为这是政府和企业的事，而政府和企业又认为是公众造成的，从而形成相互推诿、扯皮的现象。而就法律和技术来看，也是各自分界，法律只谈法律领域的问题，对于技术发展的动态、前沿缺乏及时的人文思考，而科技的研

---

① 习近平：《敏锐抓住信息化发展历史机遇自主创新推进网络强国建设》，《人民日报》2018 年 4 月 22 日第 1 版。

发和运用又只图经济利益缺乏必要的人文关怀，从而导致网络虚拟社会生态恶化、社会伦理丧失的现象。二是管控理念相对滞后。受传统现实社会管理理念的影响，我国监察、公安等职能部门对网络虚拟社会中的问题往往采用"兵来将挡，水来土掩"的直线思维，而这样的理念和方式对于网络虚拟社会中的违法行为确实能起到一定的震慑作用，但对于道德这类柔性问题来说却往往显得力不从心，再加上相关治理规定、法律的欠缺，使我国有关网络虚拟社会中道德问题的治理经常处于被动局面，难以实现最终的治理效果。三是服务意识不到位。在网络虚拟社会及其道德问题治理过程中，无论是国家职能部门还是互联网企业和行业组织，理应处于服务者的角色，比如向社会公众提供指导、咨询、宣传、教育等服务性工作。然而，我国许多职能部门尚未转变传统的治理理念，仍然是以传统的"管理"理念来开展工作，未真正把网络虚拟社会及其道德问题的治理工作当作"服务为网民"的服务工作来抓；互联网企业和行业组织往往唯利是图，功利心强，未真正从维护网络空间安全、建构网络虚拟社会良好生态的高度来参与治理，即使被主管部门通报、约谈后也是持"头痛医头""脚痛医脚"的态度敷衍了事。

（二）治理科技储备不足

现代科技的发展既是支撑网络虚拟社会得以形成和发展的技术性力量，又是导致网络虚拟社会中道德问题频发的工具性原因。在网络虚拟社会中展开道德问题的治理，科技自然也就成了诸多国家经常运用的手段之一。同样，我国也一直重视科技手段在网络安全维护、网络虚拟社会治理中的运用，然而就目前来看，却存在治理科技储备不足的困境。一是不重视治理科技的创新研发，许多核心技术都掌握在西方发达国家手中，从而导致我国治理科技整体水平较低，后续发展能力不足，尤其是面对层出不穷的道德问题时，往往显得捉襟见肘，甚至是"望洋兴叹"。比如 2016 年出现的大规模"分布式拒绝服务攻击"域名安全问题，直到目前我国仍然尚未找到最好的解决技术。二是治理科技更新升级缓慢，无法保证治理的时效性和有效性，尤其是面对新科技导致的诸多道德问题时，往往显得力不从心，难以发挥应有的治理作用和价值。比如近年来基于人工智能而发展起来的换脸换声工具，可以在不需要事先准备各种角度的人脸照片的前提下，实现从视频到视频的直接变脸，从而增加了肉眼识别仿冒视频的困难度，我国治理机构囿于仿冒数据库样本不足、识别技术落后等原因，在处置相关的网络诈骗等道德问题时显得有心而无力。① 三是新兴科技被不当利用的门槛不断降低，尤其是算法、人工智能的不断发展，使个人隐私、数据信息的获取、整理和分析更加便捷和高效，而这样的便捷和高效容易被不法分子所利用，推导出精准的个人信息和公共数据，或针对性地实施诈骗，或围猎式地推送信息，或精确性地展开"杀熟"，等等。面对新兴科技在网络虚拟社会所引发的道德问题，我国已有的科技工具和策略应对能力明显不足，尤其是事前防范、事中事后溯源追踪等方面还需要在未来发展过程中不断加强。

（三）治理法规质量不高

从 2000 年发布的《全国人民代表大会常务委员会关于维护互联网安全的决定》到 2017 年实施的《网络安全法》，再到 2019 年年底颁布的《儿童个人信息网络保护规定》，我国关于网络虚拟社会的治理已走过二十多个春秋，逐步建立起较为完善的法律法规体系。然而，就现有法律法规看，依然存在质量不高的发展困境。具体包括：一是立法缺乏创新。许多关涉网络虚拟社会中道德问题的治理法律、法规，以及司法解释等，仍然套用或沿用传统现实社会的法理逻辑，缺乏创新性和独立性，不能及时跟上网络虚拟社会的发展步伐，以及相关道德问题的特征、内容和形式的变化，或者说，尚未形成相对独立的具有虚拟性生产生活特色的法规体系。二是立法缺乏规划。目前我国许多与网络虚拟社会中道德问题相关的法律法规，都是应急式的立法，"头痛医头，脚痛医脚"的现象比较普遍，尚未建立起独立的立法机构和程序，对未来的立法如何展开，展开又包括那些环节和步骤，等等，都缺乏合理的部署和安排，从而影响了法律法规的权威性、长期性和稳定性。而且，各职能部门发布的法规又缺乏统一性、规范性，缺乏彼此间的关联、协调，

---

① 中国信息通信院：《电信网络诈骗治理与人工智能应用白皮书（2019 年）》，http://www.caict.ac.cn/kxyj/qwfb/bps/201912/P020191230550658803494.pdf，2021 年 3 月 16 日。

甚至存在相互冲突的现象，导致相关法规内容出现局部重复、内容脱节等问题。三是法规内容过于笼统。目前我国业已颁布和实施的诸多治理网络虚拟社会中道德问题的法规，其中包含的原则、内容等比较宏观，整体上过于笼统，而有关细节的规定、操作的规范等较为匮乏，尤其是面对网络虚拟社会中道德问题日趋复杂的情景，现有法律法规无法予以详细的、明确的指导和解释。随着人工智能、区块链等新技术在虚拟性生产生活中的广泛应用，随之出现的道德问题也会变得更加隐蔽，直接导致治理主体侦查打击难度进一步加大，网络虚拟社会中道德问题的治理工作面临的"认证难、处理难"等一系列问题更加突出。四是法规内容滞后于现实。网络虚拟社会中的道德问题在现代科技的强力推动下，呈现出普遍性、复杂性、国际性和长期性等特征，比如近段时间比较猖獗的网络诈骗问题，往往涉及虚拟中奖、兼职、购物、招聘等内容，包括钓鱼网站、冒充亲友等形式，而关涉的网络服务器、诈骗人员等通常在不同的国家和地区，使用的手段涉及人工智能、大数据等先进技术。就目前我国的法律法规来看，却没有与之相关的规定和内容。

（四）治理力量协作不畅

如前文所述，对网络虚拟社会中的道德问题展开治理，至少需要政府、企业（含自律组织）、公众等不同主体的参与。而治理效果的好坏，不仅与治理主体参与数量的多少相关，而且还与治理主体间的协作、配合相关。经过多年的发展，我国逐步建立起了相对协调的治理主体体系，但在具体的治理实践工作中，却存在各治理主体之间协作不顺畅的现象。一是依然存在政府包办包干的现象，忽略了互联网企业、社会组织以及公众的力量。目前我国展开的诸多治理工作，基本上是由政府牵头，互联网企业、社会组织参与以及网民支持来完成。而这种以政府主导的治理方式，在一定程度上制约了治理效果的长期性、广泛性和稳定性。二是依然存在职能部门各司其政的现象，影响了治理规划的合理性和治理执行的统一性。各职能部门涉及网络虚拟社会治理的法规、政策等，都是从自身的业务领域出发，彼此间尚未形成有效的、顺畅的沟通协调机制，从而造成"多头管理""各自为战"的分离局面。长此以往，不但难以形成体系化的"拳头"治理，而且还往往出现管理重叠、相互推诿，或无人监管、留有空白的现象。三是依然存在互联网行业履责不力的现象。与传统的现实社会一样，互联网企业（平台）依然是网络经济发展的主体，是网络虚拟社会的重要实践者和行动者，其发展水平的高低直接关系着网络虚拟社会的发展水平。同样地，互联网企业（平台）自律意识、履责水平也关系着网络虚拟社会的治理水平。经过多年的发展，我国互联网行业虽然业已形成一套较为成熟的自律体系，但仍然存在自律意识较弱、履责水平不高等现象。究其原因在于企业自律意识不强，导致经常出现违反相关规定的行为，尤其是一些新兴行业里的企业为了吸引眼球、提高网络点击率，通过打"擦边球"的方式获得流量和发展，而这种方式往往又成为道德问题的频发源。同时，还存在现有自律规范细化不够的境况，从而带来部分问题后果划分不明确的现象。

（五）治理环境复杂多变

依赖现代科技发展而形成的网络虚拟社会，正处于方兴未艾的朝阳阶段。未来，无论是涵盖的内容还是发展的速度都将变得更加复杂和多变。对我国来说，面对如此日新月异的变化发展和层出不穷的道德问题，如何开展治理、如何提高治理效果，是一个比较棘手的现实问题。一是社会道德氛围不好。在电子商务、网络购物等经济活动中，假冒伪劣商品、坑蒙拐骗等行为影响了良好的市场环境；在社交网络等社会交往活动中，造谣传谣、人情淡薄等行为影响了人际关系的和谐……一个信誉缺失的社会场域，不可能建立起正常的经济秩序和良好的社会环境。在未来发展过程中如何扭转现有的失范现象，构建起良好的网络虚拟社会道德氛围，将是我国治理网络虚拟社会的重要任务。二是网民规模不断扩大。截至 2020 年 3 月，我国网民规模为 9.04 亿人，互联网普及率达 64.5%，其中手机网民规模达 8.97 亿人，即时通信用户规模达 8.96 亿人。① 如此庞大的数量，既反映了我国网络虚拟社会发展的潜在力量，又反映了网络虚拟社会治理的潜在危险，因为未来的网络虚拟社

---

① 中国互联网信息中心：《第 45 次〈中国互联网络发展状况统计报告〉》，http://www.cnnic.net.cn/NMediaFile/old_attach/P020210205505603631479.pdf，2021 年 2 月 5 日。

会在物联网、区块链、大数据等技术的推动下，与传统现实社会的互动更为频繁、关系更为紧密。而随之出现的道德问题，影响的范围将会更为深刻，从而大大增加了治理的难度。三是网络信息生态更加复杂。作为一种全新的社会场域，网络虚拟社会亦有着自身独特的生态系统。而我国的网络信息生态在现代科技的推动下，充斥着流量造假、账号被盗、人肉搜索、造谣传谣、暴力色情等内容，许多道德问题的内容、形式和影响变得越来越隐蔽和复杂，从而致使治理难度与日俱增。而在我国缺乏技术及时更新和持续发展的背景下，无法保证网络虚拟社会中道德问题治理的时效性和有效性，进而难以从技术维度改善网络虚拟社会生态。

第三节　网络虚拟社会中道德问题治理的经验及趋势

全面关注网络虚拟社会中的道德问题，并积极深入开展相关治理工作，本质上是人们力图运用新的思维和管理模式来回应信息社会的时代要求，应对网络虚拟社会发展危机的一种积极反应，体现了公共治理理念和治理方式的转变。无论是欧美发达国家还是发展中国家，无论是国内还是国际，都面临着网络虚拟社会发展所带来的一系列挑战，尤其是道德领域衍生出的问题，严重影响了国家安全、社会秩序和人们的生活。如何保护好网络安全、治理好网络虚拟社会业已成为全世界的共识，特别是"斯诺登事件"之后，各国政府对网络安全的重视程度明显上升，网络虚拟社会治理进程明显加速。

经过多年的治理实践，世界各国关于网络虚拟社会中道德问题的治理逐步形成了具有自身特色的治理体系，取得不俗成绩。无论是注重治理技术发展的美国还是注重社会自律的英国，抑或注重青少年发展的日本，业已形成独具特色的治理经验。总结这些经验，可以为我国新时代开展网络虚拟社会中道德问题的治理提供有益启示。诚然，现代科技并未停下迅猛发展的步伐，网络虚拟社会的发展方兴未艾，而未来网络空间安全的维护、网络虚拟社会的治理，必将在社会治理中占据越来越重要的位置。

一　网络虚拟社会中道德问题治理的经验

"他山之石，可以攻玉。"从美国到英国，从德国到日本，再到我国，尽管世界各国对网络安全、网络虚拟社会的治理各具特色，但存在诸多共同特点。而这些共同特点，实际上代表了近年来世界各国对网络安全维护、网络虚拟社会治理的总体经验。那么，这些经验对于我们下一步展开网络虚拟社会中道德问题的治理，有着什么样的启示呢？归纳起来，包括以下几个方面。

（一）始终注重政府的引导性

作为维护社会安定的重要力量，政府在社会治理的历史中始终占有举足轻重的地位。西方发达国家网络空间维护、网络虚拟社会治理的实践表明：政府依然是治理的重要力量，并在治理体系中占有重要的地位。

从上文的论述来看，西方发达国家注重政府的引导作用，主要是从健全治理机构、完善治理制度两方面展开。就治理机构方面看，美英德日等国经过多年的实践探索，业已建立起职责清晰、配合协调的行政治理体系。而且，美英德日等国根据网络虚拟社会治理的实际需要，适时对治理机构进行必要的调整和职责职能的优化。西方发达国家不但注重健全治理机构，而且重视完善治理制度来指导治理工作的展开。

通过以上论述可以看出，注重政府的引导性，业已是以美英德日等为代表的西方发达国家治理网络虚拟社会及其道德问题的重要举措，并通过实践取得了较好成绩。就我国的治理实践看，也涉及这两方面的内容，同样取得了较好成绩。我国对网络安全的维护、网络虚拟社会中道德问题的治理，之所以取得如此突出的成绩，与国家注重治理机构的健全具有密不可分的关系。而这种注重管理体系建设的治理特征，表明了我国关于网络安全的维护、网络虚拟社会的治理，属于政府主导型模式。但从网络虚拟社会的未来发展趋势看，这种治理模式确实存在治理观念缺乏、管控理念滞后、服务意识不到位等问题，导致政府包办包干、各职能部门各司其政等现象较为普遍。

（二）积极发挥行业的自律性

注重治理机构的健全和治理制度的完善，对网络安全的维护、网络虚拟社会的治理固然重要，但对具有全新社会场域属性的网络虚拟社会来说，政府不是唯一的社会主体，互联网企业及其相关组织才是网络虚拟社会得以发展的活跃主体。对发生于网络虚拟社会中道德问题的治理，不能让互联网企业及其相关组织缺席，而应该是政府引导与行业自律的通力配合、相互协助。

从发达国家治理的实践看，世界各国都极其注重互联网企业及其相关组织的自律作用。比如美国通过行业协会、企业或企业联盟的方式来鼓励自律，美国计算机伦理协会制定的"计算机伦理十诫"，美国计算机协会提出的"网络伦理八项要求"以及美国信息科学学会制定的《美国信息科学学会信息职业人员伦理守则》等，是早期世界各国制定相关自律规则的范本。

与注重政府引导相对应，我国也在治理实践中建立健全自律组织、积极制定和颁布自律规范、设立社会公众监督机构等，注重行业自律治理。我国早已成立"中国互联网协会""中国电子商务协会""中国青少年网络协会"等行业协会，并引导这些企业协会积极制定和颁布自律规范，以充分发挥其在政府和行业企业之间的沟通作用。但从实践的结果来看，我国互联网企业以及相关的行业协会存在自律意识不强、履责水平不高的现象，影响了我国治理水平的进一步提高。因此，我国虽然注重政府引导、行业自律的治理方式，取得了一定成绩，但在未来发展中仍然存在一定的困境，需要在接下来的工作中进一步调整和完善。并且，政府引导与行业自律之间并非平等互助的关系，具体体现为政府领导、行业配合的格局，从而造成政府压力过大、负担过重，而互联网企业及其相关行业协会主动性弱、力量未曾充分发挥等现象。

（三）持续完善法规的普遍性

从治理实践看，世界各国均重视对网络虚拟社会及其道德问题治理的立法。各国确立的基本法律，规定了其维护网络安全、治理网络虚拟社会的基本原则、内容，从而为其他法律法规的制定、执行奠定了基础。从立法的内容看，世界各国的立法紧跟网络空间和网络虚拟社会的发展，并在不同领域有所侧重，比如美国重视网络虚拟社会中的知识产权问题。同时，这些国家的相关法律法规并非一成不变，而是随着网络虚拟社会的发展和道德问题的变化，不断进行适当的修改、完善，以及确立和废止，以保证法律的及时性、针对性和可操作性。可以说，目前在网络安全维护、网络虚拟社会治理等方面取得较好成绩的国家，都非常重视法律法规治理，并在实践中逐步建立起了较为成熟的法律治理体系。

通过以上论述可以看出，持续完善法规的普遍性业已成为西方发达国家的普遍经验。其实，我国在网络虚拟社会的治理实践中，也极其注重对法律的建设，比如 2017 年 6 月实施的《网络安全法》、2019 年 10 月实施的《儿童个人信息网络保护规定》、2019 年公布的《区块链信息服务管理规定》以及 2020 年 3 月实施的《网络信息内容生态治理规定》，都是近年来我国关于网络安全维护、网络虚拟社会治理而制定和颁布的法律。在立法过程中，我国也会对某一领域或行业有所侧重，比如在 2017 年相继公布了《互联网信息内容管理行政执法程序规定》和《互联网新闻信息服务管理规定》。2020 年 3 月实施的《网络信息内容生态治理规定》等，就网络生态信息作出了全面的、专业的规定，以强调网络虚拟社会及其道德问题治理工作的针对性、规范性和可操作性。但我们也注意到，目前我国的治理法规仍然存在质量不高的问题，具体表现为立法缺乏创新、缺乏规划，且内容过于笼统等。

（四）充分发挥科技的防治力

通过注重政府引导性、积极发挥行业自律性、持续完善法规普遍性来加强网络安全维护、网络虚拟社会治理固然重要，但现代网络虚拟社会的发展毕竟是依赖现代科技而发展起来的，尤其是一些道德问题的发生是囿于科技的研发与运用不当。这就意味着对网络虚拟社会及其道德问题的治理，不能让治理科技缺席，需要"以技术对抗技术"的方式来予以规范和治理。

基于如此认识，以美英德日为代表的西方国家自始至终非常重视科技在治理过程中的创新和运用，充分发挥治理科技的防治功能的同时，西方发达国家广泛运用过滤、屏蔽、分级等多种技术，为网络虚拟社会的发展提供技术性保障。美国、英国和日本广泛应用过滤、分级技术，对网络游戏、网络信息等进行分级管理，以防止不良网络信息和行为对未成年人的侵害。我们还注意到，美英德日等西方发达国家，还注重对网络信息安全管理标准体系的建设，相应地，德国为网络关键基础设施企业制定了最低网络安全标准，并要求这些企业每隔两年进行网络安全审计和认证。由此看来，充分发挥治理技术的防治功能，业已成为西方发达国家维护网络空间安全、治理网络虚拟社会道德问题的普遍共识。

具体而言，我国治理实践善于把科技手段运用到网络空间安全维护、网络虚拟社会治理的工作中，充分发挥防控技术的优势，对网络虚拟社会及其道德问题展开了一系列颇有成效的治理；合理运用认证、过滤等各种技术，为网络虚拟社会中道德问题的治理提供技术保障。在治理技术创新方面，我国近年来实现了从产品主导型向服务主导型的转变，在云安全服务、态势感知、监测预警等领域的新技术层出不穷，体现出产品平台化、产业服务化、网络安全技术密集化等特征。相应地，目前我国科技治理仍然存在治理科技储备不足的问题，具体表现为重视治理科技的创新研发不够、治理科技更新升级缓慢以及新兴科技被不当利用的门槛不断降低以引发更多社会问题等。因此，如何借鉴西方发达国家注重治理科技创新、广泛应用科技的治理经验，全面提高我国网络虚拟社会的治理能力，是我们不得不思考的现实问题。

（五）不断提升宣传的吸引性

就生活于网络虚拟社会中的诸多网民而言，其言行往往是无意识地盲目跟从。相应道德问题的发生，与网民网络安全意识的匮乏、防范工具运用的薄弱不无关系。而宣传则是治理主体凭借各种媒介、各类活动来传播和倡导治理理念、方法的重要手段，对于提高公众的网络安全意识、指导人们运用防范工具具有重要推动作用。从世界各国维护网络安全、治理网络虚拟社会的实践看，宣传均得到了西方发达国家的重视，并在实践中取得了较好成绩。

西方发达国家对宣传治理方式的运用，可总结为广泛应用网站和创新活动形式内容两个方面。就前者看，西方发达国家的主要做法是设立各类专业性的网站，专门传播和普及网络安全、网络虚拟社会治理等相关知识，以及诈骗防范技巧和工具等。除通过网站等媒介开展活动之外，西方发达国家还通过开放举报热线等方式，处理社会投诉，增加民众对网络行为的监督和协助警察部门跟踪打击网络犯罪活动。以美英德日为首的西方发达国家，长期以来业已将宣传作为维护网络空间安全、治理网络虚拟社会的重要手段，并在宣传方式、宣传内容等方面不断创新，不断提升宣传的吸引力，使之更贴近人们的虚拟性生产生活，积累起了丰富的实战经验。

作为一种富有成效的治理手段，宣传长期以来被我国广泛运用于维护网络安全、治理网络虚拟社会的治理实践中。在宣传内容方面，我国主要是以知识普及为主，辅助防治方法、运用工具等内容。在宣传方式方面，除了日常的媒体新闻宣传之外，我国在治理实践过程中注重会议、专项行动等方式的运用，并形成一系列规格高、内容广、影响力强的活动机制，包括自 2002 年起每年举办的"中国互联网大会"、自2014 年起每隔两年在浙江乌镇举行的"世界互联网大会"、每年一度的"国家网络安全宣传周"以及各职能部门不定期开展的针对不同内容的专项活动，有力提升了宣传活动的吸引力，使之更好地贴近人们的虚拟性生产生活。从目前实践的结果看，我国虽然在宣传内容、形式等方面进行了大量的开拓和创新，在治理过程中取得了一定成绩，但与其他治理手段相比，仍然存在形式主义较严重，公众参与度相对不高等问题。

（六）不断扩大教育的普及性

与现实社会中的道德问题一样，发生于网络虚拟社会中的道德问题，归根结底都与人，尤其是生活于网络虚拟社会场域中的道德主体密切相关。这就意味着，改变道德主体，尤其是提高道德主体的自觉性，能够有效避免诸多道德问题的发生。正因如此，我们在梳理国内外的治理实践中，发现教育业已是世界各国维护网络安全、治理网络虚拟社会最常见的治理手段之一。

西方发达国家对于教育这一治理手段的运用，主要体现在学校教育领域的课程设置、国家层面的教育政策引导以及社会层面的教育活动开展等方面。就课程设置方面，西方发达国家基本上都在不同层次的教育中开设了与网络伦理相关的课程，在政策引导方面，西方发达国家通过制定各种教育标准、规范等政策来引导有关网络安全、网络虚拟社会治理的教育活动。在活动开展方面，西方发达国家都规定每年举办一次类似于我国的"网络安全宣传周"的活动，旨在提高社会公众的网络安全意识和虚拟性生存技能。除此之外，世界各国还积极开展各类教育培训和创新教育活动，普及网络安全知识，不断提升人们的网络安全意识。

从西方发达国家的治理实践中看出，教育这种治理手段在将各类治理理念、方法和工具等传播出去的同时，还能够将相关的治理理念、政策和措施内化于道德主体。同样，面向广大的社会公众，我国积极创造性地运用各类网络平台开展形式多样、内容丰富的教育活动，以提高其内在的自觉性。但就目前来看，我国与网络安全维护、网络虚拟社会治理相关的教育仍然相对滞后，跟不上网络虚拟社会发展的要求，尤其是面对日益增长的网民规模，以及日趋复杂的网络虚拟社会道德问题，教育治理的力量显得薄弱。未来，如何开展形式多样、内容丰富、效果显著的教育来提升我国网民的网络素养，是我国下一步开展网络安全维护、网络虚拟社会治理面临的基本任务。

二　网络虚拟社会中道德问题治理的趋势

通过对美国、英国、德国和日本等西方发达国家以及我国有关网络虚拟社会及其道德问题治理实践经验的考察，发现当今诸多国家业已将网络虚拟社会及其道德问题作为重要的社会问题来予以关注和治理。对这些国家对治理网络虚拟社会中的道德问题进行梳理，总结和归纳相关的经验和教训，确实能够为我们下一步拟定网络虚拟社会中道德问题治理的对策提供借鉴和参考。但我们在回顾历史的同时，更应该着眼于网络虚拟社会中道德问题治理的未来趋势，因为现代科技并未停下迅猛发展的步伐，而网络安全的维护、网络虚拟社会的治理必然在未来成为越来越重要的社会发展问题。

（一）强化对网络虚拟社会中道德问题的治理将成为全球趋势

一直以来，以非聚集性、非封闭性、非独占性等为特征的网络虚拟社会给人们的生产生活创设了更为广阔的发展场域，但其带来的伦理风险、道德冲突、社会矛盾等问题也与日俱增，尤其是近年来经济领域的算法"杀熟"、社会领域的"造谣传谣"等负面影响进一步扩大，从而引起了世界各国的高度重视。放眼全球，即使是美国，也在积极通过制度、法律、技术以及反垄断调查等行政手段，加强对网络安全的维护和网络虚拟社会中道德问题的治理。可以预见，世界各国在未来将会进一步加大对网络虚拟社会的治理力度，尤其是对破坏社会秩序的道德问题更加重视，积极探索新的治理手段和方式，以更好地适应人们虚拟性生产生活的需要和回应网络虚拟社会治理的新要求。

（二）推进网络虚拟社会健康发展是各国治理的根本出发点

既然网络虚拟社会是一个具有非聚集性、非封闭性、非独占性等特征的新型社会场域，那么对于其间发生的道德问题的治理目标选择，理应是多元的。如何在多元目标中寻求世界各民族、各国的均衡，以维护网络虚拟社会的持续健康发展，将是考验世界各国治理能力的重要难题。就网络虚拟社会中道德问题的治理来看，在个人层面需要关注消费者权益、个人隐私等微观问题，在社会层面需要考虑公共利益与未来发展、人文与科学、发展与道德等中观问题，在国家层面需要考虑意识形态、主流思想、国防安全等宏观问题。但在具体的治理实践过程中，不同层面的选择往往又存在冲突，如个人隐私与公共利益之间的矛盾；甚至在同一层面上也会存在价值冲突，如对于消费者权益与个人隐私而言，如果过于强调公共利益的透明性可能就会影响个人隐私保护等。显然，如何选择和平衡，在不同的国家和体制下有着不同的答案。但是，世界各国对网络虚拟社会及其道德问题的治理，都是服务于网络虚拟社会健康发展这一根本宗旨。不同的国家或地区在制定战略规划、法律法规时，本质上也是基于推进网络虚拟社会健康发展而进行。

（三）多元治理模式的价值逐步显现

就目前西方发达国家的治理实践而言，无论是制度建设、技术治理还是行业自律、教育宣传，均可看出对网络虚拟社会中的道德问题进行治理，是一件极其复杂、极具艰巨的工作。而这样的复杂性和艰巨性决定了单独依靠政府或者某一主体的力量，无法达到最终治理目标。事实上，从美国到英国，再到德国和日本以及我国，都在以往的治理实践中积极调动各种社会力量，探索多元治理主体的模式。就现代社会治理理论的内涵看，从"管理"到"治理"的转变，业已内在地包含了政府、互联网企业（平台）、自律组织和公众等多元主体的要求。比如，要求政府的职责着力于外部性的市场失灵等问题的解决，为网络虚拟社会的发展提供公平、公开的市场环境；而互联网平台以及"涉网"企业，理应约束自身活动行为，充分发挥科技治理等优势，共同营造清朗的网络空间；自律组织积极承担起政府与企业之间沟通的职责，加强和维护好行业自律；公众要不断提升自己的道德意识，规范自己的虚拟性行为，努力做到文明、守法、慎言、慎行。由此可以推测，在未来打造责任清晰、相互协同的多元治理模式，将是网络虚拟社会治理的普遍选择。

（四）全球网络虚拟社会治理规则博弈日趋加剧

从前文的论述中我们可以发现，目前世界各国关于网络虚拟社会的治理，基本上都形成了自身相对独特的治理模式和经验，而这种模式和经验本身又反映出该国的管理思想和治理进路，比如注重保护青少年的"日本模式"，注重行业自律的"英国模式"，等等。但从社会发展的整个历史看，当前的网络虚拟社会正处于规则重塑的关键期，各类新技术层出不穷，人们的虚拟性活动日新月异……而这一切必将深刻影响着网络虚拟社会的秩序和规则。比如物联网技术的日趋成熟，将许多虚拟世界的规则带入人们的现实生活中，从而加深了虚拟与现实之间的融合度；人工智能技术的广泛应用，将代替人们以往繁重的复杂的学习工作，从而增加了人们的自由度和休闲性。而非聚集性、非封闭性、非独占性的网络虚拟社会场域，大大促进了信息的流动，加深了世界各国的经济贸易和社会交往。可以预见，网络虚拟社会中的话语权、意识形态、治理模式等问题之争，将会成为未来一段时间内世界各国在网络虚拟社会治理中的博弈焦点。未来，世界各国关于网络虚拟社会治理规则或模式的竞争将在更多领域竞相上演。如何在激烈的竞争中，探索出一条既符合我国国情又能推进网络虚拟社会健康发展的模式，是未来我国维护网络安全、治理网络虚拟社会面临的现实问题。

第十一章　网络虚拟社会中道德问题治理的目标与原则

　　网络虚拟社会先天具有的非聚集性、非封闭性、非独占性等特征，既是网络虚拟社会强大生命力的活力之源，又为网络虚拟社会中各种道德问题的发生预埋了条件。既然网络虚拟社会中的道德问题本质上是一种现代社会发展演化过程中的道德危机，那么治理网络虚拟社会中的道德问题、重建网络虚拟社会秩序的主要举措，理应是发挥道德的功能作用，整合政府、企业、网民等各类主体力量，通过行政、经济、法律、技术等多种手段，建立一种与虚拟性生产生活相适应的社会道德治理体系，以维护网络安全和营造良好的社会道德氛围，推动网络虚拟社会的和谐稳定和人的全面发展，正如涂尔干所说："要想治愈失范状态，就必需首先建立一个群体，然后建立一套我们现在所匮乏的规范体系。"① 这里的规范体系，具体到网络虚拟社会中道德问题的治理，实际上就是网络虚拟社会所匮乏的道德治理体系。

　　治理理论是网络虚拟社会中道德问题治理的重要思想之源。治理相对于传统的"管理"而言，后者需要行政机构的权威来加以实施，强调的是"管得住"，而前者强调的则是主客观之间的对话和互助；与治理相似的还有"统治"，而"统治"强调的是对外在强制力量的运用，以及规范力量上的"强制性"，"治理"则看重彼此互动的过程，以及对多元社会力量的引导和运用。正如马克·怀特黑德（Mark White-head）所言，治理"不再主要集中于公共部门治理形式（议会、市政

① ［法］涂尔干：《社会分工论》，渠敬东译，生活·读书·新知三联书店 2017 年版，第 17 页。

厅、公务员）的政治领域，而是不断吸纳从私人部门到公民社会的一系列利益关联者"①。因此，治理的本质在于服务，其特征包括多层级的治理目标、多元化的治理主体、多领域的治理基础、多样化的治理路径以及协同化的治理机制。随着现代社会的发展和政府管理理念的转变，治理理论被不断运用于解决各类社会问题，并凝结成一系列不同内容、不同特征的交叉治理理论。对于网络虚拟社会中层出不穷的道德问题，不能依靠传统的"管理"或"统治"的理念或方式来予以解决，而需要引入全新的合乎时宜的"治理"理论。党在十九届四中全会提出要"推进国家治理体系和治理能力现代化"，网络虚拟社会治理是国家治理的重要组成部分，同时也是社会治理的核心内容之一。搞好网络虚拟社会及其道德问题的治理，亦即新时代我国推进国家治理体系和治理能力现代化的具体体现。

基于如上背景，从本章开始，我们将讨论的重点转向如何治理网络虚拟社会中的道德问题，主要包括网络虚拟社会中道德问题治理的目标、原则、途径和保障机制等内容。

第一节　网络虚拟社会中道德问题治理的目标

推进网络虚拟社会中道德问题的治理，是解决网络虚拟社会中道德问题、实现网络空间清朗有序的重要方式。这一重要方式的具体展开，则关涉选取哪些治理对象、选择何种治理手段以及达到什么样的效果等内容。那么，这些内容又是怎样来取舍和选择的呢？这就涉及治理目标问题。从本质上看，治理目标亦即治理活动或工作所需要实现的目的或达到的要求。具体来说，治理目标就是治理活动预先设定的标准或达到的预期成果，是通过治理工作实践之后所希望达到的未来状况。目标的确立，使治理活动更加具体化、明晰化。那么，我们对网络虚拟社会中的道德问题展开治理，其目标就是治理这一实践活动所预先确立的标

---

① Mark Whitehead, "In the Shadow of Hierarchy: Meta-govemance, Policy Reforman Durbanre Generation in the West Midlands", *Area*, vol. 24, no. 3 (March 2003), pp. 6 - 14.

准。从这一意义上讲，网络虚拟社会中道德问题的治理目标，是展开网络虚拟社会中道德问题治理工作的最初起点，是确立治理原则、分析治理基础、选择治理途径和构建治理保障机制的前提，更是衡量治理效能的重要尺度。因此，推进网络虚拟社会中道德问题的治理，必须要先确定相应的治理目标，以引导治理工作的具体展开，为治理工作提供行动指南。

既然治理目标对网络虚拟社会中道德问题的治理如此重要，那么应该如何科学确立治理目标呢？通常情况下，治理目标的确立必须要从整体出发，结合各种现实条件，充分考虑目标的可行性、具体性和现实性，并努力做到层级清楚、内容明确。关于网络虚拟社会中道德问题的治理目标，我们拟从三个方面展开，即确立治理目标的前提认识、治理目标的内容层级和确立治理目标的注意事项。

一　确立治理目标的前提认识

从表现形式看，治理目标常常体现为一种主观意识，亦即对未来活动预期成果的主观设想。然则，这种主观意识又不能天马行空、随心所欲，必然受到治理活动所展开的社会场域、经济发展、科技水平以及主体实践能力等因素的影响。结合网络虚拟社会中道德问题的治理，我们在确立治理目标之前，理应科学认识治理社会场域的变化、治理方式的变化以及治理对象的特殊性等问题，从而为科学确立网络虚拟社会中道德问题的治理目标奠定基础。

首先，网络虚拟社会中道德问题的治理场域发生了重大变化。网络虚拟社会中的道德问题，之所以发展成当今社会关注的显性问题，以至于俨然成为当今世界各国发展的"世纪难题"，其根本原因就在于道德问题所涉及的内容十分尖锐，以及对整个社会带来的深刻破坏性。而以往的道德理论、道德认识、道德规范等主要是针对传统现实社会中的道德问题来制定的，面对这一新型场域中的道德问题，难以做到有针对性地发挥作用，不能有效遏制这一问题的蔓延和扩张。因此，推进网络虚拟社会中道德问题的治理，不能仅仅依靠以往的道德理论、道德认识、道德规范，以及治理策略和方法，而应该充分考虑网络虚拟社会场域的变化和特征，从治理理念、治理措施到治理目标、治理手段等方面作出相应调整，以提高治理效能和治理水平。

如前文所述，现代科技的发展催生了全新的社会场域——网络虚拟社会的诞生，从而将人类赖以生存的社会场域由传统的单一的现实社会场域拓展为由网络虚拟社会与现实社会共同构成的二重场域。较之于传统的现实社会，网络虚拟社会具有非聚集性、非独立性、非封闭性等特征，给人们的生产生活带来了全新的变化。而与之伴随出现的道德问题，体现出普遍性、复杂性、国际性和长期性等特征，与传统现实社会出现的道德问题呈现出较大差异。对这一新型社会场域中的道德问题作出全面而又富有成效的治理，不但要承认网络虚拟社会的相对独立性，而且还要综合考虑发生于网络虚拟社会中的道德问题的特殊性。尤其是制定指引治理活动展开的治理目标时，务必以此为前提认识来予以阐明。

其次，网络虚拟社会中道德问题的治理方式发生了重大变化。在这里，我们解决网络虚拟社会发展过程中发生的道德问题，不使用以往的"管理"，而是使用"治理"，虽然一字之差，但业已意味着我们解决问题的理念、方式发生了重大变化，正如习近平同志所指出的："治理和管理一字之差，体现的是系统治理、依法治理、源头治理、综合施策。"① 之所以有这样的变化，不仅是社会场域从传统的现实社会走向新型的网络虚拟社会，更重要的是社会生产方式、人们社会交往方式以及社会结构等都发生了深刻变化，越来越多的"现实人"变成了"虚拟人"，从现实的感性存在演化成了虚实相生的数字化存在。而发生于网络虚拟社会中的道德问题，自然与这些"虚拟性变化"和"数字化存在"有着千丝万缕的联系。如何运用全新的治理方式，来解决与之相关的社会性道德问题、化解由之产生的社会性矛盾，维护网络空间安全和确保网络虚拟社会和谐，也就成了我们治理网络虚拟社会及其道德问题面临的首要问题。

---

① 习近平：《推进中国上海自由贸易试验区建设 加强和创新特大城市社会治理》，《人民日报》2014年3月6日第1版。

　　全新的社会场域，不一样的道德问题，反映了网络虚拟社会中道德问题治理工作的艰难性。要提高治理水平和治理能力，唯有改进治理思路、创新治理方式，努力做到与时俱进，才能不断增强社会治理的科学性和有效性。比如，由以往单一的政府治理主体转变为互联网企业（平台）、自律组织、网民等多元化的治理主体，由政策、制度、法律等治理手段转变为至少包括但又不限于行政、经济、法律、技术等多样化的治理手段……相应地，在网络虚拟社会中展开道德问题的治理，其治理目标也要发生转变，使之更加适应网络虚拟社会的发展，切实指引治理活动解决层出不穷的道德问题。由此看出，这种全新的治理方式，并不是建立在权力基础上的强制管控，不是单独依靠政府至高无上的权威性，而是倡导治理主体间的平等与对话，以及治理手段的多元和合力。

　　最后，网络虚拟社会中道德问题的治理对象有其特殊性。顾名思义，治理对象一般是指通过治理活动来作用、改变的对象。治理对象在社会治理活动中，具有引导治理行为发展、取舍治理途径、评估治理效果的功用。因此，对于任一社会治理活动的开展，有必要且必须确定其治理对象，这样才能使治理活动更具针对性和有效性。尤其是对治理活动开始实施之前所确立的治理目标，更应该综合考虑治理对象，哪些问题是需要通过本次治理活动解决的，哪些矛盾是需要通过本次治理活动化解的……当然，在日常的社会治理活动中，治理对象一般不可能是单一的某一对象或某一问题，而应该包括更为广泛的与之相关的一系列要素、构件以及影响因素等。比如本书重点讨论的网络虚拟社会中道德问题的治理，其直接的治理对象即"道德问题"。但除"道德问题"之外，与"道德问题"相关的道德主体、企业（平台）或物理硬件设施等，都可划入治理对象的范畴，因为这些要素都与"道德问题"存在着千丝万缕的联系。如果只针对"道德问题"展开治理，那么就会发生"头痛医头，腿痛医腿"的片面性，不能根除影响社会公共利益、破坏社会秩序的道德问题。

　　而且，网络虚拟社会中的道德问题，与其他社会问题有所不同。"道德问题"不仅展开体现为一种行为、活动，而且关涉道德主体的思想、意识，这就意味着与之相关的治理活动，不能就指向某一方面或某一领域，而应该多管齐下、多元治理。比如，不能单纯依靠技术手段来过滤或屏蔽色情在网络虚拟社会中的传播，也不能仅仅希望通过教育方式来改变造谣传谣行为在网络虚拟社会中的蔓延。因此，我们在确立网络虚拟社会中道德问题的治理对象前，有必要且必须认识到，在网络虚拟社会中展开道德问题的治理，其治理对象有其特殊性。道德问题不是单一的社会问题，而是由多种要素共同作用的结果；相应地，道德问题的治理不是单一的道德问题的治理，而应该是多管齐下、多元化的协同治理。

二　治理目标的内容层级

任何一项社会治理活动，都有其特定的治理目标，而治理目标又是由其具体内容或层级所构成。就网络虚拟社会中道德问题的治理目标而言，包括基本内容和主要层级两方面，前者主要包括基本目标、长期目标和最终目标三个维度，后者包括价值、实践、思想和社会四个层级。

（一）治理目标的基本内容

问题是人类社会发展过程中不可避免的客观现象，人类历史就是在化解问题又不断遭遇问题的历程中前进的，正如马克思所言："问题是公开的、无畏的、左右一个人的时代声音。问题就是时代的口号，是它表现自己精神状态的最实际的呼声。"① 敢于直面反思、分析和判断社会现实中存在的问题，并给予最为合适的解决方案或措施，也是推动人类发展和社会进步的重要方式。同样，对于网络虚拟社会中出现的道德问题，我们不能避而远之，而应该敢于直面客观事实，积极思考，探索最为合适的治理方案来妥善解决。这样的做法，一方面是及时解决网络虚拟社会中面临的诸多道德问题，化解由此而衍生出的其他社会矛盾，维护网络虚拟社会的正常秩序；另一方面是整合各类社会发展力量，增加社会发展动力，奠定网络虚拟社会持续发展的基础。换言之，网络空间的安全是否得到维护、网络虚拟社会中网民的公共利益是否得到保障、网络虚拟社会是否得到健康持续发展，关键还在于对道德问题的有

---

① 《马克思恩格斯全集》（第 40 卷），人民出版社 1982 年版，第 289—290 页。

效治理。基于此，我们在这里可以将网络虚拟社会中道德问题治理的基本目标确定为：妥善解决网络虚拟社会中的道德问题。

妥善解决网络虚拟社会中的道德问题，是我们维护网络空间安全、治理网络虚拟社会的基本目标。而沿着时间轴从更为长远的角度看，全面促进网络虚拟社会有序的、持续的、健康的发展，才是我们展开网络虚拟社会治理的最终目的。因为对于某一问题的解决或某一矛盾的化解，不能确保网络虚拟社会的长期稳定发展，而只局限于某一领域某一阶段的安宁，唯有结合人们虚拟性生产生活的需要，以及网络虚拟社会发展的客观规律，充分发动和依靠政府、互联网企业（平台）、行业组织以及网民等主体力量，积极采用行政、经济、法律和技术等措施来协同治理，以保护好网民的长期合法权益、维护好社会长治久安的公共秩序，从而营造良好的道德氛围和清朗的网络空间，进而促进网络虚拟社会的健康发展。从这一意义上讲，我们可以将网络虚拟社会中道德问题治理的长期目标确定为：促进网络虚拟社会的健康发展。

诚然，促进网络虚拟社会的健康发展，是我们在网络虚拟社会中展开道德问题治理的长期目标，但无论网络虚拟社会如何发展和变化，其最终目的都是让人们在网络虚拟社会中更好地得到生存和发展。与其他社会形态的兴起、发展和更新一样，网络虚拟社会的形成与发展都是因人而起，为人而在，由人而终。人是网络虚拟社会的主体，网络虚拟社会是为人的社会。只有在人的生存和发展过程中，网络虚拟社会才能体现出其存在的价值和发展的意义，没有人的网络虚拟社会就是一堆毫无生气的机器设备。因此，我们妥善解决网络虚拟社会中的道德问题，促进网络虚拟社会的健康发展，最终的目的就是让人们在网络虚拟社会中更好地得到生存和发展，以促进人的全面发展。从这一意义上讲，我们可以将网络虚拟社会中道德问题治理的最终目标确定为：促进人的全面发展。

（二）治理目标的主要层级

推进网络虚拟社会中道德问题的治理，是前无经验可借鉴的开拓性活动，属于一项复杂的系统性工程，从而决定了其治理目标的层级化。在基本内容的统摄下，可以将网络虚拟社会中道德问题的治理目标作适当展开，亦即包括价值层级、实践层级、思想层级和社会层级等内容。

从价值层级看，网络虚拟社会中道德问题的治理目标是保护网民的合法权益。社会是人的社会，而人又是社会的人。离开了人的社会不能称之为社会，离开了社会的人也不能称之为人。同样，网络虚拟社会之所以能够形成与发展，从物理属性的电子空间转化为具有社会属性的社会场域，其根据在于人以及人在网络虚拟社会中的所作所为。而网络虚拟社会中层出不穷的道德问题，给生存于网络虚拟社会中的网民带来了无限困扰，网民的许多合法权益受到侵害。因此，我们需要通过各类治理手段，解决影响人们权益、破坏社会秩序的道德问题，比如侵犯他人隐私、网络诈骗等，都属于治理的范围。如何保护网民的合法权益，自然就成了我们在确立治理目标的过程中，务必考虑的重要价值。从更深层的层级上看，我们将保护网民的合法权益列为网络虚拟社会中道德问题在价值层级的治理目标，反映了我国以人民为中心来发展网络事业的根本宗旨，亦即"网络事业要发展，必须贯彻以人民为中心的发展思想"①。

从实践层级看，网络虚拟社会中道德问题治理的目标是规范人们的虚拟性活动行为。作为一种特殊的社会意识形态，道德在本质上是人们共同生活及其行为的准则和规范，其目的在于规范各种活动、调节各类关系、维护社会安定。因为在日常的生产生活中，人与人之间的关系、各类活动总是会出现这样或那样的问题或矛盾，而道德就作为一种特殊的社会润滑剂来维护人与人之间的良好关系和社会稳定的秩序。在网络虚拟社会中，正是因为人们日常的虚拟性生产生活出现了一系列破坏社会秩序的失范行为，即道德问题，所以需要治理来予以纠正和规范。因此，我们确立网络虚拟社会中道德问题治理的目标，在实践层面上就是规范人们的活动行为，无论是思想领域的认识还是社会层面的实践活动，都需要在治理过程中来予以纠正和规范。从这一层面上看，网络虚拟社会中道德问题治理的目标就是规范人们的虚拟性活动行为。

---

① 习近平：《在网络安全和信息化工作座谈会上的讲话》，《人民日报》2016 年 4 月 26 日第 2 版。

从思想层级看，网络虚拟社会中道德问题的治理目标是提升人们的道德意识。作为一种特殊的社会意识形态，道德不仅关涉人的思想意识领域，体现为一种观念或意识形态，而且关涉人的实践活动，体现为一种现实存在的关系，这种关系突出表现在人与人、人与组织的沟通与交往、认识与被认识上，体现在道德如何解决彼此之间发生的现实矛盾，如何评判善与恶、好与坏的实践活动中。在个体层面上，一个人道德行为的好坏，直接与其道德意识相关。而从前文的论述中，我们也可以看出诸多道德问题的发生，都与人们的道德意识薄弱、网络素养低下密切相关。因此，在网络虚拟社会中展开道德问题的治理，在思想层面上要注重对网民道德意识的提升。无论是个体性的道德主体还是群体性的道德主体，其道德意识水平上来了，那么整个社会的道德氛围自然就会变好，道德问题发生的概率就会不断降低。基于这样的认识，我们将提升人们的道德意识，列为网络虚拟社会中道德问题在思想层级上的治理目标之一。

从社会层级看，网络虚拟社会中道德问题治理的目标是营造良好的道德氛围。道德氛围，是特定社会环境下人们道德生活状况的反映，包括道德文化、宗教习俗、社会舆论、教育宣传等内容。生活在特定社会环境下的道德主体，其道德意识、道德行为都会受到该社会场域中道德氛围的影响，尤其是在教育、宣传等方式的强力推动下，这种影响更为突出。如果道德氛围良好，那么道德失范等问题就会减少，反之则会不断增加。因此，在任何社会场域中，良好的道德氛围始终是社会治理追求的目标之一。目前，网络虚拟社会中之所以出现和存在一系列道德问题，就与网络虚拟社会风气不好、道德氛围不浓存在关系。如果我们通过治理方式，努力营造起良好的道德氛围，充分发挥其熏陶、感染作用，再适当运用教育、宣传等治理手段，那么许多道德问题也就能迎刃而解。基于这样的分析，我们认为营造良好的道德氛围，是治理网络虚拟社会及其道德问题追求的主要目标之一。

三　确立治理目标的注意事项

关于确立网络虚拟社会中道德问题治理目标的重要性，以及具体涵盖的内容层级，前文业已作了较多论述。接下来，我们主要讨论一下确立治理目标中理应注意的几个事项。

首先，治理目标必须与现阶段网络虚拟社会发展相结合。作为一种新型的社会形态，网络虚拟社会凭其蕴含的科技力量在短短几十年间就完成了从技术形态到沟通平台、从沟通平台到社会空间的完美蜕变。根据其功能的差异，我们在前文业已将网络虚拟社会的发展历史划分为连通的网络虚拟社会、共享的网络虚拟社会、感知的网络虚拟社会三个阶段。目前，网络虚拟社会的发展正处于第二阶段到第三阶段的过渡阶段，亦即由共享的网络虚拟社会向感知的网络虚拟社会的过渡阶段。不同阶段的网络虚拟社会，有着不同的社会内容和发展特征。现阶段出现的道德问题，是在共享的网络虚拟社会向感知的网络虚拟社会的过渡阶段发生的，而与之相应的治理工作的展开，也必须立足于网络虚拟社会的发展实际，才能从根本上提高治理工作的有效性和针对性。

其次，治理目标必须与网络虚拟社会的未来发展相契合。目前，网络虚拟社会的发展正处于共享的网络虚拟社会向感性的网络虚拟社会的过渡阶段，这是当前我们展开网络虚拟社会中道德问题治理的基本认识。但我们也应该注意到，随着现代科技的进一步发展和人类生产生活需要的更新，网络虚拟社会必将得到进一步的发展和提升。当然，也会随之涌现出许多新的道德问题。从这一意义上讲，我们确立网络虚拟社会中道德问题的治理目标，不仅要立足于当下的社会场域实际，还应该着眼于网络虚拟社会的未来发展，尤其是与即将涌现出来的道德问题保持较好的针对性和适应性。如此一来，就可以从发展的角度确保治理工作在内容上的针对性和在时间上的持续性。

最后，治理目标必须遵循共治共享理念走多元发展之路。较之于传统的现实社会，网络虚拟社会的最大优越在于跨越了传统的物理时空界限、超越了各类文化壁垒，将不同文化、不同人群聚集在一起交流、互鉴和发展。换言之，网络虚拟社会是一个相对自由、开放的社会场域，允许有不同声音、不同思想的存在，允许拥有不同利益的主体参与。虽然诸多道德问题的发生与此相关，但我们不能因此而遏制网络虚拟社会所具备的这种天然优势。反而应该把这种天然优势转化为社会治理效能，秉持共治共享治理理念，整合各类社会力量，运用多种治理手段，走多元发展之路，全面而又深入地对网络虚拟社会的道德问题展开治理，从而形成"党委领导、政府管理、企业履责、社会监督、网民自律等多主体参与，经济、法律、技术等多种手段相结合的综合治网格局"①。这样的做法既充分发挥了网络虚拟社会的天然优势，又切实符合治理理论所倡导的多元协同治理精髓。

第二节　网络虚拟社会中道德问题治理的原则

原则，是指人们在日常社会生产生活中理应遵循的规则或准则，联系到具体的治理实践，是指人们展开治理活动时必须遵循的基本要求或规定。这就意味着治理目标的顺利实现、治理实践的有序展开，必须以合理的治理原则作为前提基础。基于此，我们在讨论完网络虚拟社会中道德问题治理的目标之后，有必要对网络虚拟社会中道德问题治理的原则展开分析并予以确立。

众所周知，治理原则是由治理活动所决定。而网络虚拟社会中道德问题治理的原则，不仅由道德问题所决定，而且与网络虚拟社会、科技发展等其他因素相关。这就要求我们在拟定网络虚拟社会中道德问题治理的原则时，既要重点考虑道德问题的特殊性，又要综合分析网络虚拟社会、人的虚拟性生产生活活动以及科技发展等因素，并科学总结和概括以往人们在传统现实社会中的道德治理经验，以及在网络虚拟社会中的道德治理经验，创造性地借鉴、创新性地制定适合新型社会场域中道德问题治理的原则，从根本上解决网络虚拟社会的道德问题，实现最终的治理目标。

一　坚持虚拟与现实相结合的原则

在网络虚拟社会尚未形成之前，人们只能囿于传统的现实社会来生

---

① 习近平：《敏锐抓住信息化发展历史机遇 自主创新推进网络强国建设》，《人民日报》2018 年 4 月 22 日第 1 版。

存与发展。而网络虚拟社会得以形成与发展之后，则将人类赖以存在的社会场域二重化了，亦即将唯一的现实社会场域扩展为现实社会与网络虚拟社会共同组成的二重场域。现实社会与网络虚拟社会之间既相互区别又相互依赖，共同成为现代人类不可或缺的社会场域。相应地，人们在长期的现实社会生产生活中形成的道德，其基本原理和运行机制反映的是人们传统的思想形态和行为方式，而依赖于网络虚拟社会生发出来的道德也不是凭空出现的，更不是现代科技本身所蕴含或携带的，而是在继承传统道德的基础上对新型的虚拟性生产生活的反映和对新型伦理关系的总结，拥有其独特的内容特征和独立的运行机制。关于传统现实社会中的道德与存在于网络虚拟社会中的道德之间的关系，依然是既相互依赖又相互区别的关系。由此可以看出，发生于现实社会中的道德问题与发生于网络虚拟社会中的道德问题之间，也应该是既相互区别又相互依赖的关系，因为外在社会场域的差异，可能造成道德问题在表现形式、内容、特征以及影响力等方面存在区别，但在本质上依然是对道德规范的违反和对社会秩序的破坏。

网络虚拟社会与现实社会之间、网络虚拟道德与传统道德之间的对立统一关系，决定了发生于网络虚拟社会中的道德问题与发生于现实社会中的道德问题之间，存在既相互区别又相互依赖的关系。这就要求我们在网络虚拟社会中展开道德问题的治理时，既要以传统现实社会中的道德经验为基础，汲取人类历史上优秀的道德发展之精髓，依赖现实存在的行为规范和治理手段，又要顺应网络虚拟社会中形成的道德发展之要求和道德问题之实际，树立起全新的治理理念和创造性地综合运用各类治理手段，在继承中转化，在转化中创新。如果完全照搬传统社会中治理道德问题的理念、手段，不可能从根本上解决网络虚拟社会中的道德问题；反之，如果只依照网络虚拟社会中的普遍规律和手段方式，也不能从根本上解决网络虚拟社会中的道德问题，更不可能实现最终的治理目标。因此，我们在网络虚拟社会中展开道德问题的治理，既要传承现实社会中人们治理道德问题的精髓经验，又要根据网络虚拟社会中的实际适当开拓创新，从而确保治理工作的针对性、有效性。

网络虚拟社会与现实社会之间、网络虚拟道德与传统现实道德之间存在着千丝万缕的联系，决定了对网络虚拟社会中道德问题的治理必须坚持虚拟与现实相结合的原则。无论是治理目标的确立还是治理效果的衡量，无论是治理途径的选择还是治理机制的优化，都应该始终坚持虚拟与现实相结合的原则。这既是在新型社会场域下展开道德治理的内在要求，又是促进网络虚拟社会健康发展的重要条件。

二　坚持义务与权利相结合的原则

作为伦理学中的重要范畴，义务与权利彼此依存又相互制约。彼此依存意味着人们在日常的道德实践中既然拥有一定权利，那么就必须承担相应义务，反之亦然；相互制约意味着人们在日常的道德实践中不能将义务简单等同于权利，权利有权利的界限，义务有义务的范围，如果超越明确的界限和相应的范围，必然会对社会秩序或他人权益造成侵犯。回顾人类社会发展，许多道德问题的发生都是缘于或是义务与权利不分，随性完全糅合等同，或是义务与权利绝对分离，拥有权利却不愿意承担义务，承担了义务又无法拥有相应权利。因此，在任何历史条件下对道德问题的治理，必须坚持义务与权利相结合的原则，才能从根本上解决社会秩序混乱的现象。

较之于以往的社会形态，依赖现代科技而发展起来的网络虚拟社会体现出非聚集性、非独占性、非封闭性等特征，赋予了人们更优越的虚拟性社会场域，以及更精彩的虚拟生活方式和更多样的信息分享渠道，让人们拥有了更加广阔的发展空间和更多的发展机会，从而为道德主体在一定程度上实现自主生存、虚拟发展提供了可能。比如一个以网络贸易为主的互联网企业，其经营范围不再受物理时空的限制，许多贸易信息以及市场行为都可以通过网络完成，而且能面向全球市场，与不同国家、不同企业和市场产生交易，获取更为丰厚的利润。这就是为什么许多新兴的互联网网络平台能够轻松击败传统商业模式的原因所在。在2019 年"双十一"促销活动期间，淘宝和京东当天营业额双双突破2000 亿元，天猫达到 2684 亿元，京东达到 2044 亿元。如此高的营业额，不要说是单日，即使是在一个年度内都是许多传统商场或企业集团难以望其项背的数字。然则，这些道德主体在网络虚拟社会中获得如此多的发展机会和权利的同时，却往往忽视或逃避了自己理应承担的义务。再加上相关制度的缺失和监督的缺位，以及个别道德主体道德意识的低下和私欲的膨胀，许多道德主体在日常虚拟性生产生活中片面强调权利和索取，而忽视了理应承担的义务和责任，从而引起道德问题在网络虚拟社会中的频发。

基于如上分析，我们在网络虚拟社会中展开道德问题的治理，必须坚持义务与权利相结合的原则，引导道德主体在有序分享网络信息、享受网络虚拟社会精彩的同时，又必须要承担起维护网络虚拟社会秩序、保障他人合法权益的义务，共同构建清朗的网络空间与和谐的网络虚拟社会，共同见证网络虚拟世界中的精彩与成长，正如习近平同志所言："互联网虽然是无形的，但运用互联网的人们是有形的，互联网是人类的共同家园。让这个家园更美丽、更干净、更安全，是国际社会的共同责任。让我们携起手来，共同推动互联空间互联互通、共享共治，为开创人类发展更加美好的未来助力。"① 在网络虚拟社会中，治理道德问题须始终坚持义务与权利相结合的原则，不仅是开展治理活动的意义之所在，而且是致力于互联网发展、网络虚拟社会发展的目的之所在。

三 坚持统一与多元相结合的原则

如前文所述，以美英德日为代表的世界各国，自网络虚拟社会形成和发展之后，道德问题频发影响了人们日常生活和国家安全，遂逐步开启了维护网络空间安全、治理网络虚拟社会的实践，并形成了各具风格的治理经验，比如，以科技治理为主流的美国，以自律治理为代表的英国，等等。就我国来看，1996 年开启了治理网络虚拟社会的步伐，在治理实践中形成了以政府为主导的治理模式。换言之，我国关于网络安全的维护、网络虚拟社会及其道德问题的治理，主要是以国家力量为主，辅以互联网企业（平台）、行业组织以及网民等力量，运用的手段包括但又不限于政策、制度、法律、技术以及教育、宣传等。但是，在

① 习近平：《在第二届世界互联网大会开幕式上的讲话》，《人民日报》2015 年 12 月 17 日第 2 版。

我国以往的网络虚拟社会及其道德问题治理实践过程中，政府的治理有些脱离实际，专业性不足，反应机制僵硬迟钝，且存在包办包干的现象，忽略了互联网企业（平台）、社会组织以及网民的力量，从而在一定程度上制约了治理效果的长期性、广泛性和稳定性。

正是因为我国在以往有关网络虚拟社会以及道德问题的治理实践中坚持了统一性，却忽略了多元性的问题，所以在借鉴世界主要发达国家治理实践经验、反思我国治理实践不足的基础上，我们在这里提出统一与多元相结合的治理原则，目的是彻底解决目前我国网络虚拟社会中道德问题频发的社会现象。具体来看，坚持统一与多元相结合的原则，就是要求涉及国家网络安全、网络虚拟社会发展规划等宏观层面，需要由政府统一规划、统一实施，以保证相关规划、制度、法规等治理措施的权威性和有效性；而在各个社会领域和具体实践中，创新各类方法或方式则要积极发挥互联网企业、行业组织以及网民等社会力量，通过经济、法律、技术等途径来参与。尤其是要充分利用网络虚拟社会予以提供的智能化、信息化治理技术手段，整合各类治理主体力量，大胆创新和广泛运用先进的技术工具，开展形式多样的治理活动，以不断提高社会治理水平。从这一意义上看，统一治理的目的在于更好地发挥多元优势，而倡导多元力量的发挥则是为了更好的统一治理。坚持统一与多元相结合的原则，就是为了平衡统一的独断性和多元的分散性，相互弥补，共同发力，以培育和形成效率更高、效力更强、效益更好的治理能力。

总而言之，在网络虚拟社会中治理道德问题，始终坚持统一与多元相结合的原则，就是要求充分发挥社会各类治理力量与切实采取有效治理手段有机结合起来，既可以最大限度地激发社会各类治理力量和治理手段的优势，又可以对网络虚拟社会中许多重要治理作出统一部署和行动，有效防止和克服谈而不治、治而无效的分散主义。

四　坚持实然与应然相结合的原则

作为一种新型的社会形态，网络虚拟社会的形成与发展，向外与传统的现实社会之间存在着千丝万缕的关系，向内与自身的构成要素、生产方式、功能发挥以及发生于其间的活动行为等存在着密切关系。与其他社会形态一样，网络虚拟社会的正常发展既要受外在关系的影响又要受内部因素的制约。而频繁发生于其间的道德问题，以及对人类发展造成的深刻影响，实际上是以上关系的失衡或缺失，从而影响到人们在网络虚拟社会中的生产生活，以及网络虚拟社会的未来发展。这就意味着，如何调整、保持以上关系的均衡状态，则是网络虚拟社会治理的基本目的之一。换言之，对网络虚拟社会及其道德问题的治理，包括已有的"实然"与未来的"应然"之间的调整与平衡。

从现有的关于网络虚拟社会中道德问题治理的实践来看，世界各国逐步形成了科技主导型、政府主导型、自律主导型等不同治理模式。就目前来看，我国关于网络虚拟社会及其道德问题的治理属于政府主导型。以上认识，是我们在展开网络虚拟社会及其道德问题治理之前，必须认真对待的"实然"。实然的存在，是向我们展示目前国内外关于网络虚拟社会及其道德问题的治理经验和教训。而了解实然的目的，是要求我们努力向往"应然"，认真期待"应然"，因为"应然"代表了网络虚拟社会及其道德问题治理的理想状态。如果仅仅按照以往的"实然"走下去，那不是社会治理的目的，也不可能从根本上解决社会发展历程中的道德问题，而只注重"应然"忽视"实然"，那么再美好的理想也只是空中楼阁、昙花一现。唯有将"实然"与"应然"有机结合的治理，才是科学有效的社会治理。

总而言之，在网络虚拟社会中展开道德问题的治理，要从"治标"走向"治本"，就要力求实现从"求变"到"求治"、从治理变革到治理建设、从治理体系的构建到治理能力的提升的转变，亦即实现网络虚拟社会中道德问题的治理从"实然"现状走向"应然"改革。

五　坚持向善与底线相结合的原则

人类得以生存和发展的一个重要基础，是各种各样的社会性活动，以及由此而形成的各种各样的社会关系。如果离开了社会活动、社会关系，那么人、社会、历史等都不可能得以存在和发展。这是由人的社会属性所决定的。而在具体的社会性活动以及各种各样的社会关系中，总是会出现这样或那样的问题或矛盾。此时，就需要一种准则、规范来予以调剂、规范，以维护人与人之间的良好关系和规范有序的社会活动。道德就是在这样的背景下所产生的。由此可以看到，道德的基本功能就是为了调节各类社会关系、规范各种社会活动和维护社会安定。其实，只要稍加观察和体会，就会发现道德总是真实地存在于人们的生产生活中，潜移默化地调节着人与人、人与社会、人与自然、人与自身的关系，规范着人们的实践活动、认识活动等。这就意味着道德的内涵极其丰富，至少包括有道德意识、道德情感、道德活动、道德规范和道德评价等，涉及人们生产生活的方方面面，包括社会存在的万千景象。

如此复杂多样的道德体系，在社会活动中经常表现为两个纵向方面的功能：向上是追求或接近良知、正义，即向善原则；向下是保持不违反法律和相关制度规定，即底线原则。以向善为目标的道德，关注的是道德主体内心的道德觉悟和德性修养，可以不需要法律的管制与处罚，但在内容、形式以及方式上允许多元并存；而以不违反法律为底线的道德，则需要按照统一的标准或尺度来予以统一管理。毋庸置疑，无论是发生于传统现实社会中的道德问题还是发生于新兴网络虚拟社会中的道德问题，实际上都已溢出了这两个原则，造成了社会秩序的混乱和对他人利益的侵害。所以，在网络虚拟社会中展开道德问题的治理，必须坚持向善与底线相结合的原则。坚持向善原则，就是要宣传中国优秀传统道德和社会主义核心价值观，营造良好的网络虚拟社会道德风尚，引导网民积极向上向善；坚持底线原则，就是要积极制定各类规章制度和法律法规，明确规定哪些言语不能说、哪些行为不能做，并要求政府、互联网企业（平台）以及各类社会力量协同实施，形成紧张有序、有条不紊的社会治理格局。

诚然，对任何道德问题的治理，不能仅强调向上向善原则的坚持而放弃或放松底线原则，更不能只坚持底线原则而没有向上向善原则，因为这两种做法都容易造成极端化，不能真正实现最终的治理效果。同样，在网络虚拟社会中展开道德问题的治理，也不能对向善原则和底线原则有所偏重，而必须始终坚持向善和底线原则相结合。

六 坚持共治与共享相结合的原则

面对网络虚拟社会中层出不穷的道德问题,我们并未运用以往的"管理"或"统治"理念、方式,而是引入现代"治理"理论来展开治理,目的是想创新网络虚拟社会及其道德问题的治理机制。具体来看,这种治理模式的主要内容就是确立多层级的治理目标,倡导多元化的治理主体和采用多样化的治理路径协同治理,亦即共治。那么,共治的最终目的是什么呢?共治的最终目的是让所有社会主体(包括政府、互联网企业、社会组织以及网民等)共同享有网络虚拟社会健康发展的成果,满足人们对美好生活的需要和推进网络社会的持续健康发展,亦即共享。因此,对于网络虚拟社会及其道德问题的治理,我们不但要坚持"共治",而且还要坚持"共享",亦即将治理的过程与治理的目标有机结合、前后统一,从根本上解决网络虚拟社会中的道德问题、化解网络虚拟社会发展中的各类矛盾,以促进我国网络虚拟社会的和谐有序、健康发展。

毋庸置疑,网络虚拟社会治理是国家治理的重要组成部分,同时也是社会治理的重要任务,网络虚拟社会治理现代化是国家治理体系和治理能力现代化的题中应有之义。无论是坚持共治原则还是坚持共享原则,实际上就是要求我们创新解决社会问题、化解社会矛盾的社会治理机制,以全面提升社会治理能力和治理水平。从共治角度看,就是要整合所有社会力量参与到社会治理过程中,发挥自己所长,承担相应责任和义务;从共享角度看,就是创新各种共享机制和条件,让所有的社会主体都能够享有社会治理、社会发展的成果。尤其是在相对开放的、自由的网络虚拟社会中,其治理更需要更多社会力量的参与;同样,正是因为有相对开放的、自由的社会条件,其治理更应该将共享作为最终目的来实现。可以说,共治是解决道德问题、通往共享的重要途径,而共享是网络虚拟社会中道德问题治理的根本目的之所在。但更重要的是,我们要求坚持共治与共享相结合的原则,亦即将二者的长处有机结合,将手段与目标综合考虑,在强调社会问题的解决和社会矛盾的化解的同时,还考虑问题解决之后、矛盾化解之后的发展态势和成果分享。这是我们在网络虚拟社会条件下展开道德问题治理的核心要义。

从本质上看，始终坚持共治与共享相结合的原则，是强调网络虚拟社会的治理要依靠网民、为了网民，从而在深层上凸显出"以人民为中心"的治理理念。换言之，将共治与共享相结合的原则作为维护网络空间安全、治理网络虚拟社会及其道德问题的基本原则，反映了以人民为主体、以人民为中心的治理思想。

第十二章　网络虚拟社会中道德问题的治理途径及其保障机制

当今世界，伴随着现代科技的不断发展，网络虚拟社会的发展日趋成熟，但网络生态环境却日益恶化。在道德领域，道德问题的频发直接影响了人与人之间的友好关系，影响了网络虚拟社会的正常秩序。如何治理好网络虚拟社会、解决不断频发的道德问题，实现人与网络虚拟社会之间的平衡发展，业已是世界各国关注的热点问题，关系到网民的福祉和网络虚拟社会的未来发展。

构建网络虚拟社会中道德问题的治理体系，主要是以更新和调整为方式，而不是要推翻现行治理体系完全重构，亦即根据新的社会场域实际以及道德问题的变化对现有的治理体系进行更新和调整，使之更加贴近新社会场域发展现状和适应道德问题的治理。就我国多年来的治理实践看，业已形成政府主导型的网络虚拟社会治理模式。这一模式在过去的治理过程中确实发挥着重要作用，并取得较好治理成绩。不过，仍然存在诸多不足之处，需要进行适时的调整和及时的更新。调整和更新的目的，是实现由政府主导型的网络虚拟社会治理模式逐渐向多元主体协同型的网络虚拟社会治理模式的转变，使之更能够适应网络虚拟社会的发展，以及对道德问题的有效解决。而这样的调整和更新，主要集中在治理途径的选择及其保障机制的建设方面。因此，在本章我们重点讨论网络虚拟社会中道德问题的治理途径及其保障机制问题。

根据上文的分析，以及新时代我国网络虚拟社会的发展实际，就网络虚拟社会中道德问题的治理途径看，主要是从行政、经济、法律和科技等方面展开；就网络虚拟社会中道德问题治理途径的保障机制看，主要包括道德化育、道德自律、道德奖罚、舆论引导、利益协调和协同治理等方面。但无论采取何种治理途径抑或治理保障机制，其最终目标都是形成"党委领导、政府管理、企业履责、社会监督、网民自律等多主体参与，经济、法律、技术等多种手段相结合的综合治网格局"①。

第一节　网络虚拟社会中道德问题治理的途径

网络虚拟社会中道德问题具有的普遍性、复杂性、国际性和长期性等特征，增加了道德问题治理的艰巨性、长期性和不可控制性。道德问题的发生原因、表现形式、演化机制以及破坏后果等，都发生了巨大变化，而已有的道德规范、治理理论则出现了不同程度的"失灵"。目前，世界各国都积极开展相关治理实践，并取得了一定成效，比如上文列举的美国、英国、德国和日本等。自 1996 年伊始，我国已开展了网络虚拟社会的相关治理，亦取得了显著成绩。但就现状来看，以上治理实践在面对日新月异的网络虚拟社会和层出不穷的道德问题时，似乎都存在这样或那样的短板，尚不能有效遏制道德问题所带来的巨大破坏性。新时代，如何选择有效的治理途径，解决网络虚拟社会中的道德问题，维护网络空间安全和网络虚拟社会和谐，业已成为世界各国面临的重要社会治理职责。

结合世界各国对网络虚拟社会及其道德问题的治理经验，以及我国当下网络虚拟社会的发展实际，就新时代网络虚拟社会及其道德问题的治理而言，可以从行政、经济、法律、科技等途径展开。但在讨论治理途径之前，有必要简单论及网络虚拟社会中道德问题的治理前提，因为这是选择治理途径的重要认识前提。

一　网络虚拟社会中道德问题治理的前提

在网络虚拟社会中展开道德问题的治理，是一件新潮且艰难的事。之所以新潮，原因在于治理的社会场域——网络虚拟社会是一种全新的社会场域，具有非聚集性、非独占性、非封闭性等特征，是依赖于现实

---

① 习近平：《敏锐抓住信息化发展历史机遇 自主创新推进网络强国建设》，《人民日报》2018 年 4 月 22 日第 1 版。

科技的发展而形成的。在这样一种新型的社会场域中来展开道德问题治理，是前无古人的开创性治理活动，属于社会治理中的领先性治理活动。之所以艰难，原因在于在这样一种全新的社会场域中来展开道德问题治理，没有前人的经验可以借鉴，只能"摸着石头过河"。基于这样的认识，我们讨论网络虚拟社会中道德问题治理的途径，必须首先承认以下若干前提。

第一，承认网络虚拟社会的相对独立性。最早起源于军事作战目的的互联网，从 20 世纪 80 年代中期以来逐步拓展到教育、科研等各个社会领域，引起了整个社会生产、生活以及思想方式的深刻变革，从而形成了人类赖以生存的第二社会场域——网络虚拟社会。网络虚拟社会的形成与发展，有其历史必然性。从技术维度看，现代科技的迅猛发展为网络虚拟社会的形成与发展奠定了技术性基础；而大量的人类"入驻"以及虚拟性活动行为的兴起，为网络虚拟社会的形成与发展奠定了实践基础。所以，从本质上讲，网络虚拟社会是"现代科技与人的超越属性相结合所带来的产物，在很大程度上依赖于虚拟现实技术、计算机技术和网络信息技术的发展水平以及与人脑意识或空间想象力的相互融合程度，但它不是人类的想象空间，也不是子虚乌有的抽象世界，而是客观存在的能够展示人类大脑意识图景和虚拟构建及延伸现实社会中的真实场景的社会形式"①。

在现代科技尚未兴起之前，人们只能局限于传统的现实社会来生存和发展。而网络虚拟社会的出现，则将人类的生存社会场域由以往单一的现实社会发展成为两大部分，即现实社会和网络虚拟社会。这两种社会场域既相互联系、相互依存，又相互区别、相互排斥，是一对辩证统一的社会矛盾体。网络虚拟社会不能脱离传统的现实社会而单独存在和发展，而现实社会也越来越需要网络虚拟社会的补充。但仔细对比，两种社会又在存在基质、外延范围等方面存在明显区别，现实社会不断干预网络虚拟社会，网络虚拟社会又在不断扬弃现实社会。这就意味着网

---

① 黄河：《网络虚拟社会与伦理道德研究——基于大学生群体的调查》，科学出版社 2017 年版，第 90 页。

络虚拟社会的形成与发展，有着自身的内涵特征和运行规律，我们的虚拟性生产生活，以及相关的治理活动，都必须承认这样的相对独立性。

综上所述，网络虚拟社会虽然与现实社会以及人的现实生活存在着千丝万缕的联系，但同时有着自身的内涵特征和运行规律，与传统的现实社会存在着较大区别。而在这一新型社会场域中展开道德问题的治理，首先就要承认网络虚拟社会的相对独立性，以确保治理目标的科学性和治理途径的针对性。这是我们选择治理途径、构建治理保障机制的基本认识前提。

第二，承认网络虚拟社会的发展性和动态性。自从有了人，以及人与人之间的关系，社会这种场域就业已存在。但社会的存在并非一成不变，而是处于不断的变化发展之中。比如从简单的、朴素的部落社会、原始社会到自然经济主导的农耕社会，再到经济发展迅速的工业社会、信息社会，整个人类社会都是处于不断变化发展之中。而网络虚拟社会的形成与发展，实际上是人类社会形态在不断推陈出新的过程中所涌现出来的新型社会形态。诚然，现代科技的发展不会停止，网络虚拟社会的发展也不会停息。正如前文所论述，根据功能来看，网络虚拟社会的发展已经经历了连通的网络虚拟社会发展阶段，目前正处于共享的网络虚拟社会向感知的网络虚拟社会的过渡阶段。未来，网络虚拟社会的发展、更新必将继续，发展成功能更强大、环境更宜人的新型社会场域。毋庸置疑，网络虚拟社会也会被其他的社会场域所超越和替代。这是人类社会历史发展的必然规律。

应该看到，网络虚拟社会作为一种新兴的社会形态，在与现实社会的对抗和合作中体现出了强大的生命力。究其根本原因，人们不断涌现的虚拟性生产生活需要，成了网络虚拟社会持续发展的内在动力；而现代科技日新月异的发展，又成了网络虚拟社会不断进步的技术力量。面对今天我们所赖以生存和发展的网络虚拟社会，使用日新月异来形容再恰当不过。比如近些年涌现出来的大数据、区块链、物联网等新兴技术，不断推动着网络虚拟社会飞速前进，而深度学习法、人工智能等新潮思想，改变和重塑着人们的虚拟性关系和社会交往。网络虚拟社会的发展性和动态性，还与人们的虚拟性生产生活相关。无论是在传统的现实社会中还是在新兴的网络虚拟社会中，人们的生产生活不断发生变化，尤其是在现代科技迅猛发展的助推下，这种变化表现得更为深刻和全面。

对于生活在网络虚拟社会中的我们，不仅要努力适应这样的变化，而且应该承认这样的变化。就网络虚拟社会中展开道德问题的治理而言，更应该承认网络虚拟社会的发展性和动态性，以保证治理路径、治理手段的与时俱进。

第三，承认网络虚拟社会中道德问题的严重性。既然是人类赖以生存和发展的社会，那么社会也就不可避免地出现这样或那样的问题，作为新型社会形态的网络虚拟社会亦是如此。而在这些社会问题中，亦不可避免地出现道德问题，因为道德是人们为了调节各类关系、规范各种活动、维护社会安定而自觉形成的发展体系。在具体的社会发展过程中，并不是所有的人都具有良好的道德情操、规范的道德行为，并不是所有的社会都是稳定和谐的，而是总会存在道德意识低下的主体，以及大量失范的道德行为。尤其是处于社会形态更替、社会场域转化的关键时期，包括道德问题在内的一系列社会问题的发生更加频繁。这也从另外一个侧面表明了道德及其相关理论、规范存在的必要性。由此也可以看出，网络虚拟社会中出现的道德问题，是一种客观存在且不以人的意志为转移的历史现象，千万不能因此而遏制甚至抛弃网络虚拟社会的普遍存在与正常发展。

既然网络虚拟社会是当今人类赖以生存和发展的新型社会，那么也就意味着道德问题的发生成了一种客观事实。不过，较之于其他社会形态中的道德问题，发生于网络虚拟社会中的道德问题具有普遍性、复杂性、国际性和长期性等特征。换言之，这种道德问题的破坏性更强、影响面更广。比如近年来在网络虚拟社会中经常出现的诈骗问题，不仅给当事人造成了财产损失，而且影响到当事人的家庭幸福，波及网络虚拟社会和现实社会的稳定；屡禁不止的造谣传谣，不仅掩盖了事实的真相和信息的传递，而且容易被不法分子利用，形成大范围的不良社会舆论的影响，进而造成社会诚信的缺失和秩序的混乱……可以说，发生于网络虚拟社会的道德问题，其对社会秩序的破坏程度和对个人权益的侵害深度，早已超过了以往任何形式的道德问题。

正是因为看到发生于网络虚拟社会中的道德问题，给个人、社会和国家造成如此严重的影响，我们有必要且必须及时展开相关治理活动，以保护好网民的长期合法权益、维护好社会长治久安的公共秩序，从而构建起良好的道德氛围和清朗的网络空间，进而促进网络虚拟社会的健康发展和人的全面发展。

第四，承认网络虚拟社会中道德问题治理的必要性。网络虚拟社会的形成与发展，确实给现代人类的生存与发展创造了全新的空间场域，开创了人类发展的新纪元。而与之伴随出现的道德问题，业已成为影响当代人类虚拟性生存的重要因素，无论是公众领域还是私人领域，无论是经济领域还是政治领域，无论是日用常行还是军事外交，无不是道德问题的滋生之地，无不深受道德问题的影响。比如在常见的网络消费过程中，一些企业经营者为了提高自身在市场中的所谓"信用"和交易数量，或制造虚假交易金额，或索取好评星级，或低价诱惑，或美化商品图片和信息，或违规广告促销，从而造成诚信缺失、信息造假等道德问题。最为常见的是购物平台上的刷单行为，亦即卖家雇用职业的个人或组织在不产生实际交易的情况下空卖空买，营造不真实或虚假交易现象，通过虚拟提高自身的信用度和影响力来提升在购物平台上的排名。这样的刷单行为，不仅破坏交易秩序、违反公平原则，而且涉嫌商业欺诈、非法经营等犯罪行为。

面对如此复杂的社会发展局面和层出不穷的道德问题，在网络虚拟社会中展开道德问题的治理也就成了燃眉之急。因为只有通过网络虚拟社会中道德问题的治理，我们才能构建起清朗的网络空间、和谐的网络虚拟社会，以维护好公众的合法权益和企业的合法利益。尤其是针对每况愈下的道德水平和层出不穷的道德失范现象，需要从道德层面以治理的方式来提升人们的道德意识、规范人们的日常道德实践行为，以形成良好的社会道德风尚。而在政府层面上，在网络虚拟社会中展开道德问题的治理不仅是政府履行社会治理职能的基本内容，而且是捍卫国家网络空间安全的基本要求。由此看出，新时代在网络虚拟社会中展开道德问题的治理，不仅是体现社会发展的根本需要，而且反映了道德在现代社会中的重要价值。道德缺失的社会，不是人们需要的社会，更不是网络虚拟社会的未来。所以，无论是个人层面还是社会层面，以及国家层面，都要求治理好网络虚拟社会中的道德问题。这是新时代我国维护网络安全、建构清朗网络虚拟社会的重要内容。

二　网络虚拟社会中道德问题的治理途径

多元协同治理模式与政府主导治理模式的重要区别，在于调动多种治理主体的参与，发挥各自治理优势，综合运用各种治理手段和方式，全面提高综合治理能力水平，以实现社会整体的和谐发展。由此看出，多元协同治理模式在治理效能、治理水平等方面得到了大幅度提升，但在治理过程、治理手段等方面却变得异常复杂，尤其是在具有非聚集性、非独占性、非封闭性等特征的网络虚拟社会中，这种复杂性达到了前所未有的程度。这就意味着，在网络虚拟社会中展开道德问题的治理，既要继承以往的治理经验，又要创新治理方法，综合运用多种治理途径，以全面提升治理效能和治理水平。

总体来看，结合世界各国对网络虚拟社会及其道德问题的治理经验，以及我国当下网络虚拟社会的发展实际，就我国新时代在网络虚拟社会中展开道德问题的治理而言，可以从行政、经济、法律、科技等途径展开。

（一）行政途径

新时代我国网络虚拟社会的治理，拟从政府主导型的治理模式逐渐转向多元主体协同的治理模式。这是结合世界各国对网络虚拟社会及其道德问题的治理经验，以及综合网络虚拟社会治理目标所作出的建议。但我们需要强调的是：在多元主体协同治理模式中，政府依然是治理工作展开的关键性因素，现代国家及其相关机构在很大程度上仍然是社会治理的主导力量。因为多元协同治理的重点，在于超越不同治理主体之间的阻隔，充分调动多元主体协助参与。而这一重任，必然落在作为社会治理核心力量的政府身上。具体到网络虚拟社会及其道德问题的治理工作，亦即政府如何通过行政途径在网络虚拟社会中展开道德问题的治理。

第一，创新网络虚拟社会中道德问题治理的理念。随着现代科技的迅猛发展和互联网普及程度的不断提升，网络虚拟社会与政治、经济、文化、生态等领域的融合程度越来越深，呈现出跨行业、跨区域、跨时间的发展态势。截至 2020 年 3 月，我国网民规模达 9.04 亿人，即时通信用户达 8.94 亿人。① 如此复杂的社会局面，如此庞大的网民数量，必然对传统的管理模式、治理手段带来挑战。为了应对这种挑战，跟上网络虚拟社会发展的步伐，首先要从意识层面实施对网络虚拟社会的治理，亦即从创新治理理念出发，探讨网络虚拟社会及其道德问题的治理问题。一是树立以人民为中心的治理理念。治理理念是治理主体在展开治理工作中所形成的一套对待治理对象、展开治理工作的意识倾向，这种倾向亦即治理主体展开治理时所产生的认识、想法等价值观念，在治理实践中具有引导性的作用。因此，引导政府及相关工作人员树立正确的网络虚拟社会及其道德问题的治理观念，是从意识层面对构建网络虚拟社会治理机制的要求之一。就新时代网络虚拟社会中道德问题的治理来看，其治理理念必须要以人民为中心，亦即坚持治理与建设并重、正能量与主旋律共鸣，让网络虚拟社会发展成惠民、利民、便民的重要社会场域。正如习近平同志强调的："网信事业要发展，必须贯彻以人民为中心的发展思想。"② 这就要求政府主导网络虚拟社会及其道德问题的治理，宗旨是让网络虚拟社会更好地造福人民，根本力量在于依靠人民，最终的成果也是由人民共享。二是树立正确的网络虚拟伦理观。作为一种特殊的社会意识形态，道德对于规范人们日常行为、调整各类社会关系具有重要作用。同样，在全新的网络虚拟社会中也需要道德，需要道德发挥规范网民行为、调节虚拟性社会关系的功能。政府通过行政手段来治理网络虚拟社会及其道德问题，一方面要以网络虚拟道德来规范和约束自身的虚拟性活动行为，遵循一定的伦理规则，带头营造良好的道德风尚；另一方面要以网络虚拟道德规范、原则来指导自己的治理行为，尊重网络虚拟社会发展规律和公共利益，努力通过自己的治理工

---

① 中国互联网络信息中心：《第 45 次〈中国互联网络发展状况统计报告〉》，http://www.cnnic.net.cn/NMediaFile/old_attach/P020210205505603631479.pdf，2021 年 2 月 5 日。

② 习近平：《在网络安全和信息化工作座谈会上的讲话》，人民出版社 2016 年版，第 5 页。

作创造更多的经济利益和带来更持久的社会稳定。树立正确的网络虚拟伦理观的目的，实质上就是要让政府及其工作人员养成一种自律的意志和健康的情感，以积极的主动的态度参与到网络虚拟社会及其道德问题的治理工作中，自觉养成良好的道德习惯和形成扎实的治理工作作风，有效化解网络虚拟社会中的道德问题，全面促进网络虚拟社会的健康发展。三是培育科学的网络虚拟社会生态观。同传统现实社会一样，网络虚拟社会经过多年的发展业已逐渐形成一个相对完善的生态系统，包括政府、互联网企业（平台）、社会组织、网民等主体，以及各类信息内容、虚拟性行为等资源。网络虚拟社会中出现包括道德问题在内的各类社会问题，事实上是由人的不当行为活动所引起，结果是破坏了人与人、人与社会之间的某种平衡关系。因此，网络虚拟社会中道德问题的治理，就需要政府以生态的、系统的、发展的方法来解决，亦即以道德问题为治理对象，以营造清朗的网络空间、建设和谐的网络虚拟社会为目标，通过弘扬正能量、践行社会主义核心价值观、处置违法和不良信息等方式来完成治理任务。

第二，完善网络虚拟社会及其道德问题治理的组织领导。要构建起我国关于网络虚拟社会及其道德问题的多元化治理格局，党和政府扮演着极其重要的角色，不仅要从单一的管理者角色转变为多元化治理主导的角色，而且要承担协调各类治理力量、优化治理途径以及做好顶层设计等重要职能。多元化治理格局的展开，意味着越来越多的治理主体的参与。而不同的治理主体在认知层面上、实践方法上都会存在差异，会对网络安全维护、网络虚拟社会治理作出不同的反应。如果在多元主体间没有顶层的国家战略和统一的协作考虑，那么其治理效能必然大打折扣。如此重任唯有党和政府担当，并通过进一步完善组织领导来完成。一是完善组织架构。近年来，党和政府越来越重视网络虚拟社会治理工作，并在治理实践工作中业已形成"一主管三参与多协助"的组织机构体系，亦即"国家互联网信息办公室"是主管部门，"中共中央宣传部"和"工业和信息化部"为参与治理部门，"国家互联网应急中心""中国互联网络信息中心""中国互联网协会"等是多个协同组织。不过，随着网络虚拟社会日新月异的发展，以及道德问题层出不穷的发生，我国相关的组织机构还需要作进一步的完善。比如，建议将主管部门延伸至县级，增加对基层网络虚拟社会的监督与引导力度；建议在各省级增设网络虚拟社会治理专职部门，以提升网络虚拟社会的行政治理能力。二是明确行政职责。既然参与治理网络虚拟社会及其道德问题有着不同的治理组织或机构，那么也就意味着不同的治理组织或机构应该承担不同的职责。目前，我国虽然业已形成"一主管三参与多协助"的组织机构体系，但各自的职责并不清晰，甚至存在相互重叠或治理留白的现象，从而影响了综合治理水平的提升。明确的职责分工，不但可以提升综合治理水平，而且还能实现资源优化配置。在多元主体协同治理实践中，明确行政组织职责主要从两方面展开：一方面就各行政组织机构内部而言，明确彼此之间的职责分工，这涉及"由谁做""如何做"等操作性问题；另一方面就行政组织外部而言，明确行政组织与其他社会治理主体之间的职责分工，这涉及治理边界和治理模式等问题。三是正确处理政府与其他社会治理主体的关系。多元主体协同治理与其他治理模式的显著区别，即治理主体的多元化问题。这就意味着除了政府之外，还应该包括有互联网企业（平台）、社会组织以及网民等主体。政府要明确自己是众多治理主体的领导者，行政途径不但要处理好与其他社会治理主体间的协助关系，而且要处理好与其他社会治理主体彼此间的合作关系。工作内容中不但要强调国家层面的顶层设计和统一规划，而且要在具体实践中做到统一行动和彼此协作。只有政府与其他社会治理主体间的关系理顺了，彼此的职责分工明确了，才能从根本上提升网络虚拟社会的综合治理能力和水平。

第三，推进网络虚拟社会中道德问题治理的制度建设。毋庸置疑，道德问题的有效解决，主要依赖道德主体的道德自觉，但道德主体自觉性和自律性的养成，需要一个由他律向自律、由外在向内在的转化过程。在网络虚拟社会中，如果没有良好的制度设计，缺少必要的政策引导和社会监督，单纯依靠主体的道德自律是不能实现最终治理目标的。从世界各国关于网络虚拟社会中道德问题的治理实践来看，制度建设是其取得卓越治理成效的重要手段之一。经过几十年的发展，我国关于网络虚拟社会治理的制度初具规模，并取得了较好成绩，但较之于西方发达国家和网络虚拟社会的迅猛发展，仍然存在进一步完善的空间。新时代，推进网络虚拟社会中道德问题治理的制度建设可从战略规划、部门规章制度、日常监管制度三个方面展开。一是继续推进宏观层面的战略规划。我国早期与网络虚拟社会及其道德问题相关的治理工作，主要是将其纳入"五年计划"中。近年来，随着网络虚拟社会的迅猛发展，以及现代科技功能的完美表现，逐渐推出一系列国家层面的战略规划，比如《国民经济和社会发展等十个五年计划信息化重点专项规划》《关于积极推进"互联网＋"行动的指导意见》等规划，颁布了《国家信息化发展战略（2006—2020）》《国家信息化发展战略纲要》和《新一代人工智能发展规划》等战略。这一系列战略规划的出台，确实为我国网络虚拟社会的治理发挥了重要作用。在此基础上，建议国家每五年出台一个相应的规划（或指导意见），每十年颁布一个相应的发展战略，从而在国家层面上形成规律性的战略规划制度，充分发挥其引领作用和指导价值。二是统一整合各部门各类规章制度。近年来，随着网络虚拟社会的迅猛发展和互联网对国民经济的全面渗入，国家各职能部门、地方相关部门为了应付其挑战和解决相关问题，先后出台了一系列部门性的规章制度，数量高达百余种。如此庞大的规章制度，确实对我国网络虚拟社会的发展起着规范、监督的多重作用。但就长远来看，这些规章制度存在功能重叠、内容重复甚至相互矛盾现象，从而影响了其合法性和有效性。因此，建议国家相关职能部门确立全国性的框架轮廓，将这些规章制度按照相应的指标或规范列入不同的领域，并进行适当的删减和增补，缩减规模和数量，提高质量和水平，尽快形成统一的、有机的、互补的规章制度体系。三是落实日常监管制度。作为网络虚拟社会治理的重要主体，政府除了从宏观、中观层面做好战略规划、指导实施等工作之外，还需要注重日常的治理监管工作，督促社会各界力量将国家的方针政策、战略规划等落到实处。比如，进一步完善网络登记注册制、实名制、许可制和分级制等工作，并制定、修订相关的规章制度来予以配合实施，明确由不同的职能部门指导、不同的社会力量来协助完成。坚决杜绝滥用行政权力，限制网络虚拟社会的正常发展。

（二）经济途径

依赖现代科技形成和发展起来的网络虚拟社会，是一个相对开放的、自由的社会场域，不但为人们提供了全新的生存发展空间，而且优化了社会资源配置，开创了全新的商品交换市场。从这一角度看，网络虚拟社会是一个全新的经济市场。从产品研发到生产、到销售，再到售后以及相应服务，都可以在网络虚拟社会条件下完成，并实现了全球范围内的资源调配和销售，是真正意义上的全球市场经济体。以我国为例，2013 年至 2018 年，电子商务交易额从 10.40 万亿增长到 31.63 万亿。① 诚然，如此庞大的市场经济体必然伴随着诸多社会问题，比如在电商平台上经常出现虚假广告、炒作宣传，在虚拟交易中经常出现劣质商品、刷单造假，在互联网产业中经常出现非法经营、垄断竞争，等等。这些问题虽然发生于网络经济领域中，但实质上关涉的是人们的网络素养和道德水平，换言之，网络虚拟社会中的诸多道德问题，均与经济相关。从经济途径来解决网络虚拟社会中的道德问题，不失为一种有效的治理途径。

第一，综合运用各类宏观调控手段。经济途径是市场经济条件下极其重要的社会治理手段，是治理主体依据市场运行规律借助经济杠杆的调节作用，对社会经济发展进行宏观性治理的方式。经济途径与其他途径的最大区别，在于治理手段的多样性，常见的包括价格、财税、信贷、工资等。如前文所述，基于网络虚拟社会展开的经济活动，是一种全新意义上的市场经济活动，但与其他的市场经济相比，有其自身内在的特殊性和运行的独立性。在此，我们建议综合选择价格、财政和税收三种治理手段来对网络虚拟社会中的道德问题进行治理。一是合理运用价格杠杆。早期的网络电商平台之所以能够吸引大量的消费者，就在于电商砍掉了中间商环节，保证了价格的合理性。但这样的优势被一部分不法商人利用，将许多网络电商平台变成了"低价陷阱"——商品价格降低了，但购买到的商品在质量、服务水平等方面大打折扣。所以，

① 中国互联网络信息中心：《第 44 次〈中国互联网络发展状况统计报告〉》，http://www.cnnic.net.cn/NMediaFile/old_attach/P020190830356787490958.pdf，2021 年 2 月 5 日。

为了避免低价陷阱的出现和确保商品质量，我们建议相关职能部门加强对网络商品价格的规范力度，尽快出台相关的规章制度，确保电商经营者、网民的合法权利和网络虚拟社会经济的有序发展。二是合理运用财政杠杆。目前，我国财政杠杆主要运用于现实社会中的经济活动，而对于网络虚拟社会中的经济活动却极少涉及。其实，基于网络虚拟社会而展开的诸多经济活动，诸如网络产品或服务的研发、基础通信设施的建设、农村电子商务的展开以及网络精准扶贫工作等，确实需要国家从财政上予以支持。比如，涉及农产品的销售，建议国家通过财政补贴等手段来予以鼓励和支持。三是合理运用税收杠杆。近年来，依托网络虚拟社会来展开的微商、网络直播等经济形态被称为"网红经济"，其最大的特点在于操作简单、利益诱人。比如在 2019 年的"双十一"期间，淘宝网红主播引导的销售额最高超过 27 亿元。[1] 然则，目前国家对这些新兴的"网红经济"尚未建立与之相关的税收政策。所以，建议国家相关职能部门尽快建立相关的税收政策，通过个人所得税、营业税等手段来调整行业之间、不同群体之间的收入差距。

第二，建立健全各类经济法律规范。2019 年，我国网上零售额达106324 亿元，比上年增长 16.5%。其中实物商品网上零售额 85239 亿元，占社会消费品零售总额的 20.7%。[2] 尽管网络经济在近年来发展迅猛，成为重要的经济形态，但与传统的现实经济相比，仍然处于方兴未艾的上升阶段，与之相关的许多法律、规范仍不健全，这是导致部分道德问题生发的经济性根源。因此，建立健全各类与网络经济相关的法律、规范，是解决网络虚拟社会中道德问题、促进网络经济健康发展的重要途径。一是进一步完善经济法律建设。目前，我国与网络经济发展相关的主要法律依据是《电子商务法》。该法律颁布于 2018 年，主要明确了电子商务经营者、平台经营者以及消费者、支付、物流等第三方机构各自的权利和义务，就平台监管职责、个人信息保护等内容作了详细

---

① 中国互联网络信息中心：《第 44 次〈中国互联网络发展状况统计报告〉》，http://www.cnnic.net.cn/NMediaFile/old_attach/P020190830356787490958.pdf，2021 年 2 月 5 日。

② 国家统计局：《国家数据》，http://data.stats.gov.cn/easyquery.htm? cn = C01&zb = A0A0802&sj=2019，2021 年 8 月 5 日。

规定。但与日新月异的网络虚拟社会相比，该法律仍然显得比较单薄和笼统。因此，建议国家相关职能部门根据网络虚拟社会的实际和网络经济的发展现状，以《电子商务法》为中心，进一步完善相关法律的建设。二是进一步完善经济法规建设。如前文所述，经过几十年的发展，我国陆续颁布和出台了近百部与网络虚拟社会相关的法规，其中与网络经济发展相关的法规最多。但这些法规存在内容滞后、相互重叠等现象，制约了网络经济的正常发展。鉴于此，我们建议国家相关职能部门确定法规建设规划和发展方向，厘清现有的与网络经济相关的法规，进行适当的删减和增加，逐步建立起与网络经济发展相应的法规体系。三是强化网络经济的规范力度。经过多年的发展，我国业已具备了相当数量的与网络经济相关的法律法规。但经过调查发现，我国对这些法律法规的执行力度仍然不够。其原因是多方面的，前文已作了相应分析。在此，建议国家进一步完善如"杭州互联网法院"等专业执法机构的建设，要求各级执法机构增加对网络经济法律的解释，以及相关案件的审理和判决，增加法律在网络虚拟社会治理中的震慑力。

第三，尽快建立全国性的信用体系。人无信不立，业无信不兴。在现代市场经济条件下，信用是道德目标与经济手段的辩证统一。它不仅是个人德行的体现，而且是经济良性发展、社会稳定有序的根本。然则，在网络经济发展过程中，其发展规模和总量尽管取得了极大成就，但在价值观层面却面临严峻的信任危机，并不断演化成网络虚拟社会中道德问题频发的原因之一。部分互联网企业（平台）隐瞒真相，不按合作要约提供商品或服务，通过哄抬价格、虚拟宣传等方式误导消费者；部分网民盗取他人信息，任意造谣传谣，并随意复制传播电脑病毒，严重扰乱了网络经济市场秩序，影响了网络虚拟社会的健康发展。因此，建议尽快建立一套全国性的网络经济信用体系，努力营造诚实守信的网络虚拟社会发展环境。一是尽快建立网民信用记录。建议国家相关职能部门充分利用大数据、物联网等技术，以及深度学习法、算法等方法，逐步建立起网民信用记录，包括个人基本信息、网络消费、奖励惩罚、社会纠纷等内容，供相关机关或企业特殊情况下申请使用。二是建立互联网企业（平台）信用记录。作为网络经济中的重要主体，互联网企业（平台）的所作所为直接关系着网络经济的发展。建议国家相关职能部门尽快建立互联网企业（平台）信用记录，主要包括企业基本信息、主管部门的执法处罚或奖励记录以及权威部门认定的信用等级等。互联网企业（平台）信用记录的建立，一方面方便消费者消费时作为参考依据，另一方面也为他人作与该企业合作、融资等决策时提供参考。三是建立全国性的网络经济信用信息数据库。建议国家相关职能部门建立全国性的网民和互联网（平台）信用信息数据库，并将相关信息及时与全国信用信息共享平台共享，同时建立相关规章制度来规范采集、整理、保护和使用等环节，确保信用记录信息的质量、时效和安全。

（三）法律途径

法律途径历来是社会治理的重要途径之一。即使是面对日新月异的网络虚拟社会，以及层出不穷的道德问题，法律途径依然被世界各国所依赖和信任，从美国的《联邦计算机系统保护法》到英国的《计算机滥用法》，再到德国的《网络安全法》和日本的《网络信息安全基本法》，等等，都能看到法律在网络虚拟社会及其道德问题治理中的重要价值。确实，回顾网络虚拟社会的发展，业已经历了从"野蛮生长"到"监管发展"的历程，如今逐步向"规范治理"的方向发展。而实现由"监管发展"向"规范治理"的转变，必须要以法律作为基本手段，亦即通过系列法律来规范人们的虚拟性生产生活，构建起网络虚拟社会的运行秩序。那么，在新时代条件下，如何通过法律途径来治理网络虚拟社会及其道德问题，实现由"监管发展"向"规范治理"的顺利转变呢？

第一，优化立法。面对如此复杂的网络虚拟社会及其道德问题，不能单靠制定或颁布某一法律就能顺利解决，而是需要依靠一整套完整的法律体系来予以多方面的监督、规范。但在实践中，建立健全一整套完整的法律体系并不是一蹴而就的事，往往需要经历一个较为漫长的过程。这就要求我们，采取法律途径来治理网络虚拟社会中的道德问题，首先要从优化立法环节开始。着眼于立法环节的优化，不仅意味着我们对法律途径的重视，而且还对法律途径予以了更多的希冀。具体来看，优化网络虚拟社会中道德问题治理的立法，涉及立法观念的及时更新、立法原则的科学确定以及立法内容的与时俱进等方面。一是及时更新立法观念。如前文所述，我国经过多年的发展业已形成一套完整的法律体系，但这些法律在治理过程中折射出观念落后、内容滞后等问题，从而影响了其作用和效能。因此，优化立法环节的前提是及时更新以往的立法观念，建议将"以人民为中心""维护网民的基本权利"和"网络虚拟社会的秩序稳定"等理念作为相关法律拟定和执行的基石，并贯彻于治理法律确立的始终。二是科学确定立法原则。立法原则是指在立法过程中应遵循的指导思想、基本要求和必要规定。立法原则是实现立法目标的前提之一。涉及网络虚拟社会中道德问题治理的立法原则，除了我们日常遵循的公平、中立、权威、民主等普遍原则之外，还应综合考虑网络虚拟社会及其道德问题的特殊性，比如遵循发展与安全、权利与责任的辩证统一，并在进程安排上考虑统一规划与突出重点、线上与线下等方面的有机结合。三是立法内容的与时俱进。建议国家相关职能部门尽快出台网络虚拟社会及其道德问题治理的立法规划，及时把网络虚拟社会治理领域涉及的基本法律架构搭建起来，将多年治理实践总结出来的经验和做法上升为法律法规。制定和颁布与网络虚拟社会及其道德问题相关的法律，其目的是着力解决当前网络虚拟社会中存在的道德问题，包括道德如何发生、道德涉及内容和道德产生的影响等，特别要规范好因新技术、新平台应用而发生的道德问题，以及对法律制度提出的新诉求。同时，充分考虑传统立法在网络虚拟社会中的延伸适用，使传统立法在网络空间中焕发出新的生命力，让全新的网络立法与传统立法间既保持适度的继承又表现出应有的创新。

第二，完善执法。依赖现代科技形成和发展起来的网络虚拟社会，业已成为人们赖以生存和发展的社会场域，而与此相伴出现的道德问题，日益影响着人们的生产生活和网络虚拟社会的和谐稳定。在此背景下，如果继续使用传统的"删""压""捂"等管理方式，必然造成网民的更多反感和网络虚拟社会的更多混乱。我们因此提出多元治理的模式，是想通过法律途径的充分运用对这种现状进行有效改善。其中，依法治理是关键。一是不断丰富执法手段。较之于传统的现实社会，网络虚拟社会的最大优势是依赖现代科技超越传统物理时空的限制，通过虚拟性的方式以实现在全球范围内相对自由的交往、贸易。在此背景下的执法手段，必然作出相应的调整和转变，一方面要充分考虑执法手段的跨区域性，即能够在不同的地方解决网络虚拟社会中的道德问题；另一方面要充分利用现代科技的便捷性，尤其是以互联网、大数据、物联网等为代表的新兴科技，需要在治理实践中予以强化应用，并压实互联网企业（平台）的法律责任，逐步建立健全符合现代科技和虚拟性生产生活特点的执法体系。具体来说，就是增加电子执法、远程监督、数据分析等方式，进一步丰富执法手段。二是全面提升执法保障。执法过程是一个系统的工程，至少涉及执法机构、执法人员、执法保障等内容。就网络虚拟社会及其道德问题的治理看，相应的专门执法机构欠缺、执法人员素质有待提高、执法保障较为单一。因此，建议设立高级别的网络执法机构，以便于领导和协调各类执法工作；进一步加强专业队伍的建设，尤其是注重对相关专业人才的培养，全面提升执法治理水平；建议不断完善资金、司法等保障机制，确保相关执法治理的正常展开。比如在司法方面，建议优化涉及网络虚拟社会及其道德问题的诉讼程序和诉讼规则，使相关的法律在司法部门得到重视，并得到更为有效的运用，从而提升司法保障力度。三是不断完善对执法环节的监督。目前，我国对网络虚拟社会及其道德问题的执法治理，主要采用"运动式"的专项治理方式。而这种方式由于本身所具有的灵活性、多样性、短暂性等特点，增加了权力滥用、效能短暂的可能性。所以，我们建议设立相应的责任追究机制，建立全国性的网络执法数据库，完善网络执法监督机制，以限定执法权力的界限，明确违法责任。

第三，推进治理实践的法治化。作为现代社会治理的基础性途径，法律途径在网络虚拟社会及其道德问题的治理实践中，既表现为治理手段又体现为治理方向。前文论及的优化立法、完善执法等内容，主要解决的是当下面临的道德问题，若要获得更持久的治理效能，则需要形成良好的法治环境和法治文化，"法治最重要的组成部分也许是一个国家文化中体现的法治精神。因此，要理解法治在一个国家的意义，要有效发挥法治运作的价值和规范功能，最重要的是文化"①。法治文化的根本效用，在于以法治之魂育人、以法治之能化人，亦即借用以法治为内容的文化潜移默化地重塑人们的价值观念、约束其活动行为。从这一意义上讲，推进网络虚拟社会中道德问题的治理，最终目标是要形成法治化。一是践行社会主义核心价值观。从主体维度看，网络虚拟社会中大量频发的道德问题主要源于网民价值观的缺失或不健全。这就要求生活于全新的网络虚拟社会中的我们，需要相应的价值观来武装自己。因此，我们建议通过课堂教育、活动渗透、游戏嵌入、示范带动、典型宣传等形式，在网络虚拟社会中培育和践行社会主义核心价值观，以助于网民正确价值观的培养和在网络虚拟社会条件下形成良好道德风尚。二是完善法治教化机制。依法治理网络虚拟社会中的道德问题，不仅需要完善的法律制度，而且需要建设法治文化，亦即在网民中逐步树立起法治意识、法治信仰等。这就需要将法治纳入国民教育体系，科学安排不同阶段的法治教育内容，以提高青少年网民的法治素养。对于党员和国家公务人员，更要带头学法、模范守法。所以，确保法律途径的有效性和长期性，还需要不断完善法治教化机制。三是注重法制宣传。网络虚拟社会既然是人们的生产生活场域，那么也是相关法治文化的建设宣传阵地。建议国家推出"互联网＋法治文化"工程，推动法治文化在网络虚拟社会中的传播。比如，通过网站、社交平台等途径开展形式多样、内容丰富的宣传活动，打造全新的法治文化传播平台；创作以网络法治文化为主题的文艺影视作品，增强网络法律宣传的感染力。

（四）科技途径

科学技术通常简称为科技，是人类创造并作用于对象的重要工具。任何形式的科技都具有自然属性和社会属性，其中的社会属性是指科技的发明与运用，都离不开特定的主体人和社会场域，而科技获得新发展和新进步之后，又会反过来促进人的发展和社会的进步。科技与社会之间的辩证关系，决定了任何社会的发展都离不开科技的事实。其实，在

① ［美］詹姆斯·L.吉布森、阿曼达·古斯：《新生的南非民主政体对法治的支持》，仕琦译，《国际社会科学》（中文版）1998 年第 2 期。

网络虚拟社会条件下，科技与社会的这种辩证关系表现得更为突出，因为网络虚拟社会是依赖现代科技发展起来的，其中所依赖的基础设备、运行算法以及网民活动行为的展开，无不是现代科技的作用体现和机理实践。换言之，网络虚拟社会是依赖现代科技的发展而形成的，本质上是现代科技与人的超越属性相结合所带来的产物，在很大程度上依赖于现代科技的发展水平以及与人脑意识或空间想象力的相互融合程度。这种内在的关联决定了推进网络虚拟社会中道德问题的治理，必须将科技作为重要途径加以运用。从这一意义上讲，在网络虚拟社会及其道德问题的治理实践中重视科技途径，是网络虚拟社会及其道德问题本身鲜明的科技特性使然，是充分挖掘科技手段在网络虚拟社会治理中的积极作用，以及推进网络虚拟社会发展对科技变革适应性的现实需要。

第一，树立正确的科技治理观念。观念是行动的先导，树立正确的观念能够有效指导行动的顺利展开。具体到网络虚拟社会及其道德问题的治理实践中，无论是政府治理机构还是互联网企业（平台），都应树立正确的科技治理理念，高度重视现代科技对加强和创新网络虚拟社会中道德问题治理的引领作用，充分利用科技发展成果，不断加强对网络虚拟社会中道德问题形势的研判和监督，以此来提高治理工作的预见性、科学性和时效性。一是充分认识科技治理的重要作用。当今时代被称之为科技时代，当今社会被称之为科技社会，根本原因在于现代科技的迅猛发展成就了现代社会。现代科技是推进社会发展、时代进步的核心力量。一方面，科技发展业已全面渗入人们的日常生活，成为人们日常生活的基本工具；另一方面，网络虚拟社会是依赖现代科技发展起来的，其本质在一定意义上是技术性社会场域。这就意味着在当今社会中展开道德问题的治理，不但要依赖科技而且要充分运用科技。没有科技参与的治理，难以达到最终的治理目标，尤其是在依赖现代科技发展起来的网络虚拟社会治理中，科技途径更不能缺席。二是承认并运用互联网思维。如前文所述，既然以互联网、大数据等为代表的现代科技对人的生存和社会的发展产生了如此巨大的影响，那么必然也会对人类的意识、思维产生影响，形成与之相应的思维模式——互联网思维。思维对人的实践活动具有反作用，亦即新思维、新意识的形成，又会反过来影响人们的社会治理活动，使之更加贴近网络虚拟社会发展的实际。因此，我们不但要承认互联网思维这种新思维、新意识的存在，而且要运用于网络虚拟社会及其道德问题的治理中，以提升治理工作的针对性、及时性和科学性。三是正确认识科技过度应用的负面效应。确实，现代科技的发展对现代社会产生了重要影响，在社会生产力层面上是网络虚拟社会赖以存继的基本条件。但我们也应清楚地认识到，如果过度地依赖科技、崇拜数据，必然引发相应的包括道德问题在内的一系列社会性问题，不但影响网络虚拟社会的健康发展，而且容易造成"单向度"的人。所以，对于科技途径的治理运用，必须要与经济、道德、法律以及教育等手段相互配合，使其有所为有所不为，才能发挥科技在社会治理中的真正作用。

第二，注重治理科技的研发和创新。现代科技的发展可谓日新月异，尤其是在资本的裹胁下表现得更为迅猛。相应地，依赖现代科技而发展起来的网络虚拟社会亦日新月异，尤其是近年来的发展速度更为迅猛。不过，在总结道德问题的发因时，我们发现这些推动网络虚拟社会迅猛发展的新兴科技，也是造成诸多道德问题发生的根源之一。在以往的治理实践中，科技途径确实业已成为重要的治理手段之一，但往往滞后于导致道德问题发生的新兴科技的发展，亦即"魔高一尺，道高一丈"的状况似乎在网络虚拟社会有些不适用。为了避免诸如此类的问题再次出现，我们建议在运用科技途径时，务必注重治理科技的研发和创新。一是从国家层面注重治理科技的研发和创新。作为一种开创性的活动，科技的研发和创新需要大量的时间和资金作为支撑，由此限制了部分企业和个人在该领域的积极性。这时就需要政府做好顶层设计，尤其是在战略规划、基础设施建设、资金支持、人才培养等方面，需要予以正确引导和大力支持。国家层面注重治理科技的研发和创新，关键在于正确把握治理科技的发展方向和突破重点，并在全国范围内实现资源的优化配置。二是从社会层面强化企业研发和创新主体的地位和作用。在治理科技的研发与创新实践中，企业是科技研发和创新的重要主体，从相关项目的设计到研发活动的展开，再到创新成果的转移转化，都需要企业的主动参与和积极贡献。而我国目前涉及网络虚拟社会治理科技的企业，仍然存在发展规模不大、创新水平不高、竞争能力不强的现象。因此，我们建议进一步建设以企业为主体的治理科技创新体系，亦即以全面提升相关企业创新能力为核心，引导各类社会资源向企业集聚，深化产学研协同创新机制，不断增强治理科技创业的创新动力、活力和实力。三是从体制层面完善企业研发和创新的生态。就现状来看，我国尚未形成治理科技研发和创新的良好生态。究其根本原因，在于科技创新收益的不确定性和科技治理的低收益性。针对前者，建议尽快建立健全相关制度，特别是从保护知识产权的角度，重点打击假冒侵权、盗版等非法行为，确保相关企业、个人的知识产权和稳定收益；针对后者，建议国家设立专项资金，专门扶持网络虚拟社会治理技术研究项目，并通过减免税收等措施来鼓励治理科技的研发和创新，让相关企业、个人从研发和创新工作中获得相应回报，调动社会各方参与，从而形成良好的治理科技研发和创新氛围。总之，要进一步整合优化科研力量布局，发挥优势、补齐短板，强化治理技术的产业供给，促进科技成果的转移与转化，全面推动治理科技的创新与网络虚拟社会治理工作的深度融合。

第三，强化科技在治理实践中的运用。社会治理是国家治理的重要方面，而网络虚拟社会治理又是社会治理的重要组成部分。无论是国家治理还是社会治理，以及网络虚拟社会治理，都离不开现代科技的参与与作用发挥。党的十九届四中全会明确提出："必须加强和创新社会治理，完善党委领导、政府负责、民主协商、社会协同、公众参与、法治保障、科技支撑的社会治理体系。"① 科技支撑是完善社会治理体系的重要内容，尤其是依赖现代科技而发展起来的网络虚拟社会，更需要技术途径的支撑。在这样的历史背景下，强化科技在网络虚拟社会及其道德问题治理中的应用，显得尤为重要。一是重视新兴科技在治理实践中的基础性运用。日新月异的网络虚拟社会，以及层出不穷的道德问题，需要与时俱进的治理科技。而与时俱进的治理科技，在大多数情况下是依靠新兴科技的发展与应用。比如，大数据在社会治理实践中的广泛应

---

① 《中国共产党第十九届中央委员会第四次全体会议文件汇编》，人民出版社2019年版，第49页。

用，既能获取更为多样的网络虚拟社会运行信息，又能全面提升相应的数据分析能力。因此，建议重视以大数据、物联网、人工智能、区块链等新兴技术在网络虚拟社会及其道德问题治理中的应用，从而为网络虚拟社会及其道德问题的处置提供准确的研判依据，以及专业化、多样化的手段，全面提高治理效能和治理能力。二是建立科技治理的标准体系。作为一种社会治理中的全新治理工作，关于网络虚拟社会中道德问题的治理正处于起步阶段，治理的理念、原则、方法、手段和评估等处于待完善阶段，尤其是科技治理的标准尚未建立。因此，在国家社会治理安全标准的框架下，建议相关职能部门组织相关企业、科研院所等多方面力量，尽快建立科技治理的标准体系，包括标准推进计划、治理对象界定、治理数据保护以及治理安全评估等内容，努力使我国网络虚拟社会的治理朝着标准化、科学化的方向发展。三是健全科技治理的规范机制。如前文所述，诸多道德问题在网络虚拟社会中的发生、蔓延，都与现代科技的滥用密切相关，甚至某些作为治理途径出现的科技手段也会存在恶意的或不当的运用，成了导致道德问题发生的根源之一。由此看出，健全科技运用的规范机制，一方面要以现代科技在网络虚拟社会中的运用为规范对象；另一方面要以作为治理途径而出现的科技手段为规范对象。基于这样的认识，我们应树立发展与安全并重的思路，秉持充分应用科技与有限运用科技相结合的原则，推进科技运用安全法律法规建设，积极开展相关科技治理的监督惩戒，大力推进科技运用的规范机制建设，全面提升科技治理的综合治理能力和水平。

总而言之，在新时代背景下推进网络虚拟社会的治理，防范和化解层出不穷的道德问题，确保网络空间的长治久安，应高度重视现代科技。科技途径是一种必然之选择。但是，我们需要注意的是：采取科技途径并非对现代科技尤其是各类治理科技的简单运用，而是侧重于从现代科技发展的深层机理入手对网络虚拟社会中的道德问题展开分析并寻求相应的解决方案，强调的是对现代科技的合理应用以及对其治理功能的深度挖掘。这就要求我们在采取科技途径的过程中，不仅要树立正确的科技治理观念，而且还要从研发、应用等实践层面予以创新和优化，全方位提高网络虚拟社会的治理能力。

第二节 网络虚拟社会中道德问题治理的保障机制

依赖于现代科技而形成和发展起来的网络虚拟社会，确实为人类的生存和发展提供了全新的社会场域，深刻变革着人们的生产生活，开创了人类发展的新纪元。作为维护社会秩序的重要手段，道德亦跟着人们进入网络虚拟社会，孕育着全新的道德形态，发挥着应有的作用和价值。但与日新月异的网络虚拟社会相比，道德在全新的社会场域中始终未能跟上时代发展的步伐，以致生发出诸多道德问题，影响了人们的虚拟性生产生活，以及网络虚拟社会的正常秩序。

对网络虚拟社会中的道德问题展开治理，是一项系统的社会性工程，不但包括治理目标、治理原则、治理途径等具体性问题，而且包括治理的保障机制等长期性问题。构建网络虚拟社会中道德问题治理的保障机制，其根本目的在于保证治理活动的稳定性、长期性和全面性。在我们看来，网络虚拟社会中道德问题治理的保障机制，主要包括道德化育、道德自律、道德奖惩、舆论引导、利益协调和协同治理等方面。

一 建构网络虚拟社会中的道德化育机制

道德的兴起、更替与发展，必然受社会场域更替、经济发展状况、科技发展水平的影响，因为"一切以往的道德论归根到底都是当时的社会经济状况的产物"①。网络虚拟社会是依赖现代科技形成和发展起来的，但其拥有自身相对独立的运行机制和基本特征，而基于此形成的虚拟性生产生活，产生了与之相适应的道德体系，即网络虚拟道德。不过，网络虚拟道德由于场域转化、发展时间短等原因，尚不能担当规范人们虚拟性生产生活行为、维护网络虚拟社会秩序的重任，从而导致一系列侵害他人权益、破坏社会秩序的道德问题的发生。因此，如何培育网络虚拟道德，厘清网络虚拟社会中的道德边界，明确相应的道德行为准则，提供道德评判标准，以约束网民的道德失范行为，规避道德问题

---

① 《马克思恩格斯选集》（第3卷），人民出版社2012年版，第471页。

的持续发生，是我们在网络虚拟社会中展开道德问题治理的重要任务。

第一，积极推进网络虚拟道德的培育。以互联网为代表的现代科技改变了人类生存和发展的方式，并演化成继陆地、海洋、太空之后人类生产生活不可或缺的重要社会空间场域——网络虚拟社会。而以善恶评价方式来调节人们活动行为、实现自我完善的道德，跟着人的虚拟性生产生活"入驻"网络虚拟社会，并在科技发展、虚拟性实践等条件的共同作用下，形成了与之相适应的道德体系——网络虚拟道德。但是，与精彩纷呈的虚拟性活动发展、日新月异的网络虚拟社会变化相比，网络虚拟道德的发育稍显滞后，不能发挥其规范人们虚拟性生产生活行为、维护网络虚拟社会秩序的价值。因此，在网络虚拟社会中道德问题的治理实践中，必须积极采取各种措施，推进网络虚拟道德的培育。一是重视网络虚拟道德的研究。作为一种新型的道德形态，网络虚拟道德虽然引起了学术界的强烈关注和研究兴趣，但这属于自发性的研究现象，在研究内容、研究人员的规模和素质等方面都显得较为单薄，有关学术会议、交流活动也很少，难以全面推动网络虚拟道德的发展。所以，建议国家社会科学基金、各省市社会科学基金机构单列网络虚拟道德的研究课题，相关的高校、研究机构成立相关的研究机构或中心，从组织上保障网络虚拟道德的研究。同时，以网络虚拟道德为主题开展相关学术会议、交流活动，扩大网络虚拟道德在学术界的影响力。建议相关的学术期刊、网站等平台，设立与网络虚拟道德相关的栏目、网页等，为网络虚拟道德的研究成果提供展示、传播平台。二是加强网络虚拟道德的教育。网络虚拟社会中的道德问题虽然在 20 世纪末就引起世界各国的注意，但对网络虚拟道德的系统教育、学习却是起始于 21 世纪初。时至今日，我国高校教学计划中也只在"思想道德修养"等课程中涉及网络虚拟道德，尚无专门的课程。基于这样的现状，建议我国高校将"网络虚拟道德"单独列为公共必修课，以提升大学生的网络素养。对于初中、高中的教育，也应该在"思想品德"等课程中增加相当篇幅，将网络虚拟道德列为重要的讲解内容。三是强调网络虚拟道德的宣传。正规的系统教育，是接受网络虚拟道德的基本方式。而在日常的生产生活中，更迫切地需要网络虚拟道德的宣传，亦即通过潜移默化的方式引导人们的虚拟性生产生活。除了目前已经开展的"国家网络安全宣传周"以及各类专业宣传活动之外，建议各级政府还应根据本地管理需要和网络虚拟社会发展情况，有针对性地开展主题明确、形式多样的网络虚拟道德宣传活动，比如网络虚拟道德知识比赛、网络虚拟道德论坛等，并通过自媒体、传统媒体广为宣传，营造良好的网络虚拟道德氛围。

第二，建构网络虚拟社会中的道德规范。治理网络虚拟社会中的道德问题，必须要有相应的道德原则、道德规范等作为参照依据。目前，我国尚无专门的涉及网络虚拟社会中道德现象的道德规范，即使有相关的原则、规定等也是散见于其他的部门规章、行业规定或自律条例中。所以，在网络虚拟社会中展开道德问题的治理，建构网络虚拟社会中的道德规范势在必行。一是由政府牵头制定和推广网络虚拟道德规范。作为一种全新的社会场域，网络虚拟社会与现实社会一样需要相应的道德规范，这就要求政府应早日牵头制定《网络虚拟道德规范》，并赋予相关权力机关如"国家互联网信息办公室"等部门来负责执行、推广，要求其他相关职能部门予以配合、实施。二是由行业协会牵头制定和推广相关的行业道德规范。经过几十年的孕育发展，我国业已形成较为成熟的互联网行业自律组织。而行业自律组织的重要职责之一就是牵头制定与本行业相关的行业准则、道德规范等，并通过通知、年会等方式进行推广，以自律的方式来约束与之相关的行业内企业。确实，近年来我国的互联网或网络虚拟社会行业组织在政府部门的指导下，先后颁布了一系列行业规范。纵观这些规范，尚未有专门的针对网络虚拟道德或网络虚拟社会中道德问题的规范，由此表明由行业协会牵头制定和推广相关行业道德规范，未来的路长且艰辛。三是由网络虚拟社会管理部门带头建立道德评价标准。目前网络虚拟社会中出现道德混乱的现象，其重要原因之一是相关道德评价标准的缺乏。因此，在网络虚拟社会及其道德问题的治理过程中，理应建立健全相关道德评价标准，让互联网企业（平台）、网民在日常的虚拟性生产生活中有章可循，让相关监管部门有法可依。确立道德评价标准务必坚持客观、公正、公开、时效等原则，其内容既要符合实际情况又要与时俱进，并在赏善和罚恶的过程中净化网络虚拟社会环境，形成评价公正、赏罚分明的道德环境。

第三，树立良好的社会道德风尚。道德现象与其他社会现象的最大区别，在于其既体现为一种特殊的社会意识形态，又凸显为一种客观的社会实践行为。这就意味着对相关道德问题的治理，既要从人的思想意识层面给予熏陶、修养，又要在人的实践活动层面给予引导、规范，而更为根本的是，可以通过营造良好的道德氛围、树立良好的道德风尚来予以治理。因为社会道德风尚的好坏，直接影响着生于斯长于斯的道德主体。而拥有良好道德风尚的社会，不仅表明该社会道德水平的整体提高，而且意味着道德问题的相应减少。所以，在网络虚拟社会场域中营造良好的道德氛围、树立良好的社会道德风尚，不但能不断提升整个社会的道德发展水平，通过潜移默化的方式影响社会中的道德主体，而且间接性地对道德问题作出了有效的消解。那么，如何在网络虚拟社会中树立良好的社会道德风尚呢？一是认真践行社会主义核心价值观。社会主义核心价值观是当代中国精神的集中体现，反映了全国人民的共同价值追求。既然人们都生产生活于二重化的社会场域中，那么无论是传统的现实社会还是全新的网络虚拟社会，都需要用社会主义核心价值观来予以引领、指导和滋润。因此，我们应广泛应用网站、APP、社交网络等平台，通过宣传、舆论、论坛等方式分享理论解读、好人好事、事迹讲解等内容，在网络虚拟社会中认真践行社会主义核心价值观，以促进良好社会道德风尚的形成。二是加强网络信息内容生态建设。与传统的现实社会一样，网络虚拟社会经过多年的发展，业已形成独具特色的信息内容生态系统。但就目前来看，网络信息内容存在泥沙俱下、良莠不齐等现象，直接影响了道德风尚的形成。因此，应根据近日国家颁布的《网络信息内容生态治理规定》，对网络虚拟社会中的信息内容进行全面治理，亦即对违背社会主义核心价值观、违反相关法律的网络信息内容生产、传播、使用行为进行制约和惩处，对符合社会主义核心价值观的网络信息内容制作、复制、发布、传播行为进行倡导和鼓励，弘扬优秀传统道德，培育积极健康、向上向善的网络文化，努力营造清朗的网络空间。三是全面加强道德建设。紧紧围绕近期中共中央、国务院印发的《新时代公民道德建设实施纲要》的要求，在网络虚拟社会条件下创造性地运用报告会、专题节目、文艺作品以及公益广告等形式，树立和宣传时代楷模、道德模范等典型，并在各行各业继续推进先进人物的评比，让不同的行业、不同的群体学有榜样、行有示范，引导人们向往讲道德、遵道德、守道德的虚拟性生产生活，激发网民逐步养成善良的道德情感、道德意愿，从而在网络虚拟社会中形成见贤思齐的生动局面。

二 建构网络虚拟社会中的道德自律机制

一般而言，道德自律是道德主体的一种自我内在立法，亦即道德主体通过社会性活动内化于他律而获得的体现人格尊严、道德觉悟的认识。由此看出，道德自律总是与理性、与自由相联系，并且是实现自我约束、自我管理的思想源泉。较之于法律、技术等他律手段，道德自律是更为持久的、稳定的内在约束机制，正如马克思所强调："道德的基础是人类精神的自律，而宗教的基础则是人类精神的他律。"① 尤其是在非聚集性、非封闭性、非独占性的网络虚拟社会中，更需要道德主体的理性自觉，以及发自内心的自觉自愿行为，亦即通过道德自律作用的发挥，自觉约束自身在网络虚拟社会中的一言一行，使之符合相关的道德规范、规章制度和社会公共利益，从而在内在维度上消解层出不穷的道德问题，正如杨国荣所说："道德自律已经不再仅仅表现为一个有意为之、勉强为善的过程，而是同时获得自律向善的形态。"② 从这一意义上讲，道德自律机制的建构不仅是网络虚拟社会中道德问题治理的保障机制，而且是长期进行网络虚拟社会治理的目标之一。具体来看，建构网络虚拟社会中的道德自律机制，可以从三个层级展开，亦即互联网企业（平台层面）层级、互联网行业组织层级和网民层级。

第一，建立健全互联网企业（平台）的道德自律机制。根据网络虚拟社会治理的实际和互联网企业（平台）自身发展的需要，互联网

---

① 《马克思恩格斯全集》（第 1 卷），人民出版社 1995 年版，第 119 页。
② 杨国荣：《伦理与存在：道德哲学研究》，华东师范大学出版社 2009 年版，第 144 页。

企业（平台）在经营过程中逐步建立起了道德自律，比如自律原则、规范、公约、联合声明以及各类联盟等，但与日新月异的网络虚拟社会、热火朝天的网络经济相比，这些道德自律仍然存在相对的滞后性和片面性，不能有效自我规范互联网企业（平台）的健康发展和网络虚拟社会的和谐稳定。互联网企业（平台）是网络经济中最为活跃的因子，建立健全互联网企业（平台）的道德自律不仅是规范互联网企业（平台）经营行为的重要手段，而且是消解道德问题、维护网络虚拟社会秩序的重要方式。从内部看，建议互联网企业（平台）将现代企业经营哲学贯彻于日常产品研发、经营管理中，重新树立企业道德信念，引导员工对企业未来充满理想追求，继续完善企业规章制度和道德评价制度，引导员工在日常工作中自觉坚守企业道德节操，捍卫企业尊严，注重企业道德荣誉，从而逐渐培养起道德良心。从外部看，建议围绕互联网企业（平台）外部展开道德自律建设，认真履行企业对社会、对公众、对投资者的道德义务，遵守法律法规，尊重社会公德和商业道德，诚实信用，履行维护网络虚拟社会秩序稳定的义务，完成自己的职业使命和社会担当，并与政府、相关企业或组织保持紧密联系，积极参与相关的行业规章制度和同行规范的制定和执行，参与道德评比和示范建设等活动，自觉维护本行业的名誉。总之，建立健全互联网企业（平台）的道德自律，其根本要求在于将企业道德规范的经营理念、规章制度等具化为公司组织及其员工的经营行为，并严格遵守社会规范和承担起相应的社会责任，从而提高互联网企业（平台）自身的经济效益、维护消费者权益和网络虚拟社会的安定。

第二，建立健全互联网行业组织的道德自律机制。在现代社会主义市场经济中，行业都会成立相关行业组织，发挥服务指导和桥梁纽带作用，以促进本行业的健康发展。作为新兴的网络市场，我国互联网行业在20世纪末就建立起行业组织，并在近年来得到了迅速发展，成为网络虚拟社会中的重要力量。但就现状看，互联网行业组织尚无完善的自律机制，且无法充分发挥服务指导和桥梁纽带作用，所以，建立健全互联网行业组织的道德自律机构势在必行。一是规范互联网行业组织的设立、退出机制和日常管理规范。建议国家相关职能部门加强对互联网行业组织的管理，尤其是完善相关的设立、退出机制，并专门制定日常管理准则，规范其日常运营行为。对于业已存在的互联网行业组织，建议相关职能部门加强管理，对于不履行日常工作职责、出现违法乱纪现象的坚决予以清除。二是鼓励互联网行业组织进一步完善行业自律机制。对于互联网行业组织，除了牵头制定互联网行业规范和自律公约、建立内容审核之外，还应该加强对相关行业企业建立健全服务规范、依法提供产品（服务）等方面的指导。针对一些新出现的道德问题，行业组织应该开展相关内容的教育培训和宣传引导工作，提高相关企业和从业人员的治理能力，从而增加全社会共同参与道德问题治理的意识。三是鼓励互联网行业组织积极创新工作内容和方法。随着网络虚拟社会日新月异的发展，以往的互联网企业组织常规性的开会、制定行业规范等工作不能满足行业发展需求，需要对工作内容、方法等方面进行积极创新。在国家相关顶层设计和规划指导下，建议互联网行业组织积极推动"信用评价体系""诚实经营体系"等建设，以及积极开展"道德评优活动""互联网经营文明评比活动"等活动。比如，建议以"中国互联网行业协会"为代表的互联网行业组织，尽快推动"信用评价体系"建设，并依照相关的规定开展行业评议活动，从而加大对互联网行业的激励和惩戒力度，强化互联网行业企业的守信意识。

第三，建立健全网民的道德自律机制。如前文所述，无论社会场域如何变化、道德发展如何高级，社会始终是属人的社会，道德始终是为人的道德，即使是虚实相生的网络虚拟社会，其主体依然是现实存在的感性的人，与之相应的道德问题亦是由人而生，因人而在。网民在网络虚拟社会中既是建设者、参与者，又是享有者和评判者。与生活在传统现实社会中的公民一样，生活在网络虚拟社会中的网民既要享有相应权利，又须承担相应义务。而这样的权利和义务又是与道德认知、道德情感、道德意志以及道德实践密切联系，需要通过建立健全道德自律机制予以保证。因此，展开道德问题的治理，可以从与之密切相关的道德主体——网民入手，围绕其道德自律机制的建立健全来展开。一是培育网民自律意识。网络虚拟社会的形成与发展，确实为人们参与各类社会活动提供了更为便捷的渠道，拥有了发言的条件。但在具体的生活过程中，由于各种历史原因的影响，我国网民却存在参与积极性不高的问题，或是参与了亦是随便乱起哄、乱行动，没有体现出应有的参与价值。所以，从道德维度来建立健全网民的道德自律，首要问题是培育网民的自律意识。培育的途径除了在正规的教育系统中增加网络虚拟道德、网络素养等内容之外，还建议国家相关职能部门，针对网民大力开展网络虚拟道德、网络素养方面的培训、宣传，并想方设法开展形式多样、内容丰富的竞赛、评比等活动，以提升每位网民的道德自律意识，形成自我约束、自我管理、自我提升的良好习惯，从而达到积极向善的状态。二是健全网民自律准则。任何道德主体在对欲望、偏好等作出选择时，需要参照相关的规范性原则。在以美、英、德、日为代表的西方发达国家的治理实践中，自律准则成了重要的手段之一，并取得较好成绩。中国互联网协会在 2006 年发布了《文明上网自律公约》，号召互联网企业（平台）和广大网民以积极态度参与虚拟性生产生活，处理好个人和公共之间的利益。然则，随着网络虚拟社会的迅猛发展，以及人们虚拟性生产生活方式的变迁，这份十多年前的自律公约的内容业已跟不上时代发展的变化。因此，如何重新建立全新的能够适应新时代的网民自律准则，成了建立健全网络虚拟社会中网民自律机制的重要内容。比如，在内容方面，在继承以往基本内容的基础上，应增加基于移动终端呈现出来的虚拟性生活样态的规范，以及对人工智能、大数据和区块链等技术运用的规范内容；在原则方面，除了对网络虚拟社会中的活动行为作出规范，应增加基于网络虚拟社会而引发的与之相关的行为的规范内容。三是加强网民道德自律教育。坚持道德自律即实现道德自由，因为"自律的行为是根据我们作为自由平等的理性存在物将会同意的、我们现在应当这样去理解的原则而做出的行为"①。这就意味着，相对自由的、开放的网络虚拟社会更需要广大网民的道德自律行为。而大规模道德自律行为的形成，依赖于网民道德自律教育的加强。基于网络虚拟社会发展的现状，以及网民道德自律缺失的事实，国家相关职能部门应积极探索道德自律教育模式，通过正规学校教育、社会培训活动

---

① ［美］罗尔斯：《正义论》，何怀宏等译，中国社会科学出版社 1988 年版，第 519 页。

以及宣传等形式，将道德自律内容育化于网络治理活动中，创设良好的虚拟性互动环境，增加虚拟性道德体验平台和教育场景，以加速道德理论、社会主义核心价值观等在网民思想中的内化，从而树立起内在的道德自律原则，达到提升道德觉悟的目的，实现人与网络虚拟社会的协调发展。

三　建构网络虚拟社会中的道德奖惩机制

有效解决网络虚拟社会发展过程中的道德问题，需要借助于一定的准则、规制来予以正确引导和全面规范。而在这些准则和规定中，最为重要的当属道德奖惩机制。顾名思义，道德奖惩机制就是对生活于网络虚拟社会中的道德主体进行正负激励的一种体制，亦即对道德的行为予以奖励、传播，对非道德的行为予以批评、惩治。比如，道德主体是否尽到了维护公共利益的义务？是否对网络虚拟社会秩序造成了破坏？等等。这些肯定性或否定性的评价，实质上就是我们对道德主体进行道德奖惩的重要依据。由此看出，建构道德奖惩机制的最终目的在于扬善抑恶，亦即依照相应的规章制度或法律通过奖善惩恶的方式来引导和调节道德主体的行为，从而有效解决网络虚拟社会中的道德问题，构建起和谐稳定的网络虚拟社会。从这一意义上讲，网络虚拟社会是否能形成良好的道德风尚，在很大程度上取决于道德评价活动开展的广度和深度。

第一，确立科学合理的道德评价标准。在网络虚拟社会中展开道德奖惩活动，前提是需要确立相应的道德评价标准。但是，传统的道德体系不能适应于全新的网络虚拟社会，而新的道德体系又未完全形成。于是，经常造成生存于网络虚拟社会的网民陷入道德选择迷惘的境地，在道德标准认识上也时常出现差错，相应的道德评价逻辑极端，从而导致道德问题的频繁发生。比如，在网络虚拟社会中经常出现"键盘侠"以圣人的道德标准去审判、评价他人行为或言论，造成恶语相向，甚至是舆论杀人的极端现象。因此，对网络虚拟社会中的道德问题展开治理，建构网络虚拟社会中的道德奖惩机制，当务之急是建立起与网络虚拟社会相适应、与虚拟性生产生活相协调的道德评价标准。一是将涉及网络虚拟社会治理的相关法律法规列为道德评价的底线标准。比如国家近年来颁布的《网络安全法》《儿童个人信息网络保护规定》等综合性法律，以及《区块链信息服务管理规定》《网络信息内容生态治理规定》等专业性法规，都是我们开展道德评价活动的底线标准。这样的底线标准，不容许任何人以任何理由随意违反和践踏，否则将按法律法规要求予以惩处。二是将涉及网络虚拟社会治理的相关道德规范、准则等列为道德评价的基本标准。经过几十年的发展，我国网络虚拟社会治理逐步建立起了相应的道德规范、伦理准则，比如中国互联网协会在2006年发布了《文明上网自律公约》等。我们开展道德评价，必须要以这些道德规范、伦理准则作为基本标准。诚然，为了更好地操作和实施，可以将这些标准进一步具体化和量化，分解为若干标准，使之与网络虚拟社会发展相适应，并充分发挥其参考价值。三是将道德评价与虚拟性生产生活实践相结合。如前文所述，网络虚拟社会的发展日新月异，发生于其间的道德问题也层出不穷，这就要求我们建构起来的道德评价标准体系，应该体现出与时俱进的品格，必须与网络虚拟社会的变化发展，与虚拟性生产生活的变化发展，以及层出不穷的道德问题等相适应。比如，相关职能部门应在多方面征求网民意见的基础上，组织相关专家对相应的道德规范、伦理准则及时进行补充、修订，对于最新涌现出来的虚拟性生产生活及其引发的道德问题，要在相应法律、法规以及规范中进行增补，等等。

第二，采用多种样式的道德奖惩形式。根据不同的标准，可以将道德奖惩划分为不同的形式。比如根据奖惩对象的不同，可以划分为社会性的道德奖惩和反思性的道德奖惩，前者是指通过社会奖励或惩罚的方式来展开的道德评价，后者是指由道德主体自我肯定、自我惩罚的方式来展开的道德评价；根据发生领域的不同，可以划分为经济领域的奖惩、法律领域的奖惩、舆论领域的奖惩等。在此，我们具体讨论发生于不同领域的道德奖惩形式。一是经济领域的奖惩。经济奖惩是指根据市场规律和网络虚拟社会相关道德规范，对符合相关道德标准的道德主体予以必要的物质、金钱等奖励，而对违背相关道德标准的道德主体予以必要的物质、金钱等惩罚。比如，一些在电子商务过程中存在偷税、漏税的不法商家，我们就应该按照《电子商务法》和相关法律条款采取弥补税款、罚款等。经济领域的奖惩目的，是让遵守道德规范的网民、互联网企业在物质上不吃亏，同时要避免不遵守道德规范的人在物质经济上占尽便宜。二是法律领域的奖惩。法律奖惩是按照相关的道德法律法规，依托国家强制力量对违反法律法规的道德主体予以严惩，以儆效尤，对遵守法律法规的道德主体予以支持，树立榜样，以维护网络虚拟社会的公平、正义。诚然，法律领域的奖惩，必须依托于法律制度的建立健全。这是开展法律奖惩的前提条件，也是我们一直倡导尽快建立健全相关法律制度的原因之一。三是舆论领域的奖罚。舆论奖罚就是通过大众传播媒体对符合网络虚拟社会道德规范、伦理准则的道德主体予以褒奖、赞许，对违背网络虚拟社会道德规范、伦理准则的道德主体予以通报、批评。常见的舆论奖罚手段有道德宣传、道德劝诫、道德表彰等，比如对优秀道德人物事迹的宣传、道德模范人物的评选等活动，都属于社会舆论领域的奖罚具体形式。在此，我们需要强调的是：道德奖惩形式的划分是相对的，因为在实际的道德奖惩过程中，可能是多种形式的综合运用。当然，对道德奖惩形式的划分，也不能局限于以上诸项。不同的标准，不同的立场，有着若干种细分方法和具体种类。

第三，建立专门的道德评价机构。从以上论述中可以看出，建构网络虚拟社会中的道德奖惩机制，是有效解决网络虚拟社会发展过程中道德问题频发的重要机制。因为拥有完善的道德奖惩机构，能够充分发挥道德的功能和作用，将外在的道德规范、伦理准则等内化为人们内在的道德意识和道德自觉，使道德主体产生良心共鸣，使道德问题得到解决和控制。但是，对于如此庞杂的道德评价体系，不能单独依靠政府或某类人物来指导、完成，需要建立起专门的道德评价机构。一是建议政府设立道德评价指导机构。目前，我国政府体系中尚未有专门化的网络虚拟道德评价职能部门，从而影响了道德评价工作的顺利展开。针对这样的现实，建议政府设立全国范围内的道德评价指导机构，专门负责指导开展网络虚拟社会中的道德评价工作，从顶层设计、方案制订到实施指导、推进监督，再到日常的咨询、管理等，都可以列为其基本工作职责。二是完善社会道德评价机构的建设。据了解，目前涉及互联网、网络虚拟社会中道德评价的工作，主要是由"网络伦理委员会"负责，但这一机构属于社会协会性质，其道德评价工作的开展存在不够规范、不够严谨、不够全面等现象，从而影响了其权威性和公信力。因此，我们建议以"网络伦理委员会"为中心，进一步增加一至两个社会性的道德评价机构，提升其竞争活力。同时，又要从政策、制度、资金等方面对这些社会性的道德评价机构予以支持，加强监督和管理，提升其工作能力，规范其评价行为，弥补相应政府指导机构的不足。三是引入第三方专业性的道德评价机构。针对目前道德评价力量不足、评价主体缺失的现象，建议政府鼓励第三方道德评价机构加入，以增强网络虚拟社会中道德评价工作的力量，尤其是对于一些评价指标体系的设立、评价方法的运用以及评价量化的具体展开，建议由专业性的团队或机构来完成。道德评价不同于一般的社会治理工作，既具体又抽象。说其具体，主要是指可以直接运用是非、善恶、好坏等道德观念或伦理准则来评价；说其抽象，主要是指用来评判的这些道德观念和伦理准则，又需要予以抽象的理解和考察，不能像使用尺子那样直接予以度量。因此，对于如此难度的评价工作，建议引入第三方专业的道德评价机构，这也符合道德评价的未来发展方向。

四　建构网络虚拟社会中的舆论引导机制

作为一种特殊的社会意识表现形式，舆论是一定数量的社会公民就某一问题或现象所形成的共同看法或认识。从表现形式上看，舆论是社会公民对某一问题或现象的公开议论，而在本质上则是一定阶层或社会集团愿望或利益的反映。生活在现代社会场域中的每一位公民，都不可能回避其间所形成的社会舆论。尤其是在具有非聚集性、非封闭性、非独占性的网络虚拟社会中，每位网民都有一个"麦克风"，每条信息会被迅速传播，每个事件会被成倍扩散，从而让生活在网络虚拟社会中的每位网民无法摆脱网络舆论问题的包围和制约。所以，在网络虚拟社会中展开道德问题的治理，必须要建构起与之相应的舆论引导机制，从外部环境的角度来确保治理效果的长期性、全面性和及时性。

第一，建构多元化的舆论引导格局。较之于传统的现实社会，发生于网络虚拟社会中的舆论呈现出普遍化、复杂化的发展态势，如果仅仅依靠政府引导力量难以得到有效治理。因此，基于网络虚拟社会建构起以政府为中心，协同媒体、网络大 V、网络意见领袖等社会主体参与的多元化舆论引导格局，是建构网络虚拟社会中舆论引导机制的题中应有之义。一是提升政府宣传引导能力。毋庸置疑，网络虚拟社会拥有天然的宣传基因，能够以立体化的方式将不同的信息内容传递给不同的受众。长期以来，政府也充分利用网络虚拟社会的天然优势，通过网络平台、社交平台等将网络信息宣传出去。不过，在具体的宣传实践过程中，经常出现政府只讲政府的话，引不起网民的兴趣，反而是一些"爆料""头条"抢走了注意力。因此，如何提升政府在网络虚拟社会中的宣传引导能力，是网络虚拟社会治理的重要内容之一。网络条件下的信息传播，强调了传播主体与受众之间的互动性和即时性，为双方平等对话、即时沟通提供了可能。政府应顺势而为，积极创新宣传形式和内容，使之更加贴近网民的虚拟性生产生活，而对网民的建议也应该虚心听取，树立良好的政府形象，拉近与网民之间的距离。二是加强政府与网民间的互动。一个理想的网络虚拟社会，至少包括政府与网民之间的良好关系，而良好关系的建立和维护又是以二者间的良性互动作为基础。政府应该主动通过网络引导网民积极地、正确地知政、议政和参政，并以合法的方式表达自己合理的诉求；而政府也应充满信任、满怀爱心地回应网民的质疑，树立威信，引导网络舆论。诚然，这种良性互动必须建立在以人民为中心的治理理念之上，并展现于政府、互联网企业（平台）、行业组织以及网民有序参与的多元治理实践之中。因此，政府与网民间的良好互动机制，需要治理制度、法律来予以保障。三是重视网络意见领袖的舆论引导价值。与依赖熟人关系的现实社会不同，网络虚拟社会大多数情况下是陌生人之间的链接。而在陌生的网络社交中，不是每个人都能被公众所认识，亦不是每条信息都能被网民所知晓，这时就需要一些能够加工信息、注入个人见解并予以传播分享的人物，并拥有相对稳定的、庞大的粉丝和受众，亦即网络意见领袖。网络意见领袖拥有较高的知名度、公信度和影响力，不但能够加强政府与网民、媒介与网民的关系，而且能影响部分网民的思想和行为，塑造主流民意。鉴于此，我们就应该充分重视网络意见领袖的舆论引导能力，建议政府与其建立良好的合作互助关系，在规范其行为、加强其监管的同时又要注意发挥其权威性和引导性功能，从而遏制谣言、不良信息的滋生和传播，营造良好的网络虚拟社会生态环境。

第二，完善民意网络表达机制。民意表达是现代社会治理的基本内容，"发表意见的自由是一切自由中最神圣的，因为它是一切的基础"①。既然网络虚拟社会给网民创造了开放的、广泛的民意表达机会，那么我们就应该通过制度、法律等方式，保障网民表达渠道的畅通，确保网民享有充分的知情权、表达权、参与权和监督权。就目前来看，基于网络虚拟社会来完善民意网络表达机制，可划分为非政治性民意表达和政治性民意表达。就非政治性民意表达而言，建议各级政府应设立网络民意职能部门，专门负责来自网民的民意收集、分析、解决等工作。对于合理的表达诉求要及时给予回应，并要求相关部门认真对待，及时回应和解决问题；对于不合理的表达要予以及时制止，防止不良情绪演变成群体性事件，以及破坏性更大的社会危机；对于一些社会性的热点事件，政府应主动参与引导正确的舆论走向，并及时公布处理办法和调查结果，防止不法分子利用碎片化的信息曲解事实真相，诱发群体性事件的发生。就政治性民意表达而言，在我国现行政治体制下，可将人民代表大会制度、政治协商制度、信访制度以及其他形式的民意表达搬到网络上，开辟相应的网站、平台等渠道，在一定范围内供网民参政、议政，并制定相应的规章制度予以保证政治性民意表达的合理性、科学性和有效性。如此，既增加了政府对网络虚拟社会环境的敏感度，更好地改善公共服务产品或服务，又满足了网民参政议政的要求，提高公众对政治话题、公共事业的参与热情，从而形成上传下达、下意上知的良好政治氛围。

第三，建立舆情危机应急处置机制。任何社会场域都会有人的存在，而人的存在，以及人与人的社会关系必然存在舆论，并在极端情况下容易演化成深层次的社会舆论危机。网络虚拟社会所依赖的现代科

①　《马克思恩格斯全集》（第11卷），人民出版社1995年版，第573页。

技，本身有利于信息、舆论、知识等的传播，从而导致发生于网络虚拟社会中的舆论危机呈现出影响范围广、传播速度快等特点，并进一步成为诸多道德问题的诱发原因。因此，必须在网络虚拟社会中建立相应的舆情危机应急处置机制，以提高舆情应急处置能力。一是建立舆情预警机制。社会舆情危机的出现存在从孕育到发生、到发展，从小到大、从点到面的变化过程。而建立舆情预警机制的目的，在于危机尚未发生之前，作出有效的行动予以干预和化解。因此，建议政府成立相关职能部门，专门对网络虚拟社会中的各类道德问题进行全天候的监测、研判和干预，并鼓励将大数据、物联网、区块链、人工智能等新兴技术，运用到舆情监测、分析报告、危机预警等工作中，提升监测的精确度和分析能力。当社会舆论触及或超过预先设定的相应标准时，预警机制就应给出报警提示。二是完善舆情快速反应机制。建立舆论预警机制的目的，不仅让政府相关职能部门准确掌握舆论的走向和趋势，而且让政府相关职能部门在舆情尚未扩散之前采取相应措施予以遏制。如果舆情进一步扩散，造成更大范围的影响，则需要政府快速作出反应，根据舆情事件的性质、类型、规模作出相应的对策，亦即制定应急预案，以缓解事态的发展，帮助政府获取更多的舆论主导权。比如，或是屏蔽信息，切断非法舆论信息源；或是坦然作出正面的公告或引导，重塑政府公信力；或是引出其他事件，转移网民注意力。三是完善舆情信息通报机制。网络虚拟社会的兴起与发展，让更多的网民获得了前所未有的信息收集分享能力，同时也对政府的信息透明、发布及时等有了更多的要求。许多社会舆情之所以演化为道德问题，就在于真相不明朗、信息不透明、公布不及时等。建议各级政府部门、互联网企业（平台）进一步完善舆情信息通报机制，比如设立新闻发言人、开辟信息通报平台等方式，发布辟谣信息，实事求是地将发生的真相和事实及时告之公众，以安定人心、稳定舆情发展局面。所以，完善舆情信息通报机制，关键在于明确通报主体的职能、改进道德风险的监测方法和建立道德问题的呈报机制。

五 构建网络虚拟社会中的利益协调机制

马克思曾指出:"人们奋斗所争取的一切,都同他们的利益有关。"① 亦即人类任何活动的展开,都与利益密切相关。在特定的社会条件下,利益追求是人们一切活动的主要目标和最终动因。没有利益的活动,作为主体的人是不会去展开的。较之于传统的现实社会,网络虚拟社会的运行方式和社会结构发生了重要变化,利益追求方式变得更加多元,利益内容呈现变得更加多样,利益积累时效变得更加方便和快捷。然而,部分网民却在利益的追求过程中偏离了道德驾驭的主道,损害了法律规定的公平正义,酿成了影响他人正当利益、破坏社会秩序的道德问题。因此,在新时代构建起网络虚拟社会中的利益协调机制,是有效解决道德问题、促进网络虚拟社会健康发展的基础性保障机制。

第一,引导网民形成科学的利益价值观。对合理利益的追逐是每一个公民应有的权利,也是每一位网民得以生存和发展的基本方式。然而,许多网民在日常的虚拟性生产生活中,由于利益价值观的扭曲,造成了诸多道德问题的发生,尤其是面对一夜暴富的"网红"神话,许多青少年按捺不住,趋之若鹜。那么,在如此喧嚣的市场背景下,如何引导网民形成科学的利益价值观呢?一是认真践行社会主义核心价值观。作为新时代的社会价值观,社会主义核心价值观在网络虚拟社会中同样适用,比如"民主""公平""和谐""自由""平等""公正""法治""诚信""友善"等,都是目前网络虚拟社会发展所欠缺的。因此,建议相关职能部门加强社会主义核心价值观在网络虚拟社会的传播和普及,积极将抽象的价值观念融入网站宣传、视频讲解、游戏植入等信息中,以引起网民的共鸣和认可,并在虚拟性生产生活中自觉践行。二是继承和发扬优秀的传统道德文化。在网络虚拟社会中,社会结构、活动场域虽然发生了翻天覆地的变化,但一些优秀的传统道德文化仍然值得我们借鉴和学习,以利于形成科学的利益价值观。比如出自《礼记》的"慎独",就可以用来引导道德主体的道德自觉,亦即在法律不

① 《马克思恩格斯全集》(第1卷),人民出版社1995年版,第187页。

健全、监管缺失的状况下，要求道德主体自觉地按照自己的道德观念去获取利益，而不做侵犯他人、损害社会的事。总体上看，中国传统道德历来注重"利""义"关系，主张"深明大义""利以义取"的利益观，其根本目的在于引导人们正确处理好利益与道德的关系。这些都是我们在虚拟性生产生活中需要予以继承和发扬的。三是积极开展科学的利益价值观教育。科学的利益价值观的形成是一个漫长的过程，尤其是面向社会群体的时候，教育或教化环节必不可少。建议政府充分发挥自己业已拥有的资源优势，牵头搭建各类利益价值观宣传平台，设置利益价值观教育栏目，扩宽网民的交流学习空间。当然，科学的利益价值观的教育不能仅限于网络虚拟社会，而应该放至整个社会环境场域中。在正规性的国民教育序列中，应该置入科学的利益价值观的相关内容和要求，让公众还未成为网民之前就已经树立起了科学的利益价值观，从而自觉选择和调整自己的利益目标，科学地展开利益行为，正确处理好网络虚拟社会中的各类利益关系。

第二，构建合理的利益分配格局。网络虚拟社会的形成和发展，不但突破了物理时空的有形限制，而且打破了宗教、文化等的隐形樊篱，让更多的网民自由地畅游于虚拟世界中，共享经济与社会发展的成果。但就目前看，网络虚拟社会的发展造成了一系列不平等现象，比如呈扩大趋势的数字鸿沟、国际性的技术垄断等，在一定程度上影响了社会的公平公正。众所周知，利益分配是构建和谐网络虚拟社会的基本内容，是衡量社会是否公平、是否公正的重要指标。通过构建合理的利益分配机制，不但可以避免社会两极分化，而且能减少社会矛盾冲突，维护社会的和谐稳定。从这一意义上讲，在网络虚拟社会条件下构建起合理的利益分配格局，对于道德问题的治理，以及清朗网络空间的建设具有重要意义。一是充分发挥市场在利益调节中的作用。在商品经济条件下，市场是最为优秀的资源配置、利益分配手段。同样，在网络虚拟社会的发展过程中，我们也应该充分发挥市场机制在利益分配方面的重要作用，逐步建立起公平、开放的市场竞争规则，调动各类主体的积极性和主动性，规范虚拟经济市场秩序，在全网范围内营造良好的市场竞争氛围。比如，适时制订和颁布《网络虚拟经济发展规范条例》，以引导和规范网络虚拟经济的发展；及时修订和完善《电子商务法》的内容条款，使之与当下电子商务的发展现状相适应。二是加强对获取利益行为的约束。市场机制对利益分配的调节并不是万能的，本身也存在缺陷，容易造成利益分配的两极化，造成不同群体在收入上的差异。这就要求政府在坚持市场调节的前提下，从制度设计和法律规范上进行必要的干预，以保证利益分配的公正和相对均衡。比如，呼吁建立国际化的网络贸易条款，保护发展中国家在网络发展中的利益；关注网络核心技术反垄断问题，既要让技术发展惠泽更多的人，又要保护技术发展的知识产权问题。总之，加强对利益行为的约束，其目的在于堵住不义之财的通道，这既是对他人正当利益的维护，又是惩恶扬善的有力呵护。三是建立合理的利益补偿机制。网络虚拟社会的形成与发展，确实为更多的道德主体提供了较为开放的、相对自由的市场竞争机会，但由于竞争的不充分和发展基础的差异，仍然存在部分主体处于劣势地位，构成了网络虚拟社会中的弱势群体。弱势群体无法拥有参与市场竞争的能力，也无法抓住参与利益分配的机遇。此时，就需要政府建立合理的利益补偿机制，通过财政、税收、保险、救助等形式，来调节既得利益群体与弱势群体的利益分配，以保障弱势群体在网络虚拟社会中的基本生存和发展，从而促进网络社会的和谐稳定。

第三，完善社会利益矛盾处置机制。无论是传统的现实社会还是全新的网络虚拟社会，其中发生的大部分社会问题均与利益相关，都是因为社会矛盾成年堆积、社会问题无法得到合理疏导所造成的。比如获取社会的利益方式是否合法，社会利益的分配是否公平等，都会导致不同类型、不同程度的社会问题。这就意味着对利益矛盾的疏导、化解和消除，也是解决各类社会矛盾的重要举措。根据前文对网络虚拟社会中道德问题的诱因分析，可知确实存在由社会利益矛盾引发的现象。比如，以伪劣商品、低价销售的方式来参与网络购物的竞争，直接损害了竞争者的利益和消费者的权益。随着网络虚拟社会的迅猛发展，许多社会利益矛盾不断被激发和激化，成为影响网络虚拟社会健康发展的重要因子。虽然经过几十年的发展，我国建立起了相应的社会利益矛盾处置机制，但仍然不能有效满足社会发展的需求。关于完善网络虚拟社会中社会利益矛盾处置机制，可以从以下三方面展开。一是建立灵敏的利益矛盾预警机制。目前，许多社会道德问题的发生、发展，乃至成为社会性的群体事件，主要原因在于社会利益矛盾预警机制不够完善和灵敏，从而导致矛盾的激化和升级。所以，建议相关职能部门牵头制定一套科学的网络虚拟社会利益矛盾预警指标体系，通过对"热点""难点"和"关键词"的观察和检索，以量化的指标来衡量网络虚拟社会运行是否正常，是否存在发生危险的可能，以及相应的解决措施如何选择等。当然，建立灵敏的利益矛盾预警机制，还应该在省级、县级等设立相关的机构，适时对网络虚拟社会的相关利益问题和热点事件进行监控，收集各类信息，为预警系统提供基本信息内容和量化指标，对可能发生的社会矛盾冲突做好防范和化解工作。二是建立畅通的社会利益矛盾疏导机制。在以往的网络虚拟社会治理过程中，我国对社会利益矛盾的处置主要是采用"堵""删""压"的方式。但从实践结果来看，这样的处置方式未能达到最佳治理效果，反而成为许多群体性事件、道德问题升级扩大的原因。所以，建议相关职能部门改变传统观念，尽快建立畅通的社会利益矛盾疏导机制，通过查清真相、发表声明等方式解答网民关心的利益问题。三是建立有效的社会利益矛盾化解机制。相对开放的、自由的网络虚拟社会，成了许多网民发泄不满情绪的重要场域。若不能及时将这些矛盾和情绪有效排解，必然形成相应的道德问题，甚至升级为社会事件。如果通过预警、疏导的方式不能予以及时控制，那么就要采取包括行政、法律、经济和技术等手段来解决。社会利益矛盾的多样性、复杂性和普遍性，决定了化解工作的艰巨性和困难性，不能仅仅依靠政府这一主体，需要调动更多的社会力量，不能依靠某一部门或机构，而是需要全民共同参与。

六 构建网络虚拟社会中的协同治理机制

关于网络虚拟社会中道德问题的治理，我们业已从传统的"管理"方式转向现代社会的"治理"方式，亦即从"统一管理"走向"协同治理"。在"协同治理"条件下，无论是治理主体的数量还是治理手段的选择，都比传统的管理方式更加多元和多样。但就目前我国的网络空间安全维护、网络虚拟社会治理实践来看，依然是政府主导模式。在此，我们提出网络虚拟社会中道德问题的治理，目的是在吸取以往治理经验的基础上，摒弃主客体管控思维，进一步建构起更为科学、高效的治理机制，以实现虚拟性生产生活的有序有效和网络虚拟社会的和谐稳定。归纳起来，亦即一方面是弥补单一治理在能力、技术等方面的不足；另一方面是综合各主体的优势，有效提升治理能力。这就意味着多元化的协同治理，涉及不同治理主体之间的协调，以及对不同治理手段的综合运用，而这又需要构建起相应的协调治理机制来予以保障。

第一，加强协同治理主体建设。经过多年的发展，我国关于网络空间安全维护、网络虚拟社会治理的治理主体架构业已建立起来，在政府层面形成"一主管三参与多协助"的组织机构体系，从而保证了我国网络虚拟社会及其道德问题治理的统一性和规范性。因此看出，在政府层面的协同治理领导较为明确和清晰。但就社会力量主体而言，目前参与网络虚拟社会治理的主要局限于阿里巴巴、京东、百度、腾讯等重量级互联网企业，以及以"中国互联网协会"为代表的行业协会，而对于中小型的互联网企业，似乎还没有足够的制度或措施来激励和督促参与，从而影响了治理的及时性、针对性和全面性。由此看出，加强协同治理主体建设是我国构建网络虚拟社会协同治理机制的眉睫之事。一是确立党和政府的领导地位。习近平同志在 2018 年召开的全国网络安全和信息化工作会议上指出，我国要提高网络综合治理能力，"形成党委领导、政府管理、企业履责、社会监督、网民自律等多主体参与，经济、法律、技术等多种手段相结合的综合治网格局"①。这既是新时代我国网络强国战略思想的重要内容，又是我们展开网络虚拟社会治理的基本目标。党和政府历来重视互联网、网络虚拟社会的发展和建设，并推动网信事业取得历史性成就。确立党和政府在网络虚拟社会治理中的领导地位，是我们坚持统一与多元相结合的原则的具体体现，也是我们取得网络虚拟社会治理工作重要进展的政治保障。在任何条件下都不容

---

① 习近平：《敏锐抓住信息化发展历史机遇 自主创新推进网络强国建设》，《人民日报》2018 年 4 月 22 日第 1 版。

许动摇和改变。二是促进多元主体的协同共治。如前文所述,网络虚拟社会及其道德问题的治理主体,不仅包括日常的党委(政府)、互联网企业(平台),而且有社会组织、网民等。不同的主体有着不同的治理能力,承担着不同的治理职责。比如,政府应该承担"掌舵者""领航员"的职责,互联网企业(平台)兼具治理者和被治理者双重角色,在主动作为的同时又要做好自律自治。当然,促进多元主体的协同共治,既体现在同类主体内部又展现于不同类别的主体之间。在同类治理主体内部,要求各类治理主体做到职责明确,避免恶意竞争和相互推诿;在不同类别治理主体之间,要求各类治理主体做到相互尊重、共同协作,避免"出工不出力"的现象。三是集聚多元主体的最大合力。提出协同共治的目的,就在于充分发挥各治理主体的优势和所长,并在治理过程中形成合力。这就意味着多元主体之间要有统一的治理体系,亦即在治理目标、治理理念和治理原则等方面达成共识,理顺治理流程,在治理途径、工作方式等方面统一行动,共同发力,就能实现网络虚拟社会的共治和善治。如果主体间的协作不顺畅,各自的优势和所长未能得到最大化的发挥,那么反而会造成相互牵制、彼此阻隔的治理局面,影响治理工作的正常推进。因此,发挥多元主体的最大合力,体现为进一步加强协同治理主体建设的具体任务。

第二,形成协同治理的长效机制。对网络虚拟社会中的道德问题展开治理,坚决杜绝"运动式治理",不能一蹴而就、按照一次性的治理工作来草草结束,而应该探索长效治理机制,以确保道德问题的根本解决和网络虚拟社会的长期稳定。究其根本原因,既有治理对象的不断变化发展,又有治理工作的艰巨困难,亦即网络虚拟社会发展迅猛,以及发生于其间道德问题的层出不穷,而与之相对应的治理工作又属于开创性的工作,可借鉴的经验较少,意味着治理工作的艰巨性和困难性。那么,如何形成协同治理的长效机制呢?一是将网络虚拟社会治理纳入国家社会治理体系。如前文所述,网络虚拟社会业已是现代人类赖以生存的重要社会场域。相应地,发生于网络虚拟社会的诸多社会问题,也会影响人们的日常生产生活,以及现实社会的发展。那么,我们只有将现代社会治理的范围延伸至网络虚拟社会,关注发生于网络虚拟社会中的各类社会问题，并予以专门治理，全面提升治理效能，才能真正完成国家社会治理体系的建设，以及实现网络虚拟社会的长治久安。二是保持协同治理的与时俱进。关于网络虚拟社会的发展速度，用"日新月异"来形容都不为过，而发生于其间的道德问题也是层出不穷，让治理工作者应接不暇。这就意味着我们与之相应的协同治理不能一成不变，而应该不断创新、不断开拓，保持与时俱进的状态。具体来说，这种与时俱进的协调治理，不但要注重治理观念、工作方法的更新，而且要注重对新治理技术、新治理手段的创新和运用。比如，对于一些繁重的重复性强的监督工作，可以大胆运用大数据、人工智能等技术。三是注重专业人才的培养。无论任何形式的治理工作，都离不开人这一主体性因素。从事治理工作的人的综合能力水平，决定了网络虚拟社会及其道德问题的治理水平。既然网络虚拟社会及其道德问题的治理是一项长期的治理工作，那么我们更应该注重对相关人才的培养。关于专业人才的问题，无外乎是引进和培养两条途径，但就网络虚拟社会中道德问题的治理来看，若要保证治理的长期性和稳定性，建议相关高校设置相关专业来自我培养，以保证治理工作的持续稳定。

第三，积极参与国际协同治理。网络虚拟社会的形成与发展，超越了国与国、文化与文化之间的界限和阻隔，使世界各国演化成"鸡犬之声相闻"的地球村。这就意味着，与之相关的网络虚拟社会及其道德问题的治理，本身就是一个全球性的课题。同样，许多发生于网络虚拟社会中的道德问题，其影响力和破坏程度也不断突破国与国、文化与文化之间的差异，形成全球性的道德问题。然则，一些国家在网络虚拟社会的发展过程中，凭借自身的先发优势和经济实力，不但不去治理网络虚拟社会中的道德问题，反而不择手段地谋求网络虚拟社会的主导权、话语权和控制权，力图推行网络时代版的"霸权主义"。作为发展中国家的最大经济体和最大网络市场，我国应积极推动网络虚拟社会及其道德问题的国际协同治理，共同构建网络命运共同体。一是主动向世界提供中国治理方案。较之于西方发达国家，我国互联网的发展起步较晚，但对于网络虚拟社会中道德问题的治理工作，以及在此实践基础上形成的治理经验，却独具特色，并在治理实践中取得较好成绩。而这样的治理方案，我们应该主动向世界展示，供其他国家参考和借鉴。2015 年，习近平同志在第二届世界互联网大会上提出了推进全球互联网治理的"四项原则"和共同构建"网络空间命运共同体"的"五点主张"，①表明中国关于网络虚拟社会的治理不再囿于某个国家或地区，而是着眼于整个人类的未来发展和网络命运共同体的构建，展现了中国与世界各国携手治理网络虚拟社会的真诚愿望。近年来，我国对内实施网络强国战略和"互联网＋"行动计划，对外利用"一带一路"建设的契机，帮助发展中国家的网络安全技术发展和基础设施建设，努力提升全球网络虚拟社会互联互通的发展水平和共享共治的治理能力。二是积极参与国际治理行动。既然网络虚拟社会是一个国际性的社会场域，那么对其治理工作也应该是一个国际化的治理行为。尤其是对于一些国际网络恐怖行为、电脑病毒传播、知识产权保护等道德问题，更应该需要世界各国共同携手，因为"互联网是人类的共同家园，让这个家园更美丽、干净、安全是国际社会的共同责任"②。我国应秉持开放的心态，拥抱网络虚拟社会的全球化发展趋势，积极参与国际治理行动。比如，支持相关学者、研究机构参与国际化的理论研讨和学术交流，积极学习和借鉴西方发达国家的治理经验，推动治理工作的共享；参与国际网络信息标准化建设，促进同世界各国的双边、多边网络安全对话和信息沟通，推进网络虚拟社会治理工作的国际化和普遍化。网络虚拟社会的全球化趋势和无国界性，决定了网络虚拟社会的治理需要世界各国的密切合作，共享共治。三是共同构建网络空间命运共同体。在马克思看来："空间是一切生产和一切人类活动的要素。"③ 依赖现代科技而形成和发展起来的网络虚拟社会，具备了为人类生产生活提供空间场域的基本属性，业已发展为现代人类赖以生存的重要社会场域，并打破物理时空的局限

---

① 四项原则是指：尊重网络主权、维护和平安全、促进开放合作、构建良好秩序；五点主张是指：加快全球网络基础设施建设，促进互联互通；打造网上文化交流共享平台，促进交流互鉴；推动网络经济创新发展，促进共同繁荣；保障网络安全，促进有序发展；构建互联网治理体系，促进公平正义。

② 习近平：《在第二届世界互联网大会开幕式上的讲话》，《人民日报》2015 年 12 月 17日第 2 版。

③ 《马克思恩格斯文集》（第 7 卷），人民出版社 2009 年版，第 897 页。

和超越宗教文化的阻隔，使世界各国越来越成为"你中有我、我中有你"的命运共同体。正因如此，习近平同志在 2015 年的第二届世界互联网大会上指出："世界各国应共同构建网络空间命运共同体，推动网络空间互联互通、共享共治，为开创人类发展更加美好的未来助力。"① 构建网络空间命运共同体，是一项漫长的复杂性工程。但是，只要世界各国共同携手，以全世界人民利益为根本目标，遵循共商共建共享的基本原则，从治理好每一个道德问题开始，就能共同应对网络虚拟社会的发展挑战，共同推进全球网络虚拟社会的治理。正如 2019 年习近平同志在致第六届世界互联网大会的贺信中所说的："发展好、运用好、治理好互联网，让互联网更好造福人类，是国际社会的共同责任。各国应顺应时代潮流，勇担发展责任，共迎风险挑战，共同推进网络空间全球治理，努力推动构建网络空间命运共同体。"② 应该坚信，在人类的共同努力下，这样的目标一定能实现，网络空间的明天必然会更美好。

---

① 习近平：《在第二届世界互联网大会开幕式上的讲话》，《人民日报》2015 年 12 月 17 日第 2 版。

② 习近平：《向第六届世界互联网大会致贺信》，《人民日报》2019 年 10 月 21 日第 1 版。

主要参考文献

一 著作类

《马克思恩格斯全集》（第 1 卷），人民出版社 1995 年版。

《马克思恩格斯全集》（第 6 卷），人民出版社 1961 年版。

《马克思恩格斯全集》（第 11 卷），人民出版社 1995 年版。

《马克思恩格斯全集》（第 12 卷），人民出版社 1962 年版。

《马克思恩格斯全集》（第 17 卷），人民出版社 1963 年版。

《马克思恩格斯全集》（第 25 卷），人民出版社 2001 年版。

《马克思恩格斯全集》（第 40 卷），人民出版社 1982 年版。

《马克思恩格斯全集》（第 42 卷），人民出版社 1979 年版。

《马克思恩格斯全集》（第 46 卷），人民出版社 1963 年版。

《马克思恩格斯文集》第 1、2、3、4、5、8、9 卷，人民出版社 2009 年版。

《马克思恩格斯选集》第 1、2、3、4 卷，人民出版社 2012 年版。

《资本论》第 1、3 卷，人民出版社 2004 年版。

《列宁全集》（第 55 卷），人民出版社 1990 年版。

《毛泽东选集》第 1、7 卷，人民出版社 1991 年版。

习近平：《习近平谈治国理政》，外文出版社 2014 年版。

习近平：《决胜全面建成小康社会 夺取新时代中国特色社会主义伟大胜利：在中国共产党第十九次全国代表大会上的报告》，人民出版社 2017 年版。

包亚明：《现代性与空间的生产》，上海教育出版社 2003 年版。

曾振宇：《儒家伦理思想研究》，中华书局 2003 年版。

陈泽环：《道德结构与伦理学 》，上海人民出版社 2009 年版。

费孝通：《乡土中国 生育制度 乡土重建》，商务印书馆 2015 年版。

龚振黔：《人的活动研究》，贵州人民出版社 2000 年版。

郭庆藩：《庄子集释》，王孝鱼点校，中华书局 2016 年版。

何怀宏：《伦理学是什么》，北京大学出版社 2015 年版。

何明升等：《网络互动：从技术幻境到生活世界》，中国社会科学出版社 2008 年版。

黄河：《虚拟活动：一种新型的人类活动》，光明日报出版社 2013 年版。

黄河：《网络虚拟社会与伦理道德研究——基于大学生群体的调查》，科学出版社 2017 年版。

李春秋、吴正春：《简明伦理学》，蓝天出版社 1991 年版。

李强：《当代中国社会分层》，生活·读书·新知三联书店 2019 年版。

李一：《网络行为失范》，社会科学文献出版社 2007 年版。

刘科：《从权利观到公民德性》，上海大学出版社 2014 年版。

刘文富：《网络政治——网络社会与国家治理》，商务印书馆 2002 年版。

罗国杰：《伦理学》，中国人民大学出版社 1989 年版。

马惠娣：《走向人文关怀的休闲经济》，中国经济出版社 2004 年版。

沙勇忠：《信息伦理学》，北京图书出版社 2004 年版。

唐凯麟：《伦理学》，安徽文艺出版社 2017 年版。

田鹏颖：《社会工程哲学引论——从社会技术到社会工程》，人民出版社 2006 年版。

汪成为：《人类认识世界的帮手——虚拟现实》，清华大学出版社 2000 年版。

汪晖、陈燕谷：《文化与公共性》，生活·读书·新知三联书店 2005 年版。

王弼注：《老子道德经注校译》，楼宇烈校译，中华书局 2016 年版。

吴弈新：《当代中国道德建设研究》，中国社会科学出版社 2003

年版。

夏甄陶：《人是什么》，商务印书馆 2000 年版。

许良英等编译：《爱因斯坦文集》第 3 卷，商务印书馆 2017 年版。

严耕、陆俊、孙伟平等：《网络伦理》，北京出版社 1998 年版。

杨国荣：《伦理与存在：道德哲学研究》，华东师范大学出版社 2009 年版。

殷竹钧：《网络社会综合防控体系研究》，中国法制出版社 2017 年版。

俞可平：《论国家治理现代化》，社会科学文献出版社 2014 年版。

赵恒：《大数据的脚印》，中国税务出版社 2017 年版。

赵家祥、聂锦芳：《马克思主义哲学教程》，北京大学出版社 2003 年版。

朱熹：《四书章句集注》，中华书局 2016 年版。

朱熹：《朱子全书》（第二十册），朱人杰等主编，上海古籍出版社、安徽教育出版社 2010 年版。

朱贻庭：《伦理学小辞典》，上海辞书出版社 2004 年版。

［美］A. 麦金太尔：《德性之后》，龚群等译，中国社会科学出版社 1995 年版。

［美］阿尔文·托夫勒：《第三次浪潮》，黄明坚译，中信出版社 2006 年版。

［美］阿明·格伦瓦尔德：《技术伦理学手册》，吴宁译，社会科学文献出版社 2017 年版。

［美］爱德华·A. 卡瓦佐等：《赛博空间和法律：网上生活的权利和义务》，王月瑞译，江西教育出版社 1999 年版。

［俄］巴赫金：《巴赫金全集》第六卷，李兆林、夏忠宪等译，河北教育出版社 1998 年版。

［俄］巴赫金：《陀思妥耶夫斯基诗学问题》，白春仁、顾亚铃译，生活·读书·新知三联书店 1988 年版。

［法］皮埃乐·布迪厄：《实践与反思：反思社会学导引》，李猛、李康译，中央编译出版社 1998 年版。

［英］巴雷特：《赛伯族状态：因特网的文化、政治和经济》，李新玲译，河北大学出版社 998 年版。

［美］戴维·波普诺：《社会学》，李强等译，辽宁出版社 1987 年版。

［古希腊］亚里士多德：《尼各马克伦理学》，廖申白译注，商务印书馆 2003 年版。

［法］古斯塔夫·勒庞：《乌合之众》，冯克利译，广西师范大学出版社 2001 年版。

［德］哈贝马斯：《公共领域的结构转型》，曹卫东等译，学林出版社 1999 年版。

［德］黑格尔：《法哲学原理》，范杨译，商务印书馆 1961 年版。

［德］黑格尔：《逻辑学》上卷，杨一之译，商务印书馆 2017 年版。

［德］黑格尔：《小逻辑》，贺麟译，商务印书馆 2004 年版。

［美］加里·S. 贝尔：《人类行为的经济分析》，上海人民出版社 1993 年版。

［德］康德：《实践理性批判》，邓晓芒译，杨祖陶校，人民出版社 2003 年版。

［法］卢梭：《论科学与艺术》，何兆武译，上海人民出版社 2007 年版。

［法］卢梭：《社会契约论》，何兆武译，商务印书馆 2003 年版。

［德］迈克尔·海姆：《从界面到网络空间》，金吾伦、刘钢译，上海科技教育出版社 2000 年版。

［荷］穆尔：《赛博空间的奥德赛：走向虚拟本体论与人类学》，麦永雄译，广西师范大学出版社 2007 年版。

［加］马歇尔·麦克卢汉：《理解媒介——论人的延伸》，何道宽译，商务印书馆 2000 年版。

［美］曼纽尔·卡斯特：《网络社会的崛起》，夏铸九等译，社会科学文献出版社 2001 年版。

［德］恩斯特·卡西尔：《人论》，甘阳译，上海译文出版社 2004

年版。

［美］N. 维纳：《人有人的用处》，陈步等译，商务印书馆 1978年版。

［美］曼纽尔·卡斯特主编：《千年终结》，夏铸九等译，社会科学文献出版社 2003 年版。

［美］尼古拉·尼葛洛庞帝：《数字化生存》，胡泳、范海燕译，海南出版社 1996 年版。

［美］帕特·华莱士：《互联网心理学》，谢影等译，中国轻工业出版社 2000 年版。

［法］涂尔干：《社会分工论》，渠敬东译，生活·读书·新知三联书店 2017 年版。

［美］梯利等：《西方哲学史》，葛力译，商务印书馆 1995 年版。

［美］威廉·费尔丁·奥格本：《社会变迁：关于文化和先天的本质》，王晓毅等译，浙江人民出版社 1989 年版。

［英］维克托·迈尔－舍恩伯格、肯尼思·库克耶：《大数据时代：生活、工作与思维的大变革》，盛杨燕、周涛译，浙江人民出版社 2013年版。

［德］谢林：《先验唯心论体系》，梁志学、石泉译，商务印书馆1976 年版。

［美］约翰·罗尔斯：《正义论》，何怀宏译，中国社会科学出版社1988 年版。

［美］约翰·奈斯比特：《大趋势：改变我们生活的十个新方向》，梅艳译，中国社会科学出版社 1984 年版。

［英］约翰·密尔：《论自由》，许宝骙译，商务印书馆 1959 年版。

［英］约翰·穆勒：《穆勒名学》，严复译，商务印书馆 1981 年版。

［美］詹·乔·弗雷泽等：《金枝精要：巫术与宗教之研究》，汪培基译，上海文艺出版社 2001 年版。

J. Meyrowitz, *No Sense of Place*, Oxford University Press, 1985.

二 论文报告类

陈钢：《加强网络服务商行业自律》，《中国社会科学报》2019 年 6

月 25 日第 6 版。

陈志良：《虚拟：哲学必须面对的课题》，《人民日报》2000 年 1 月 18 日第 7 版。

程斯辉、刘宇佳：《防治中小学沉迷网络的国外模式与借鉴》，《网络传播》2019 年第 10 期。

程微、高怡彬：《西方新闻"事实核查"演变对我国虚拟新闻治理的启示》，《信息安全与通信保密》2018 年第 8 期。

董运生、王岩：《网络阶层：一个社会分层新视野的实证分析》，《吉林大学社会科学学报》2006 年第 3 期。

樊浩：《道德体系与市场经济的"生态相适应"》，《江海学刊》2004 年第 4 期。

冯建华：《网络信息治理的特质、挑战及模式创新》，《中州学刊》2019 年第 3 期。

高荣伟：《德国重视网络空间安全建设》，《发展改革理论与实践》2018 年第 6 期。

高婉妮：《霸权主义无处不在：美国互联网管理的双重标准》，《红旗文稿》2014 年第 02 期。

高雨彤：《日本采取行动应对复杂的网络威胁》，《保密科学技术》2012 年第 11 期。

宫倩、高英彤：《论美国青少年网络伦理道德建设的路径》，《青年探索》2014 年第 1 期。

郭小安、韩放：《英美网络谣言治理的法律规制与行业规范》，《湖南科技大学学报》（社会科学版）2019 年第 1 期。

国家统计局：《国家数据》，http://data.stats.gov.cn/easyquery，2021 年 8 月 5 日。

何明升、白淑英：《论"在线"生存》，《哲学研究》2004 年第 12 期。

黄河：《马克思主义哲学视阈下的互联网思维及其运用》，《上海师范大学学报》（哲学社会科学版）2018 年第 3 期。

黄河：《马克思主义哲学视阈下的网络虚拟社会论要》，《理论导刊》2017 年第 6 期。

黄少华、魏淑娟：《论网络交往伦理》，《科学技术与辩证法》2003
年第 2 期。

黄志雄、刘碧琦：《英国互联网监管：模式，经验与启示》，《广西
社会科学》2016 年第 3 期。

贾焰、李爱平等：《国外网络空间不良信息管理与趋势》，《中国工
程科学》2016 年第 12 期。

江畅等：《论当代中国道德体系的构建》，《湖北大学学报》（社科
版）2015 年第 1 期。

李丹林、范丹丹：《英国互联网监管体系与机制》，《中国广播》
2014 年第 3 期。

李乔：《网络不良信息对未成年人健康成长危害及消除》，《中州学
刊》2007 年第 6 期。

李扬、孙伟平：《互联网＋与信息社会道德变革》，《湖南科技大学
学报》（社科版）2019 年第 2 期。

李重照、黄璜：《英国政府数据治理的政策与治理结构》，《电子政
务》2009 年第 1 期。

李宗桂：《论道德体系与文化价值体系——兼谈新时代的道德体系
建设》，《学习与探索》1996 年第 12 期。

刘山泉：《德国关键信息设施保护制度及其对我国〈网络安全法〉
的启示》，《信息安全与通信保密》2015 年第 9 期。

刘正荣：《互联网立法和内容传播责任》，《通信业与经济市场》
2007 年第 4 期。

陆杰荣：《论马克思的"事件"思考方式及其当代意义》，《哲学研
究》2004 年第 11 期。

陆秀红：《赛博空间的精神性超越》，《广西大学学报》2005 年第
3 期。

吕本富、金鸿博：《网络社会各阶层的分析》，《河北学刊》2004 年
第 1 期。

马吉：《与赫伯特·马库塞的一次谈话》，《国外社会科学动态》

1987 年第 11 期。

任志峰：《权威与自治：美国学校道德教育的价值取向及其发展》，《教学与研究》2019 年第 12 期。

唐凯麟：《论个体道德》，《哲学研究》1992 年第 4 期。

唐绪军：《破旧与立新并举，自由与义务并重——德国"多媒体法"评介》，《新闻与传播研究》1997 年第 3 期。

田佑中：《论因特网时代的社会时空》，《南京政治学院学报》2001 年第 4 期。

万勇：《德国：监督自律保护青少年》，《法制日报》2012 年 9 月 11 日第 10 版。

汪明敏、李佳：《〈英国网络安全战略〉报告解读》，《国际资料信息》2009 年第 9 期。

王海明：《论道德结构》，《湖南师范大学》（社科版）2004 年第 10 期。

王如群：《美国强化互联网管理体系》，《人民日报》2017 年 9 月 22 日第 22 版。

王山琪：《德国电子政务建设及特点》，《通信管理与技术》2010 年第 3 期。

魏雷东：《后现代主义视域下的大学生网络道德问题研究》，《中国青年研究》2011 年第 3 期。

乌兰：《德国：注重网络安全顶层设计》，《网络传播》2015 年第 1 期。

邬焜：《论时空的复杂性》，《中国人民大学学报》2005 年第 5 期。

习近平：《在第二届世界互联网大会开幕式上的讲话》，《人民日报》2015 年 12 月 17 日第 2 版。

习近平：《在网络安全和信息化工作座谈会上的讲话》，《人民日报》2016 年 4 月 26 日第 2 版。

习近平：《敏锐抓住信息化发展历史机遇 自主创新推进网络强国建设》，《人民日报》2018 年 4 月 22 日第 1 版。

熊光清：《互联网治理的国外经验》，《人民论坛》2016 年第 6 期。

许畅：《美国对公民国家网络安全意识的培养及其借鉴》，《保密工作》2019 年第 6 期。

严鸿雁：《美国青少年网络道德教育的经验及其启示》，《学校党建与思想教育》2012 年第 12 期。

于洋：《社交网络让我们更近了吗》，《人民日报》2012 年 6 月 5 日第 14 版。

喻丰、许丽颖：《中国人的道德结构》，《南京师范大学学报》（社科版）2018 年第 6 期。

张彬彬：《英国网络安全现状研究》，《中国信息安全》2014 年第 12 期。

张璁：《"大数据杀熟"带来监管挑战》，《人民日报》2018 年 3 月 28 日。

张化冰：《互联网内容规制的比较研究》，博士学位论文，中国社会科学院研究生院，2011 年。

张庆峰：《网络生态论》，《软件世界》1998 年第 2 期。

张荣：《从网络狂欢看互联网时代的个人、共同体和社会》，《福建论坛》（社科版）2015 年第 12 期。

张淑华：《网络阶层分化：危机及"机会之窗"——格栅/群体分析的视角》，《新闻爱好者》2018 年第 10 期。

张洋：《警惕校园贷穿上"新马甲"》，《人民日报》2018 年 9 月 4 日第 20 版。

张昱：《德国电子政务建设研究及对我国的启示》，《中国科技资源导刊》2017 年第 11 期。

郑颖：《中国信息网络安全监管法治建设路径探析——基于国际比较的视野》，《河北学刊》2014 年第 5 期。

中国互联网络信息中心：《2012 年中国网民信息安全状况研究报告》，http://www.cnnic.net.cn/NMediaFile/old_attach/P020121116518463145828.pdf，2021 年 6 月 25 日。

中国互联网络信息中心：《2019 年全国未成年人互联网使用情况研究报告》，http://www.cnnic.net.cn/hlwfzyj/hlwxzbg/qsnbg/202005/P02020

0513370410784435. pdf，2020 年 5 月 13 日。

中国互联网络信息中心：《2019 年中国网民搜索引擎使用情况研究报告》，http：//www. cnnic. net. cn/NMediaFile/old_attach/P0201910255069 04765613. pdf，2021 年 2 月 8 日。

中国互联网络信息中心：《第 33 次中国互联网络发展状况统计报告》，http：//www. cnnic. net. cn/NMediaFile/old_attach/P020140305346585 959798. pdf，2021 年 2 月 5 日。

中国互联网络信息中心：《第 44 次〈中国互联网络发展状况统计报告〉》，http：//www. cnnic. net. cn/NMediaFile/old_attach/P020190830356 787490958. pdf，2021 年 2 月 5 日。

中国互联网络信息中心：《第 45 次〈中国互联网络发展状况统计报告〉》，http：//www. cnnic. net. cn/NMediaFile/old_attach/P020210205505 603631479. pdf，2021 年 2 月 5 日。

中国互联网络信息中心：《2009 年中国青少年上网行为调查报告》，http：//www. cnnic. net. cn/n4/2022/0401/c116 – 907. html，2022 年 4 月 1 日。

中国互联网协会：《2014 年影响中国互联网发展的大事件》，http：//www. cac. gov. cn/2017 –08/24/c_1121538175. htm，2021 年 3 月 5 日。

中国信息通信院：《2019 年 12 月国内手机市场运用分析报告》，ht tp：//www. caict. ac. cn/kxyj/qwfb/qwsj/202001/P020200109339216954809. pdf，2021 年 5 月 3 日。

中国信息通信院：《电信网络诈骗治理与人工智能应用白皮书（2019 年）》，http：//www. caict. ac. cn/kxyj/qwfb/bps/201912/P0201912 30550658803494. pdf，2021 年 3 月 16 日。

朱庆华：《日本信息通信政策研究及其对中国的启示》，《情报科学》2009 年第 4 期。

后 记

在我攻读硕士研究生期间，恰逢互联网在中国兴起。而自己的毕业论文，相应地与此相关，并形成了人生中第一本著作《虚拟活动：一种新型的人类活动》的雏形。以后大部分的学术追寻，皆立足于此不断拓展、不断深化。

因现代科技发展而形成的网络虚拟社会，晚近以来显然成为人们生产生活的重要社会场域。作为维护社会秩序的重要手段，道德亦跟着人们进入网络虚拟社会，孕育着全新的道德形态，发挥着应有的作用和价值。较之于日新月异的变化，道德在全新的社会场域中未能及时跟上时代步伐，以致生发出诸多道德问题，影响了人们的虚拟性生存，以及网络虚拟社会的正常秩序。正是基于如上事实，我在我的硕士生导师龚振黔教授的指导和帮助下，拟定了"网络虚拟社会中的道德问题与治理研究"的研究课题，并于2015年被列为国家社会科学基金项目。本书便是这一项目的最终研究成果。

在研究过程中，若干章节曾在《上海师范大学学报（哲社版）》《理论导刊》等刊物发表，学界同仁的一些质疑、回应，无疑推进了对所涉问题的思与辨。

受疫情等多种因素的影响，在2020年完成的研究直到今天才得以出版，书中使用的一些数据、表述在今天看来似乎有些"过时"，但从所涉视域指向、义理辨析看，仍然具有相应的理论意义和实践价值。当然，对现实问题的考察不可避免地受到历史发展的限制，并相应地存在自身的问题，本书亦很难例外。这种限制，唯有对今后新生现象的持续关注和深入思考，方能不断得到超克。

本书的出版，得到了贵州大学国慧人文基金的慷慨资助，得到了贵州大学哲学学院等相关部门的大力支持，在此一并表示感谢！特别感谢陈艳波教授、郭晓林教授、杨佳年主任的殷切关心和热心帮助，以及中国社会科学出版社韩国茹老师的辛勤校对！